福建省中职学考核心课程系列教材

信息技术基础
学习指导

主　编：陈春华　邓　萍　杨丽钦

扫码获取数字资源

厦门大学出版社　国家一级出版社
XIAMEN UNIVERSITY PRESS　全国百佳图书出版单位

图书在版编目（CIP）数据

信息技术基础学习指导 / 陈春华，邓萍，杨丽钦主编. -- 厦门 ：厦门大学出版社，2025.4. --（福建省中职学考核心课程系列教材）. -- ISBN 978-7-5615-9725-5

Ⅰ．TP3

中国国家版本馆 CIP 数据核字第 202556TP04 号

策划编辑	姚五民
责任编辑	姚五民
美术编辑	李夏凌
技术编辑	许克华

出版发行　厦门大学出版社
社　　址　厦门市软件园二期望海路 39 号
邮政编码　361008
总　　机　0592-2181111　0592-2181406（传真）
营销中心　0592-2184458　0592-2181365
网　　址　http://www.xmupress.com
邮　　箱　xmup@xmupress.com
印　　刷　厦门市明亮彩印有限公司

开本　787 mm×1 092 mm　1/16
印张　20.75
字数　495 千字
版次　2025 年 4 月第 1 版
印次　2025 年 4 月第 1 次印刷
定价　56.00 元

本书如有印装质量问题请直接寄承印厂调换

厦门大学出版社
微信二维码

厦门大学出版社
微博二维码

编委会名单

主　编：陈春华　邓　萍　杨丽钦
副主编：张满宇　程铭瑾　林秀琴
　　　　陈学佳　林同聪
参　编：廖　玮　陈扬光　林　烨　陈　蕊
　　　　王玉婵　林武杰　庄子越　黄素青
　　　　胡立斌　李佳霖　王　鑫　薛叶兴
　　　　陈淑珍　何钦超　曹　琳　黄金灿

出版说明

　　教育是强国建设和民族复兴的根本,承担着国家未来发展的重要使命。基于此,自党的十八大以来,构建职普融通、产教融合的职业教育体系,已成为全面落实党的教育方针的关键举措。这一战略目标的实现,要求加快塑造素质优良、总量充裕、结构优化、分布合理的现代化人力资源,以解决人力资源供需不匹配这一结构性就业矛盾。与此同时,面对新一轮科技革命和产业变革的浪潮,必须科学研判人力资源发展趋势,统筹抓好教育、培训和就业,动态调整高等教育专业和资源结构布局,进一步推动职业教育发展,并健全终身职业技能培训制度。

　　根据中共中央办公厅、国务院办公厅《关于深化现代职业教育体系建设改革的意见》和福建省政府《关于印发福建省深化高等学校考试招生综合改革实施方案的通知》要求,福建省高职院校分类考试招生采取"文化素质+职业技能"的评价方式,即以中等职业学校学业水平考试(以下简称"中职学考")成绩和职业技能赋分的成绩作为学生毕业和升学的主要依据。

　　为进一步完善考试评价办法,提高人才选拔质量,完善职教高考制度,健全"文化素质+职业技能"考试招生办法,向各类学生接受高等职业教育提供多样化入学方式,福建省教育考试院对高职院校分类考试招生(面向中职学校毕业生)实施办法作出调整:招考类别由原来的30类调整为12类;中职学考由全省统一组织考试,采取书面闭卷笔试方式,取消合格性和等级性考试;引进职业技能赋分方式,取消全省统一的职业技能测试。

　　福建省中职学考是根据国家中等职业教育教学标准,由省级教育行政部门组织实施的考试。考试成绩是中职学生毕业和升学的重要依据。根据福建省教育考试院发布的最新的中职学考考试说明,结合福建省中职学校教学现状,厦门大学出版社精心策划了"福建省中职学考核心课程系列教材"。该系列教材旨在帮助学生提升对基础知识的理解,提升运用知识分析问题、解决问题的能力,并在学习中提高自身的职业素养。

　　本系列教材由中等职业学校一线教师根据最新的《福建省中等职业学校学业水平考试说明》编写。内容设置紧扣考纲要求,贴近教学实际,符合考试复习规律。理论部分针对各知识点进行梳理和细化,使各知识点表述更加简洁、精练;模拟试卷严格按照考纲规定的内容比例、难易程度、分值比例编写,帮助考生更有针对性地备考。本系列教材适合作为中职、技工学校学生的中职学考复习指导用书。

目 录

第 1 章 信息技术应用基础 … 1
1.1 信息技术的概念与发展历程 … 1
1.2 认识信息系统 … 8
1.3 了解操作系统 … 16

第 2 章 图文编辑 … 25
2.1 WPS 文字文档的基本操作 … 25
2.2 文档的格式设置 … 32
2.3 文档的表格制作 … 39
2.4 图文混排 … 47

第 3 章 电子表格处理 … 56
3.1 WPS 电子表格的基本操作 … 56
3.2 公式与函数 … 63
3.3 图表 … 69
3.4 数据的管理分析 … 74

第 4 章 演示文稿制作 … 80
4.1 WPS 演示文稿的基本操作 … 80
4.2 幻灯片的设计与美化 … 87
4.3 幻灯片的放映 … 96

第 5 章 网络应用 … 104
5.1 网络基础 … 104
5.2 网络体系结构 … 116

5.3 网络设备与配置 …… 129
5.4 网络管理与维护 …… 146
5.5 网络协作 …… 156

第 6 章 Python 程序设计基础 …… 165
6.1 程序设计概述 …… 165
6.2 Python 语言概述 …… 171
6.3 Python 语言基本语法 …… 177
6.4 程序流程控制 …… 185
6.5 常用模块 …… 191

第 7 章 信息安全技术 …… 198
7.1 信息安全意识 …… 198
7.2 信息安全防护技术 …… 205
7.3 信息安全设备 …… 216
7.4 信息安全法律法规 …… 226

第 8 章 人工智能基础 …… 232
8.1 人工智能的含义 …… 232
8.2 人工智能的发展历程 …… 239
8.3 人工智能的典型应用 …… 247
8.4 人工智能关键技术 …… 256
8.5 人工智能的开发工具和框架 …… 263

第 9 章 大数据技术基础 …… 269
9.1 大数据概述 …… 269
9.2 大数据处理的核心技术 …… 277

附录一 综合模拟试卷 …… 286
附录二 参考答案 …… 301

第 1 章　信息技术应用基础

1.1　信息技术的概念与发展历程

 学习目标

- 理解信息技术的概念及在社会生产生活的典型应用。
- 了解信息技术的发展历程及趋势。
- 了解信息社会的特征和相应的文化、道德、法律常识。
- 了解信息技术对人类社会生产、生活方式的影响。

 思政要素

- 引导学生正确使用信息技术,培养学生的社会责任感。
- 引导学生遵守国家法律法规、自觉践行社会主义核心价值观。

 知识梳理

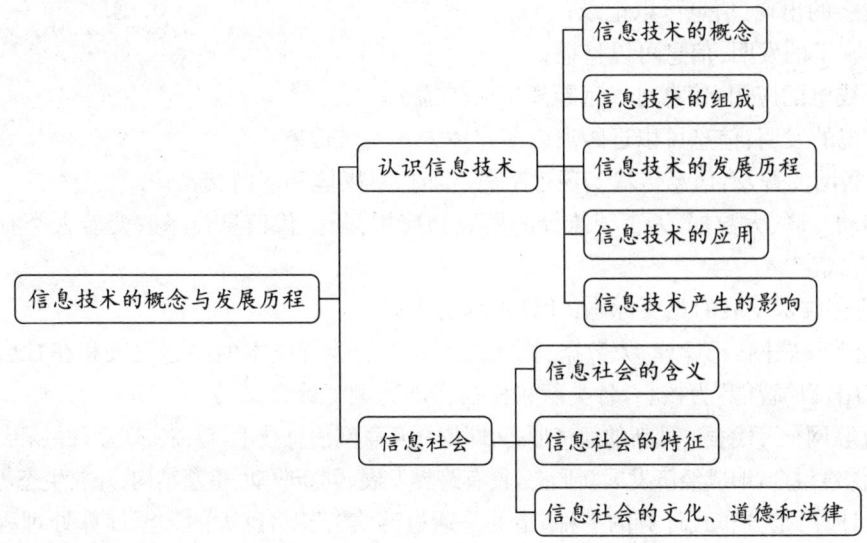

 **知识要点**

1.1.1 认识信息技术

1. 信息技术的概念

信息技术(information technology,IT)的定义,有以下两种表述:

从广义上讲,信息技术是用于管理和处理信息所采用的各种技术的总称。

从狭义上讲,现代信息技术是指利用计算机、通信网络、广播电视等各种硬件设备、软件工具与科学方法,对数、文、图、声、像等各种信息进行获取、加工、存储、传输与使用的技术之和。

2. 信息技术的组成

现代信息技术的组成主要包括计算机与智能技术、通信技术、微电子技术(控制技术)和传感技术。

① 计算机与智能技术(现代信息技术的核心技术):用于采集、存储、加工、处理信息。

② 通信技术:指通过计算机和网络通信设施对图形和文字等形式的资料进行采集、存储、处理和传输等,使信息资源达到充分共享的技术。

③ 微电子技术(控制技术):以集成电路技术为核心,设计、制造、使用微小型电子元器件和电路实现电子系统功能的一种新型技术,是现代信息技术的基石。

④ 传感技术:是从自然信源获取信息,并对之进行处理(变换)和识别的一门多学科交叉的现代科学与工程技术。

3. 信息技术的发展历程

(1) 信息技术发展的标志

① 信息技术发展的主要标志有:

a. 语言的出现:信息可以分享;

b. 文字的出现:信息可以记录;

c. 印刷术的发明:信息可以传播;

d. 无线电的应用:信息可以远距离实时传播;

e. 电视的发明:信息可以远距离以多媒体方式实时传播;

f. 互联网的普及:信息传输实现远距离、实时、多媒体和双向交互;

g. 移动互联、大数据、人工智能等的发展和应用:新一代信息技术改变着人类社会的生产、生活方式。

② 信息技术发展的重要标志:计算工具的发展。

③ 随着互联网、云计算、大数据、物联网和人工智能等技术的飞速发展和在社会各领域的广泛应用,以"智能"为核心,各类新兴科技将加速融汇聚合。

a. "互联网+":代表一种新的经济形态,即依托互联网信息技术,旨在实现互联网和经济社会各领域的深度融合,形成经济发展新形态,具有跨界发展、创新驱动、重塑结构、开放生态等特点。

b. 云计算:是分布式计算的一种,指的是通过网络"云"将巨大的数据计算处理程序分解成无数个小程序，然后通过多部服务器组成的系统进行处理和分析这些小程序，得到结果后返回给用户。

c. 大数据：或称巨量资料，指的是所涉及的资料量规模巨大到无法透过目前主流软件工具，在合理时间内达到撷取、管理、处理，并整理成为帮助企业经营决策更积极目的的资讯。

d. 区块链：是一个分布式的共享账本和数据库，具有去中心化、不可篡改、全程留痕、可以追溯、集体维护、公开透明等特点。

e. 3D打印：即快速成型技术的一种，又称增材制造。它是一种以数学模型文件为基础，运用粉末状金属或塑料等可黏合材料，通过逐成打印的方法来构造物体的技术。

f. 量子计算：量子计算是一种遵循量子力学规律调控量子信息单元进行计算的新型计算模式。

(2) 计算机的发展

1946年2月，世界上第一台真正意义上的全自动电子计算机 ENIAC(electronic numerical integrator and computer)在美国宾夕法尼亚大学诞生。根据采用的电子元器件不同，计算机的发展阶段可分为四个阶段，如表1-1-1所示。

表1-1-1　计算机的发展阶段

发展阶段	核心电子元器件	主要软件	主要应用领域
第一代 （1946—1958年）	电子管	机器语言、汇编语言	科研与军事
第二代 （1959—1964年）	晶体管	操作系统、高级语言	数据处理和事务处理
第三代 （1965—1970年）	中小规模集成电路	操作系统、高级语言	科学计算、数据处理和过程控制
第四代 （1971年至今）	大规模、超大规模集成电路	网络操作系统、数据库管理系统及各种应用系统等	人工智能、数据通信和社会各领域

4. 信息技术的应用

当今社会，新技术层出不穷，信息技术已广泛应用于科学计算、信息处理、计算机辅助设计(computer aided design，CAD)、计算机辅助制造(computer-aided manufacturing，CAM)、计算机辅助教学(computer aided instruction，CAI)、计算机辅助测试(computer-aided test，CAT)、娱乐游戏等领域。科学计算是信息技术最基本最早的应用领域，信息处理是信息技术最广泛的应用领域。

5. 信息技术产生的影响

(1) 积极影响

① 改善人们的学习与生活，如电子购物、协同办公、远程培训等。

② 推动科技进步，加速产业变革，如智能制造、互联网创新等。

③ 促进社会发展，创造新的人类文明。

(2) 消极影响

消极影响包括信息泛滥、信息污染、信息犯罪、信息霸权等。

1.1.2 信息社会

1. 信息社会的含义

信息社会是人们对信息技术广泛应用于人类社会发展新阶段的描述,指继农业社会、工业社会后,以信息活动为基础的人类社会的新型社会形态和新发展阶段。

2. 信息社会的特征

① 信息经济:以信息与知识的生产、分配、拥有和使用为主要特征,以创新为主要驱动力的经济形态。

② 网络社会:网络化是信息社会最典型的社会特征,表现在信息服务的可获得性和社会发展的全面性。

③ 数字生活:在信息社会,人们的生活方式和生活理念发生了深刻变化,主要表现在生活工具数字化、生活方式数字化和生活内容数字化。

④ 在线政务:充分利用信息技术实现社会管理和公共服务。在信息技术的支撑下,在线政务具有科学决策、公开透明、高效治理、互动参与等方面的特征。

3. 信息社会的文化、道德和法律

信息社会的文化呈现数字化、全球化、多元化、网络化、开放性和包容性等特点,文化交流更加自由和平等。

信息社会的道德,简称为信息道德,多指在信息采集、加工、存储、传播和利用等活动的各个环节中,规范各种社会关系的道德意识、道德规范和道德行为的总和。信息道德的三个层次分别是信息道德意识、信息道德关系、信息道德活动。

信息立法主要包括维护信息用户权力的法律规范,维护信息安全、惩治网络犯罪的法律规范,网络金融商贸领域中的法律规范和有关信息诉讼、信息证据的程序法规范。我国有关信息技术的法律法规如表 1-1-2 所示。

表 1-1-2　我国有关信息技术的法律法规列举

法律法规名称	施行时间	涵盖的信息活动范围和领域
《中华人民共和国个人信息保护法》	2021 年 11 月 1 日	保护个人信息权益,规范个人信息处理活动,促进个人信息合理利用。
《中华人民共和国密码法》	2020 年 1 月 1 日	规范密码管理和应用,促进密码事业发展,保障网络与信息安全。
《电子商务法》	2019 年 1 月 1 日	保障电子商务各方主体的合法权益,规范电子商务行为,维护市场秩序,促进电子商务持续健康发展。
《中华人民共和国网络安全法》	2017 年 6 月 1 日	保障网络安全,维护网络空间主权和国家安全、社会公共利益,保护公民、法人和其他组织的合法权益,促进经济社会信息化健康发展。

续表

《计算机软件保护条例》	2013年3月1日	保护计算机软件著作权人的权益为主,调整计算机软件在开发、传播和使用中发生的利益关系,鼓励计算机软件的开发与应用,促进软件产业和国民经济信息化的发展。

 知识测评

一、单选题

1. 信息技术的核心是(　　)。
   A. 计算机技术　　B. 通信技术　　C. 传感技术　　D. 控制技术
2. 以下不属于信息技术范畴的是(　　)。
   A. 造纸术　　B. 人工智能　　C. 大数据　　D. 物联网
3. 在信息技术中,用于获取信息的技术是(　　)。
   A. 计算机技术　　B. 通信技术　　C. 传感技术　　D. 控制技术
4. 信息技术对社会发展的影响主要有(　　)。
   A. 积极影响　　　　　　　　B. 消极影响
   C. 积极和消极两方面影响　　D. 没有影响
5. 信息高速公路主要体现了信息技术中的(　　)。
   A. 计算机技术　　B. 通信技术　　C. 传感技术　　D. 控制技术
6. 信息技术的英文缩写是(　　)。
   A. IT　　B. ICT　　C. IE　　D. IOT
7. 下列不属于信息技术发展趋势的是(　　)。
   A. 越来越友好的人机界面　　B. 越来越个性化的功能设计
   C. 越来越高的性能价格比　　D. 越来越复杂的操作步骤
8. 信息技术主要包括计算机技术、通信技术、传感技术和(　　)。
   A. 控制技术　　B. 生物技术　　C. 纳米技术　　D. 航天技术
9. 以下不属于信息的是(　　)。
   A. 报纸上的新闻　　B. 电视上的广告　　C. 一张光盘　　D. 网络上的图片
10. 信息的基本特征不包括(　　)。
    A. 载体依附性　　B. 价值性　　C. 时效性　　D. 永久性
11. 信息技术对人们生活的影响主要表现在(　　)。
    A. 提高了工作效率　　B. 丰富了娱乐方式　　C. 改变了学习方式　　D. 以上都是
12. 在信息社会中,人们获取信息的主要途径是(　　)。
    A. 报纸　　B. 电视　　C. 网络　　D. 广播
13. 下列行为中,符合信息道德规范的是(　　)。
    A. 未经他人同意,擅自使用他人的作品　　B. 在网络上发布虚假信息
    C. 尊重他人的知识产权,不抄袭他人的作品　　D. 利用网络攻击他人的计算机

14. 信息技术的发展给教育带来的变革主要有(　　)。
 A. 教学模式的改变　　　　　　　　　B. 学习方式的多样化
 C. 教育资源的丰富　　　　　　　　　D. 以上都是
15. 在信息技术应用中,下列做法错误的是(　　)。
 A. 合理使用信息技术,避免沉迷网络　B. 保护个人隐私,不随意泄露个人信息
 C. 随意下载和安装未知来源的软件　　D. 遵守法律法规,不进行非法活动
16. 信息技术在医疗领域的应用主要有(　　)。
 A. 远程医疗　　　　　　　　　　　　B. 医疗信息化管理
 C. 医疗设备智能化　　　　　　　　　D. 以上都是
17. 信息技术的发展历程经历了五次重大变革,其中第一次变革是(　　)。
 A. 语言的产生　　　　　　　　　　　B. 文字的发明
 C. 造纸术和印刷术的发明　　　　　　D. 电报、电话、广播、电视的发明和普及
18. 在计算机发展的四个阶段中,体积最小、速度最快的是(　　)阶段。
 A. 电子管　　　　　　　　　　　　　B. 晶体管
 C. 中小规模集成电路　　　　　　　　D. 大规模及超大规模集成电路
19. 世界上第一台电子计算机是(　　)。
 A. ENIAC　　　　B. EDVAC　　　　C. UNIVAC　　　　D. IBM7090
20. 信息社会的含义是(　　)。
 A. 以信息技术为基础的社会　　　　　B. 以信息产业为主导的社会
 C. 以信息经济为核心的社会　　　　　D. 以上都是

二、多选题

1. 信息技术主要包括(　　)。
 A. 计算机技术　　B. 通信技术　　　C. 传感技术　　　　D. 控制技术
2. 信息社会的主要特征有(　　)。
 A. 知识型经济　　B. 网络化社会　　C. 数字化生活　　　D. 服务型政府
3. 信息技术的发展趋势有(　　)。
 A. 越来越友好的人机界面　　　　　　B. 越来越个性化的功能设计
 C. 越来越高的性能价格比　　　　　　D. 越来越复杂的操作步骤
4. 信息的基本特征包括(　　)。
 A. 载体依附性　　B. 价值性　　　　C. 时效性　　　　　D. 共享性
5. 人们获取信息的途径有(　　)。
 A. 网络　　　　　B. 电视　　　　　C. 报纸　　　　　　D. 广播
6. 符合信息道德规范的行为有(　　)。
 A. 尊重他人知识产权　　　　　　　　B. 不发布虚假信息
 C. 不侵犯他人隐私　　　　　　　　　D. 不进行网络攻击
7. 信息技术对教育的影响主要有(　　)。
 A. 改变教学模式　B. 丰富学习方式　C. 拓展教育资源　　D. 提高教育效率

8. 世界上第一台电子计算机的特点有(　　)。
A. 体积庞大　　　　B. 运算速度慢　　　C. 耗电量大　　　D. 可靠性高
9. 信息技术的发展历程包括以下哪些阶段?(　　)
A. 语言的产生和应用
B. 文字的产生和使用
C. 印刷术和造纸术的发明和应用
D. 电报、电话、广播、电视等电信技术的发明和使用
E. 电子计算机和现代通信技术的应用
10. 信息社会的特点有(　　)。
A. 信息成为重要资源　　　　　　B. 信息技术广泛应用
C. 知识型经济占主导　　　　　　D. 网络化社会结构

三、判断题

1. 信息技术的发展历程可以分为五个主要阶段。(　　)
2. 信息技术的发展完全由技术推动,与社会需求无关。(　　)
3. 在信息社会中,传统的纸质书籍将完全被电子书籍取代。(　　)
4. 信息技术的发展是一个连续的过程,每个阶段之间都有一定的联系和传承。(　　)
5. 信息社会的特征之一是信息过载,这对人们来说是完全不利的。(　　)
6. 信息社会的道德法律与传统社会完全不同。(　　)
7. 计算机的发展史就是硬件技术的发展史。(　　)
8. 信息技术的应用在不同国家和地区是完全相同的。(　　)
9. 计算机的发展史中,软件的发展比硬件的发展更重要。(　　)
10. 第一台计算机的设计完全是出于科学研究的目的,没有任何实际应用价值。(　　)

四、填空题

1. 信息技术是指对_____进行获取、存储、加工、传递和应用的技术。
2. 信息技术主要由_____、通信技术、传感技术和控制技术组成。
3. 计算机发展的四个阶段按_____,分别采用了电子管、晶体管、中小规模集成电路和大规模及超大规模集成电路。
4. 信息社会是指_____的社会。
5. 信息社会的特征包括数字化生活、网络化社会、知识型经济、_____等。
6. 世界上第一台电子计算机是_____。
7. 计算机辅助教学的英文简称是_____。
8. 信息技术的发展历程经历了语言的产生、文字的发明、_____、电报电话等电信技术的发明、电子计算机和现代通信技术的应用等阶段。
9. 计算机发展的四个阶段中,_____阶段使得计算机的体积进一步缩小,性能大幅提升。
10. 表示计算机辅助设计的英文简称是_____。

1.2 认识信息系统

学习目标

- 了解计算机系统的组成。
- 了解二进制、十六进制的基本概念、特点和转换方法。
- 了解 ASCII 码的基本概念、常用编码。
- 了解存储单位的基本概念,掌握位、字节、KB、MB、GB、TB 的换算关系。

思政要素

- 展示我国在计算机领域取得的成就,激发学生民族自豪感与爱国热情。
- 在学习过程中培养学生严谨认真的科学态度、团队协作的能力和探索精神。

知识梳理

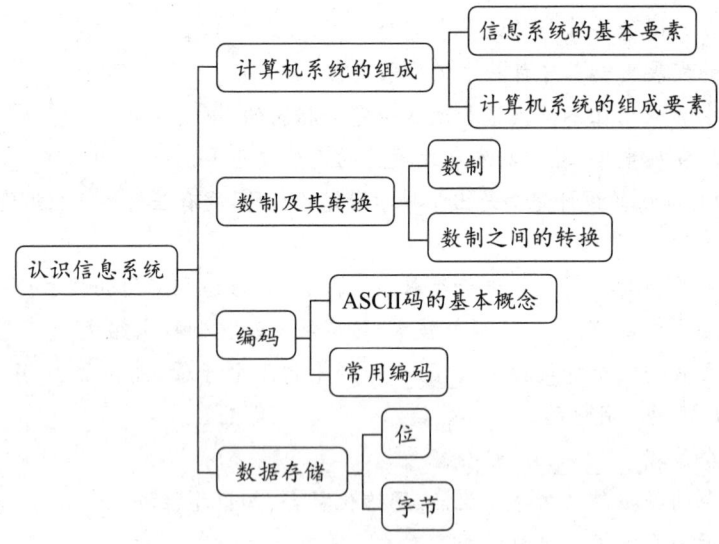

知识要点

1.2.1 计算机系统的组成

1. 信息系统的基本要素

信息系统是用于信息的输入、存储、处理、输出和控制的,以处理信息流为目的的人机一体化系统,主要由计算机硬件、网络、通信设备、计算机软件、信息资源、信息用户和规章制度组成。

① 硬件：是指组成计算机的各类物理设备，主要包括主机及各种外部设备，如计算机及其他移动终端、信息输入输出设备、网络通信设备等。

② 软件：是指为运行、维护、管理、应用计算机所编制的所有程序和数据的集合，分为系统软件和应用软件。系统软件由操作系统、语言编译或解释程序、数据库管理系统、网络支持软件、系统工具软件等组成；应用软件是为支持信息系统完成各种功能而编写的专门应用程序，运行于系统软件之上，如办公软件、图形图像软件、数据处理软件、行业专用软件等。

③ 通信网络：指将地理位置不同的具有独立功能的多台信息技术设备，通过通信线路联接起来，实现信息传递和资源共享的信息传输系统。通信网络是信息系统不可或缺的元素。

④ 信息资源：包括文本、图形图像、音频视频等数据，是信息系统不可或缺的内容要素。

2. 计算机系统的组成要素

计算机系统是由硬件和软件两部分组成的，用于处理和存储数据的复杂系统(见图 1-2-1)。计算机硬件与软件互相依存，相辅相成，缺一不可。没有安装任何软件的计算机称为裸机，在裸机上首先要安装的软件是操作系统。

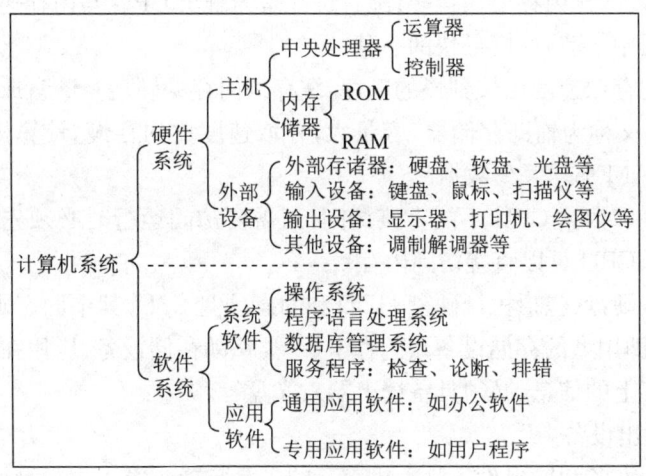

图 1-2-1　计算机系统组成

1945 年美籍匈牙利科学家冯·诺依曼(计算机之父)提出了存储程序原理，即计算机能够存储程序，并且在程序的控制下自动工作。存储程序原理的内容包括：① 计算机内部采用二进制数；② 程序和数据以二进制代码形式存放在存储器中，计算机按照依次自动执行；③ 计算机由控制器、运算器、存储器、输入设备和输出设备五个基本组成。

(1) 中央处理器

中央处理器(central processing unit, CPU)是一块超大规模的集成电路，是计算机最核心的部件，由运算器和控制器组成，负责解释程序指令并进行数据运算和处理。其中运算器又称算术逻辑单元，是计算机对数据进行处理的部件，其主要任务就是进行算术运算(加、减、乘、除等)和逻辑运算(或、与、非等)。控制器是计算机的指挥控制中心，负责从存储器中取出指令，并对指令进行译码，根据指令要求向其他各部件发出相应的控制信号，保证各个部件协调一致地工作。现代的主流CPU一般拥有多个核心,即在一块芯片中封装了多个处理器,可以并行地运行多组程序以实现高速计算。用于个人计算机(台式计算机和笔记本电脑)上的CPU主要有Intel系列、AMD系列和我国自主研发的龙芯和兆芯系列等;用于智能手机,平板电脑和其他信息技术设备上的CPU主要有我国华为公司的海思麒麟系列、韩国的三星猎户座系列、美国的高通系列和苹果系列等。

(2) 存储器

存储器是计算机的记忆存储部件,用来存放程序指令和数据,分为内存储器(简称内存)和外存储器(简称外存)。内存储器是存储正在执行的程序和数据;外存储器主要用于存放长期使用的程序、文档和数据等。

① 内存储器:一般采用半导体存储单元,包括随机存储器(random access machine,RAM)、只读存储器(read-only memory,ROM)和高速缓冲存储器简称缓存(cache)。

a. 只读存储器:断电后信息不丢失,存储内容不更改。

b. 随机存储器:断电后信息丢失,存取速度快,存储内容可更改。

c. 高速缓冲存储器:CPU缓存是位于CPU与内存之间的临时存储器,它的容量比内存小很多,但交换速度却比内存要快得多;配置缓存是为解决CPU与内存速度不匹配的问题。缓存是各种存储器中,读写速度最快的一种。

各种存储器的存取速度由快到慢的顺序:缓存＞内存＞硬盘＞U盘或光盘。

② 外存储器:又称为辅助存储器,容量大,存取速度比内存慢,计算机断电后仍然会保存数据,不会像RAM那样丢失数据。

外存中的程序和数据CPU不能直接访问,当需要访问运行时必须先将其调入内存,然后由CPU来运行;CPU可以直接访问内存。

常见的外存有硬盘(包括机械硬盘HDD和固态硬盘SSD,其中固态硬盘的读取速度比较快)、U盘(即插即用型的存储设备)、闪存卡(一类移动存储设备,应用在便携数码设备上;在电脑上读取闪存上的信息,必须具备读卡器)、光盘等。

(3) 输入和输出设备

计算机的输入设备和输出设备是人机交互的主要装置。输入设备是用于接收用户输入的数据和程序的设备,主要作用是将输入的信息转变为计算机能识别二进制信息,并将其输入到计算机。输出设备是输出计算机处理结果的设备,主要作用是把计算机内部加工处理的信息,用人所能识别的形式(如字符、图形、图像、音视频等)通过显示器、打印机等设备表示出来。

常见的输入设备有键盘、鼠标、光笔、摄像头、扫描仪、手绘板、数码相机、麦克风等。

常见的输出设备有显示器、打印机、音箱、绘图仪、投影仪、虚拟现实眼镜等。

既是输入设备也是输出设备的有触摸屏、耳麦、硬盘、U盘、光盘等。

(4) 主板与外围设备接口

① 主板上的总线(bus)是连接计算机各部件的一组公共信号线,用于在各部件之间传递数据和信息。主板上的总线按功能分为三类:控制总线、数据总线和地址总线。

控制总线用于CPU向其他设备发送指令信号;数据总线用于设备之间传送数据;地址

总线用于 CPU 向存储器发送地址信息。

② 计算机的主机通过接口与外部设备相连接,以便进行数据的交换。

a. 计算机与键盘、鼠标的连接:根据不同类型可通过 PS/2 接口或 USB 接口将其与计算机连接。对于无线键盘、鼠标将其配套的无线收发器插入主机的 USB 接口即可。

b. 计算机与显示设备的连接:显示器、投影仪、数字电视等显示设备可通过 VGA、DVI、HDMI、Display-Port(DP)等类型接口,使用对应类型的线缆与计算机连接。

c. 计算机与音频设备的连接:音频设备一般使用 3.5 mm 同轴电缆和相应接口与计算机连接。USB 接口也可连接音频设备。

d. 计算机与打印机、移动硬盘、数码相机或摄像机及其他信息技术设备的连接:一般通过 USB 接口和线缆连接计算机。USB 接口和线缆可分为标准型、微 Type-C 型。

(5) 常见的信息技术设备及性能指标

① 计算机类:计算机类信息技术设备包括计算机、一体式计算机、服务器、笔记本电脑等。性能指标主要由构成部件 CPU、内存、主板、硬盘、显卡、显示器等的性能指标决定。

② 移动终端类:主要有智能手机和平板电脑等。智能手机的性能主要由 CPU、运行内存、内置存储器(相当于计算机硬盘)、摄像头、定位传感器等的性能指标决定。平板电脑的性能与智能手机相近,也是以触控屏作为基本输入设备,支持网络和蓝牙无线传输技术。

③ 可穿戴设备类:可直接穿戴在身上,或整合到用户的衣服或配件中的一类便携式信息技术设备,具备部分信息采集和处理功能,需通过网络、蓝牙等连接信息技术终端,才能具备完整的功能。常见的如智能手环、智能手表、智能眼镜、智能服装和智能鞋等。

④ 外围设备类:种类繁多、功能各异,各自有不同的性能指标。常见的如触摸屏、摄像头、麦克风、游戏杆、数码相机、扫描仪、手绘板、数字电视、投影仪、虚拟现实眼镜、打印机、绘图仪、音箱、耳机等。

⑤ 网络设备类:用于将信息设备连入网络的设备。常用的有网络交换机、无线路由器等。

1.2.2 数制及其转换

在信息系统中,用二进制代码的形式来表示信息。采用二进制的原因:处理和传输时不易出错,运算规则相对简单,便于高速运算,使设备具有更高的可靠性。

1. 数制

数制也称计数制,是用一组固定符号和统一规则来表示数值的方法,以累计和进位的方式进行计数。日常生活中常用的是十进制(DEC)数(包含 10 个数码:0、1、2、3、4、5、6、7、8、9);计算机等信息设备中使用的是二进制(BIN)数(包含 2 个数码:0、1),二进制的基数为 2,进位规则是"逢二进一",借位规则是"借一当二";为便于计算,在计算机技术领域,除十进制数和二进制数外,还常用到十六进制(HEX)数(包含 16 个数码:0、1、2、3、4、5、6、7、8、9、A、B、C、D、E、F)和八进制(OCT)数(包含 8 个数码:0、1、2、3、4、5、6、7)。

2. 数制之间的转换

(1) 二进制数化为十进制数

方法:写成按权位展开的多项式,然后求和,如:

$(1101)_2 = 1 \times 2^3 + 1 \times 2^2 + 0 \times 2^1 + 1 \times 2^0 = 13$

(2) 十进制数化为二进制数

方法:用"除 2 取余,逆序排列"法,如:

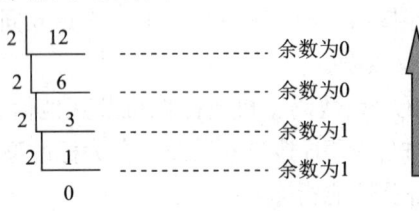

```
2 | 12
2 |  6  ········· 余数为0
2 |  3  ········· 余数为0
2 |  1  ········· 余数为1
     0  ········· 余数为1
```

$(12)_{10} = (1100)_2$

(3) 二进制数与八进制数、十六进制数的相互转换

方法:由于 1 位十六进制数正好对应 4 位二进制数,因此二进制数转换成十六进制数使用"取四合一"法,从二进制数的个位开始,每 4 位组成 1 组(若高位端不够 4 位一组,用 0 补齐);同理,八进制数"取三合一"。如:

$(A65)_{16} \leftrightarrow A,6,5 \leftrightarrow 1010\ 0110\ 0101$;

$(366)_8 \leftrightarrow 3,6,6 \leftrightarrow 011\ 110\ 110$。

1.2.3 编码

1. ASCII 码基本概念

ASCII 码是美国标准信息交换代码的简称,使用指定的 7 位或 8 位二进制数来表示所有的大小写字母、数字 0 到 9、标点符号和在美式英语中使用的特殊控制字符,总共可表示 $2^7 = 128$ 个不同的字符。字符 ASCII 码值大小的规律是:

① 常见字符 ASCII 码大小的比较:标点符号<数字<大写字母<小写字母,如:空格<0<……9<A<……Z<a<……<z。

② 同一字母小写的 ASCII 码比大写的 ASCII 码大 32,如小写字母"a"的 ASCII 码比大写字母"A"的 ASCII 码大 32。

2. 常用编码

① 数值编码:用二进制数表示数值的编码方式。根据表示数值内容的不同,分为无符号整数、有符号整数、定点小数、浮点小数等类型。

② BCD 码:BCD 码用 4 位二进制数来表示 1 位十进制数中的 0～9 这 10 个数码,是计算机进行数值计算最常用的数值编码形式。当十进数超过 1 位时,则用 $4 \times n$ 位二制数表示,如(1549)D=(0001 0101 0100 1001)BCD。

③ 汉字编码:用于处理汉字的二进制代码,包括输入码、信息交换码、机内码、字形码等。

汉字信息交换码是为不同信息技术设备之间在交换汉字信息时所使用的代码标准,汉字信息交换码有 GB 码、BIG5 码和 CJK 码。

汉字输入码是用来将汉字输入到计算机中的一组键盘符号,常用输入码有拼音码、五笔字型码、区位码和电报码等。

④ Unicode 编码:是信息技术领域的一项国际化业界标准,包括字符集、编码方案等。为世界各国的每种语言中的每个字符设定了统一并且唯一的二进制编码,广泛应用于网页、跨平台系统中。CJK 编码是 Unicode 中收集了汉语、日语、韩语中的汉字子集。UTF-8 是一种 Unicode 的可变长度字符编码,使用 8~48 位二进制代码,表示汉字时使用 24~32 位二进制数代码。

⑤ 条形码与二维码:按照一定编码规则排列、用以传递信息的图形符号。

a. 条形码概念:条形码可以通过光电扫描器识读,包含的信息量有限,多用于物品的信息标记。

b. 二维码概念:二维码是一组黑白相间的图形符号,它们按一定的规律在平面(二维方向)上分布,从而记录信息,可用于信息获取、网站跳转、移动支付、音视频推送等,是目前应用最广泛的图形符号编码。"扫一扫"已经成为信息时代人们生活的常态。

1.2.4 数据存储

1. 位

位是计算机中存储信息的最小单位。一个二进制数 0 或 1 就表示一个位,位称为"比特(bit)"。

2. 字节

字节(byte,简写为 B)是信息技术设备中用于计量存储容量的基本单位,1 个字节的容量可以存储 8 位二进制数。"字节"之上更高数量级的存储容量单位,如 KB、MB、GB、TB、PB、EB、ZB 等,分别读作千字节、兆字节、吉字节、太字节、拍字节、艾字节、泽字节,它们的换算关系如下:

1 KB=2^{10} B=1024 B

1 MB=2^{20} B=1024^2 B=1024 KB

1 GB=2^{30} B=1024^3 B=1024 MB

1 TB=2^{40} B=1024^4 B=1024 GB

1 PB=1024 TB,1 EB=1024 PB,1 ZB=1024 EB

一个汉字的机内码占两个字节的存储空间。

知识测评

一、单选题

1. 计算机系统由( )组成。
 A. 硬件系统和软件系统　　　　　　　B. 主机和外部设备
 C. 系统软件和应用软件　　　　　　　D. 运算器、控制器、存储器、输入设备和输出设备

2. 中央处理器(CPU)主要由(　　)组成。
   A. 控制器和内存　　　　　　　　B. 运算器和控制器
   C. 控制器和寄存器　　　　　　　D. 运算器和内存
3. 计算机的内存储器存取速度比外存储器(　　)。
   A. 速度快　　　B. 存储量大　　　C. 便宜　　　D. 以上说法都不对
4. 以下不属于输入设备的是(　　)。
   A. 键盘　　　　B. 鼠标　　　　　C. 打印机　　　D. 扫描仪
5. 在计算机硬件系统中,(　　)是计算机的记忆部件。
   A. 运算器　　　B. 控制器　　　　C. 存储器　　　D. 输入设备
6. 计算机软件系统包括(　　)。
   A. 系统软件和应用软件　　　　　B. 编辑软件和应用软件
   C. 数据库软件和工具软件　　　　D. 程序和数据
7. 操作系统属于(　　)。
   A. 系统软件　　B. 应用软件　　　C. 工具软件　　D. 数据库软件
8. 计算机中存储数据的最小单位是(　　)。
   A. 字节　　　　B. 位　　　　　　C. 字　　　　　D. 千字节
9. 1 GB等于(　　)。
   A. 1024 MB　　B. 1024 KB　　　 C. 1000 MB　　 D. 1000 KB
10. 以下不属于系统软件的是(　　)。
    A. Windows　　B. Linux　　　　C. Office　　　D. UNIX
11. 计算机的性能主要取决于(　　)。
    A. 字长、运算速度和内存容量
    B. 磁盘容量、显示器的分辨率和打印机的配置
    C. 所配备的语言、操作系统和外部设备
    D. 机器的价格、所配备的操作系统、光盘驱动器的速度
12. 以下存储设备中,断电后数据会丢失的是(　　)。
    A. 硬盘　　　　B. 内存　　　　　C. U盘　　　　 D. 光盘
13. 计算机能够直接执行的程序是(　　)。
    A. 高级语言程序　　　　　　　　B. 汇编语言程序
    C. 机器语言程序　　　　　　　　D. 数据库语言程序
14. 以下关于总线的说法,错误的是(　　)。
    A. 总线是计算机各部件之间传输信息的公共通道
    B. 总线分为数据总线、地址总线和控制总线
    C. 总线的带宽决定了计算机的性能
    D. 总线的速度与计算机的时钟频率无关
15. 显示器的分辨率越高,图像就越(　　)。
    A. 清晰　　　　B. 模糊　　　　　C. 大　　　　　D. 小

16. 计算机的硬件系统中,最核心的部件是(　　)。
A. 中央处理器　　B. 内存　　C. 硬盘　　D. 主板
17. ASCII 码是一种(　　)。
A. 汉字编码　　B. 图像编码　　C. 音频编码　　D. 字符编码
18. Unicode 编码可以表示(　　)。
A. 英文字符　　B. 汉字　　C. 各种语言的字符　　D. 以上都是
19. 二进制数 1010 转换为十进制是(　　)。
A. 8　　B. 10　　C. 12　　D. 14
20. 十进制数 20 转换为二进制是(　　)。
A. 10100　　B. 10110　　C. 11000　　D. 10010

二、多选题

1. 计算机硬件系统包括(　　)。
A. 中央处理器　　B. 存储器　　C. 输入设备　　D. 输出设备
E. 总线
2. 中央处理器(CPU)由(　　)组成。
A. 运算器　　B. 控制器　　C. 寄存器　　D. 高速缓存
E. 内存储器
3. 存储器分为(　　)。
A. 内存储器　　B. 外存储器　　C. 随机存储器　　D. 只读存储器
4. 内存储器包括(　　)。
A. 随机存储器(RAM)　　　　B. 只读存储器(ROM)
C. 高速缓存(cache)　　　　D. 硬盘
5. 输入设备有(　　)。
A. 键盘　　B. 鼠标　　C. 扫描仪　　D. 显示器
E. 打印机
6. 输出设备有(　　)。
A. 显示器　　B. 打印机　　C. 音箱　　D. 摄像头
E. 麦克风
7. 总线分为(　　)。
A. 数据总线　　B. 地址总线　　C. 控制总线　　D. 内部总线
E. 外部总线
8. 计算机软件系统包括(　　)。
A. 操作系统　　　　　　　　B. 应用软件
C. 数据库管理系统　　　　　D. 编程语言
E. 办公软件
9. 计算机硬件的发展历程包括(　　)。
A. 电子管时代　　　　　　　B. 晶体管时代

C. 集成电路时代 D. 大规模集成电路时代
E. 超大规模集成电路时代

10. 下列属于 ASCII 码表示的字符有（　　）。
A. 大写字母 A 到 Z B. 小写字母 a 到 z
C. 数字 0 到 9 D. 中文汉字

三、判断题

1. 信息系统就是计算机系统。（　　）
2. 信息系统只能处理数字信息。（　　）
3. 信息系统的维护就是修复系统中的漏洞。（　　）
4. 中央处理器(CPU)是计算机的核心部件，它只包括运算器和控制器。（　　）
5. 硬盘是计算机的内存储器，它的存储容量一般比内存大。（　　）
6. 输入设备只能将数据输入到计算机中，不能输出任何信息。（　　）
7. 所有的计算机软件都可以在不同的操作系统上运行。（　　）
8. 总线分为数据总线、地址总线和控制总线，它们的功能是相互独立的。（　　）
9. 声卡和显卡都是计算机的外部设备。（　　）
10. 计算机的显示器分辨率越高，显示的图像就越清晰。（　　）

四、填空题

1. 中央处理器由_____和_____组成。
2. 软件系统分为_____和_____。
3. 计算机存储信息的基本单位是_____。
4. 若字母"E"的 ASCII 码为 69，那么字母"B"的 ASCII 码为_____。
5. 7 位 ASCII 码所能表示的字符个数是_____。
6. 可以集成 CPU、内存条、显卡、鼠标、键盘等的各类扩展槽或接口的硬件是_____。
7. CPU 要使用外存储器中的信息，应先将其调入_____。
8. 度量计算机运算速度常用的单位是_____。
9. 冯·诺依曼结构计算机的五大部件包括输入设备、存储器、运算器、输出设备和_____。
10. 用 GHz 来衡量计算机的性能，它指的是计算机的_____。

1.3 了解操作系统

学习目标

- 了解操作系统的基本概念和功能。
- 了解文件和文件夹的概念和作用。
- 了解常用文件的类型。
- 掌握文件与文件夹的管理操作。

思政要素

- 了解国内外操作系统发展的差异,激发学生民族自豪感与使命感。
- 在学习文件分类管理操作中,培养学生做事认真、严谨细致的态度。

知识梳理

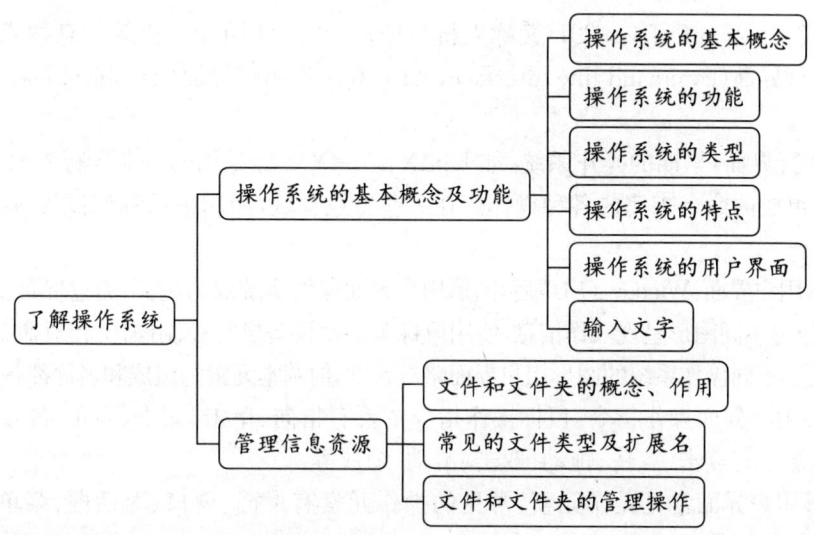

知识要点

1.3.1 操作系统的基本概念及功能

1. 操作系统的基本概念

操作系统(operating system,OS)是用以控制和管理计算机等信息技术设备软件、硬件和信息资源的系统程序,是操作信息技术设备的交互接口,是最重要的系统软件。

2. 操作系统的功能

从资源管理的角度看,操作系统具有五大功能模块:处理机管理、存储管理、设备管理、作业管理、文件管理。

3. 操作系统的类型

根据支持信息技术设备类型的不同,目前主流的操作系统分为以下3种。

① 桌面操作系统:Windows 系列占主导地位,当前主流版本是 Windows 10;Linux 系列产品较多,有 Deepin、中兴新支点、Ubuntu、麒麟(中标、银河)等;UNIX 系列有苹果公司推出的 Max OSX。

② 服务器操作系统:主要分为四大系列:Windows Server、NetWare、UNIX 和 Linux。近年来,Linux 系列应用越来越广泛,如 CentOS 和红旗、银河麒麟等。

③ 移动终端设备操作系统:主要有安卓、iOS、鸿蒙等。

4. 操作系统的特点

① 并发性:指具有处理多个同时性事件的能力。
② 共享性:指系统中的资源可供内存中多个并发执行的进程共同使用。
③ 虚拟性:指通过技术把一个物理实体映射为若干个逻辑实体。
④ 异步性(随机):指对不可预测的次序发生的事件进行响应并处理。

5. 操作系统的用户界面

用户界面(user inferface,UI)又称人机界面,是用户使用计算机等信息技术设备的接口。有命令行界面(command line interface,CLI)和图形用户界面(graphical user interface, GUI)等类型。

① 命令行界面:早期的操作系统,如 UNIX、MS-DOS 等采用的是命令行界面,需要通过输入由字符组成的命令来完成各种操作。在一些专业领域,如网络远程调试等,命令行操作效率会更高。

② 图形用户界面:Windows 出现后,图形用户界面操作系统成为主流,通过屏幕上显示的窗口、图标、按钮等不同图形呈现操作信息,使用鼠标等指示设备进行控制操作,相对命令行界面更加直观、简便。不同操作系统的图形用户界面略有区别,但基本元素的组成和名称都一致。

③ 图形用户界面操作指令:鼠标操作指令主要有指向、单击、双击、右击、拖动、滚动等;触控屏操作指令有点击、点住、拖动、双击、滑动、缩放等。

④ 图形用户界面常见操作元素:常见的操作元素有桌面、窗口、对话框、菜单、图标、按钮、工具栏、任务栏等。

6. 输入文字

① 英文字符输入:英文字符、数字和标点符号等可以通过键盘直接输入。

键盘是计算机等信息技术设备的标准配置。智能手机、平板电脑等移动终端可在触控屏上显示虚拟键盘,支持字符的输入。

② 中文输入:在支持中文的操作系统中,一般内置多种中文输入法,也可安装增加其他输入法。输入中文时键盘必须处于小写状态,在 Windows 操作系统中,默认设置按"Ctrl"+空格组合键可切换中英文输入状态,按"Ctrl"+"Shift"组合键可在不同输入法间切换。按"Shift"+空格键可在全/半角状态间切换。

③ 语音识别与光学识别输入:语音识别输入是将人类的语音转换为计算机可处理的输入内容,如文字、数字、符号和词汇、语句等;光学识别输入又称光学字符识别(OCR),通过信息技术设备上可进行图像输入的配件(如摄像头、手绘板、扫描仪、触控屏等),检测输入图像暗亮的模式确定其形状,然后用字符识别方法将形状翻译成计算机可处理的文字信息。

1.3.2 管理信息资源

1. 文件和文件夹的概念、作用

(1) 文件的概念及作用

文件是存储在计算机存储设备上的一组相关数据的集合,是计算机处理信息的基本单位,作用包括：① 存储各类信息，如文档、图片、音频、视频等，为知识传承和信息保存提供载体；② 是工作与学习的重要工具，方便记录进度、撰写报告等；③ 可在不同设备和用户间传输共享，实现信息交流与合作；④ 同时也是许多程序运行的依据，为软件提供必要的数据输入和输出。

（2）文件夹的概念及作用

文件夹是用于组织和管理文件的虚拟容器，作用主要有：① 可以将不同类型、不同用途的文件进行分类存放，让用户更方便地查找和管理文件，提高工作和学习效率；② 文件夹有助于保持文件系统的整洁和有序，避免文件混乱堆积，同时也方便文件的备份、移动和共享等操作。

（3）文件名

① 文件名的组成部分：任何一个文件都有自己的名字，称为文件名。系统通过文件名对文件进行标记和组织管理。文件名通常由主文件名和扩展名两部分组成，如文件名"file.txt"中，"file"是主文件名，". txt"是扩展名。

② 文件名的命名规则：文件名最长可使用 255 个字符。文件名可使用多个"."间隔符，最后一个间隔符后的字符一般被认定为扩展名。文件名中允许使用空格，但不允许使用＜＞/\|:""＊？等英文半角字符。

查询文件时可使用通配符"＊"和"？"，用来表示 0 个或 1 个任意字符，"＊"表示 0 个或任意个字符。

文件名中允许使用大小写字母。Windows 操作系统在管理文件时不区分大小写，但在显示时不同；UNIX、Linux 等操作系统管理文件时需要区分文件名的大小写。同一文件夹中不能有同名文件。

2. 常见的文件类型及扩展名

常见的文件类型与文件扩展名如表 2-3-1 所示。

表 2-3-1　常见文件类型与文件扩展名

文件类型	常见文件扩展名	运用的操作系统
纯文本文件	. txt	所有类型的操作系统
网页文件	. htm、. html	所有类型的操作系统
图像文件	. jpg、. jpeg、. png、. bmp、. tif、. gif	所有类型的操作系统
音频文件	. wav、. mp3、. wma、. au	所有类型的操作系统
视频文件	. avi、. mp4、. mkv、. wma、. mov、. mpeg	所有类型的操作系统
可执行的程序文件	. exe、. com	Windows 操作系统
	. apk	Android 操作系统
	. ipa	iOS 操作系统
	具有可执行属性，不指定特定扩展名	Linux、UNIX、Mac OSX 等操作系统
运行库文件	. lib	Windows 操作系统
	. so	Linux 操作系统
压缩文件	. zip、. rar	Windows 操作系统
	. zip、. gz、. bz2、. xz、. z	Linux、UNIX 等操作系统

3. 文件和文件夹的管理操作

（1）新建文件或文件夹

在文件资源管理器窗口中，进入某个本地磁盘，右击内容窗格空白处，在快捷菜单中单击"新建—文件夹"输入新文件夹名称，按回车确认完成新建。

（2）选择文件或文件夹

在对文件和文件夹做进一步的操作前，首先需要选定文件和文件夹。以选择文件为例：

① 选定单个文件。直接用鼠标单击文件的图标即可。

② 选定多个连续的文件。首先选中第一个文件，然后按住"Shift"键，在最后一个要选择的文件图标处，单击鼠标左键，再释放"Shift"键，多个连续文件即可被选定。或者，使用鼠标拖动的方法，选择连续排列的多个文件。

③ 选定多个不连续的文件。首先按住"Ctrl"键，然后逐个单击需要选择的文件的图标，再释放"Ctrl"键，多个不连续文件即可被选定。

（3）移动、复制文件或文件夹

是指将源文件或文件夹移动或复制到目的文件夹。

剪贴板是内置在 Windows 中的用来临时存放信息的内存空间，不同的应用程序共享同一剪贴板，通过剪贴板可以交换信息。停电、关机、退出 Windows 系统时剪贴板就不存在。

方法1：使用文件资源管理器"主页"—"组织"—"移动到或复制到"命令。

方法2：利用剪贴板进行实现操作：选定源对象—"剪切（或复制）"—目标位置"粘贴"实现移动（或复制）。

剪切的方法：按住"Ctrl"+"X"或右击源对象，在弹出的快捷菜单中选择"剪切"或文件资源管理窗口"主页"—"剪贴板"—"剪切"。

复制的方法：按住"Ctrl"+"C"或右击源对象，在弹出的快捷菜单中选择"复制"或文件资源管理窗口"主页"—"剪贴板"—"复制"。

粘贴的方法：按住"Ctrl"+"V"或目标位置右击，在弹出的快捷菜单中选择"粘贴"或文件资源管理窗口"主页"—"剪贴板"—"粘贴"。

方法3：鼠标左键拖动，同一盘符中：直接拖到目标位置，实现移动操作；按住"Ctrl"键+拖到目标位置，实现复制操作。不同盘符中：直接拖到目标位置，实现复制操作；按住"Shift"键+拖到目标位置，实现移动操作。

（4）删除文件或文件夹

删除的文件或文件夹自动放入回收站中，如果想彻底删除，可在"回收站"窗口"管理回收站工具"中"清空回收站"。其中的内容也可还原。

回收站是硬盘中的一块区域，用来临时存放删除的对象。它是 Windows 10 操作系统中唯一不能从桌面删除的图标。

方法1：使用文件资源管理器"主页"—"组织"—"删除"命令。

方法2：右击，在弹出的快捷菜单中选择"删除"命令。

方法3：选定后，按"Delete"键。

按住"Shift"+"Delete"可实现物理删除,而不会放入回收站中。

(5) 重命名文件或文件夹

方法 1:使用文件资源管理器"主页"—"组织"—"重命名"命令。

方法 2:右击,在弹出的快捷菜单中选择"重命名"命令。

方法 3:选定后,按"F2"键。

方法 4:选定后,再次单击。

(6) 修改文件或文件夹属性

文件或文件夹的属性默认为存档,还有只读、隐藏属性。

设置属性方法:选择要设置属性的文件或文件夹—打开"属性"对话框:右击,选"属性"(或"主页"—"打开"—"属性")—在"属性"对话框"常规"中选复选项"只读""隐藏",("高级"中设"可以存档文件夹""压缩内容以便节省磁盘空间"等)—确定。

如何显示隐藏的文件(文件夹):在文件资源管理器中:单击"查看"—"选项"打开"文件夹选项"对话框—在"查看"选项卡中选中"显示隐藏的文件、文件夹和驱动器"—确定。或在"查看"选项卡"显示/隐藏"命令组中勾选"隐藏的项目"。

(7) Windows 操作系统中文件扩展名的隐藏与恢复

文件扩展名反映文件的类型,如果扩展名隐藏了,可通过以下方法显示出来:单击文件资源管理器中的

"查看—选项"打开"文件夹选项"对话框—在"查看"选项卡中取消勾选"隐藏已知文件类型的扩展名"—确定或在"查看"选项卡"显示/隐藏"命令组中勾选"文件扩展名"。

知识测评

一、单选题

1. 以下不是操作系统的主要功能的是( )。

A. 管理硬件资源　　　　　　　　B. 提供用户界面

C. 编写应用程序　　　　　　　　D. 管理文件系统

2. 多任务操作系统中,每个任务被称为( )。

A. 进程　　　　B. 线程　　　　C. 程序　　　　D. 指令

3. 以下操作系统是开源的是( )。

A. Windows　　　B. macOS　　　C. Linux　　　D. iOS

4. 操作系统的内核是指( )。

A. 操作系统的核心部分,负责管理系统资源

B. 操作系统的用户界面

C. 操作系统的文件系统

D. 操作系统的设备驱动程序

5. 以下不是操作系统分类的是( )。

A. 实时操作系统　　　　　　　　B. 分布式操作系统

C. 数据库操作系统　　　　　　　D. 批处理操作系统

6. 以下关于操作系统的说法正确的是（　　）。
   A. 操作系统只能安装在计算机的硬盘上
   B. 一个计算机只能安装一种操作系统
   C. 操作系统是计算机系统中最重要的软件之一
   D. 操作系统不需要更新和维护

7. 在 Windows 操作系统中，选定多个连续的文件或文件夹，应首先选定第一个文件或文件夹，然后按住（　　）键，再单击最后一个文件或文件夹。
   A. "Shift"　　　B. "Ctrl"　　　C. "Alt"　　　D. "Tab"

8. 要将一个文件从一个文件夹移动到另一个文件夹，可使用的快捷键是（　　）。
   A. "Ctrl"+"C"和"Ctrl"+"V"　　　B. "Ctrl"+"X"和"Ctrl"+"V"
   C. "Ctrl"+"Z"　　　D. "Ctrl"+"A"

9. 在资源管理器中，双击一个扩展名为.txt 的文件，系统会自动启动（　　）来打开该文件。
   A. 画图程序　　　B. 记事本　　　C. Word　　　D. Excel

10. 要查找某个文件，可以使用操作系统中的（　　）功能。
    A. 磁盘清理　　　B. 系统还原　　　C. 搜索　　　D. 备份

11. 当删除一个文件时，该文件会被放入（　　）。
    A. 回收站　　　B. 我的文档　　　C. 控制面板　　　D. 桌面

12. 在文件夹中，右键单击一个文件，选择"属性"，可以查看该文件的（　　）等信息。
    A. 大小、创建时间、访问时间　　　B. 大小、颜色、类型
    C. 名称、作者、出版社　　　D. 标题、主题、关键词

13. 要复制一个文件夹及其所有内容到另一个位置，可使用的操作是（　　）。
    A. 拖动文件夹到目标位置
    B. 按住 Ctrl 键拖动文件夹到目标位置
    C. 按住 Shift 键拖动文件夹到目标位置
    D. 右键单击文件夹，选择"复制"，然后在目标位置右键单击选择"粘贴"

13. 以下文件扩展名中，表示图像文件的是（　　）。
    A. .txt　　　B. .jpg　　　C. .doc　　　D. .xls

14. 在资源管理器中，要重命名一个文件，可先选中该文件，然后按（　　）键。
    A. F1　　　B. F2　　　C. F3　　　D. F4

15. 要改变文件或文件夹的显示方式，可以在资源管理器的（　　）菜单中进行选择。
    A. 文件　　　B. 编辑　　　C. 查看　　　D. 工具

16. 要查看一个文件的大小，可以在资源管理器中选中该文件，然后在（　　）中查看。
    A. 状态栏　　　B. 菜单栏　　　C. 工具栏　　　D. 地址栏

17. 以下关于快捷方式的说法中，错误的是（　　）。
    A. 快捷方式是指向一个文件或文件夹的指针
    B. 删除快捷方式不会影响原文件或文件夹

C. 可以为快捷方式设置快捷键

D. 快捷方式的图标不能更改

18. 以下文件扩展名中,表示音频文件的是( )。

A. .mp3　　　　　B. .png　　　　　C. .pdf　　　　　D. .html

19. 要压缩一个文件或文件夹,可以使用( )软件。

A. 画图　　　　　　　　　　　B. 记事本

C. WinRAR　　　　　　　　　D. 计算器

20. 以下操作中,不能删除文件夹的是( )。

A. 在资源管理器中,选中文件夹,按"Delete"键

B. 在资源管理器中,右键单击文件夹,选择"删除"

C. 在命令提示符下,使用"del"命令

D. 在 Word 中,选择"文件"—"删除"

二、多选题

1. 以下属于操作系统功能的有( )。

A. 进程管理　　　　　　　　　B. 内存管理

C. 文件管理　　　　　　　　　D. 设备管理

2. 常见的操作系统有( )。

A. Windows　　　　　　　　　B. Linux

C. macOS　　　　　　　　　　D. Android

3. 操作系统的用户界面可以分为( )。

A. 命令行界面　　　　　　　　B. 图形用户界面

C. 自然用户界面　　　　　　　D. 虚拟现实界面

4. 操作系统的发展趋势包括( )。

A. 智能化　　　　B. 虚拟化　　　　C. 云计算化　　　　D. 开源化

5. 以下操作可以对文件进行复制的有( )。

A. 按住"Ctrl"键拖动文件

B. 使用"编辑"菜单中的"复制"和"粘贴"命令

C. 右键点击文件,选择"复制",然后在目标位置右键选择"粘贴"

D. 按下"Ctrl"+"C"和"Ctrl"+"V"快捷键

6. 要选定多个不连续的文件或文件夹,可以使用( )。

A. 按住"Ctrl"键逐个点击

B. 使用"编辑"菜单中的"全选"命令后再取消不需要的选择

C. 按住"Shift"键逐个点击

D. 使用鼠标拖动框选

7. 以下关于文件和文件夹的说法正确的有( )。

A. 文件夹可以包含文件和子文件夹

B. 文件可以存储在不同的文件夹中

C. 同一文件夹中不能有同名的文件和子文件夹

D. 不同文件夹中可以有同名的文件

8. 可以对文件或文件夹进行的操作有(　　)。

A. 删除　　　　　B. 移动　　　　　C. 复制　　　　　D. 重命名

9. 以下是文件的扩展名可能表示的文件类型的有(　　)。

A. .txt(文本文件)　　　　　　　　B. .jpg(图片文件)

C. .docx(Word文档)　　　　　　　D. .mp3(音频文件)

10. 在资源管理器中,查看文件和文件夹的方式有(　　)。

A. 大图标显示　　　　　　　　　　B. 小图标显示

C. 列表显示　　　　　　　　　　　D. 详细信息显示

三、判断题

1. 操作系统只能管理硬件资源,不能管理软件资源。(　　)

2. 操作系统的主要功能是提供用户界面。(　　)

3. 操作系统的文件系统只能管理本地存储设备上的文件。(　　)

4. 操作系统的发展趋势是越来越复杂,功能越来越强大。(　　)

5. 文件夹只能包含文件,不能包含其他文件夹。(　　)

6. 快捷方式的作用只是为了方便打开文件或文件夹,没有其他用途。(　　)

7. 同一文件夹中可以有同名的文件和文件夹。(　　)

8. 文件的扩展名可以随意更改,不会影响文件的使用。(　　)

9. 文件和文件夹的基本操作只有复制、移动、删除和重命名。(　　)

10. 删除文件后,该文件会立即从硬盘上消失。(　　)

四、填空题

1. 用户界面(UI)又称为_____,是用户使用计算机等信息技术设备的接口。

2. 在Windows 10中,文件和文件名不能超过_____个字符。

3. 每一个文件夹有一个名字,文件夹还可以再建子文件夹,文件夹这种多级层次结构称为_____。

4. Windows 10中,选定多个不相邻文件的操作是,单击第一个文件,然后按住_____键的同时,单击其他待选定的文件。

5. 复制、移动文件或文件夹时,文件或文件夹必须处于_____状态,否则无法进行移动操作,复制操作虽能进行,但复制的是文件打开前的状态。

6. 在文件"属性"对话框中,_____更改文件打开方式(填"可以"或"不可以")。

7. 在资源管理器窗口中,当前打开的对象的路径会显示在_____。

8. 光学字符识别的英文简称是_____。

9. 在Windows 10的"回收站"窗口中,若需要恢复某一对象,可以先选定该对象,然后选择右键快捷键菜单中的_____命令。

10. 将U盘中的文件拖到电脑的桌面上,可以实现对文件的_____。

第 2 章 图文编辑

2.1 WPS 文字文档的基本操作

学习目标

- 了解 WPS Office 文字处理软件的基本功能和特点。
- 熟悉 WPS 文字文档的操作界面。
- 熟练掌握文档的创建、编辑、保存及打开和关闭的方法。
- 熟练掌握文本查找和替换的方法。
- 熟练掌握页面设置的方法,掌握页眉、页脚、页码的插入和编辑。
- 掌握打印预览和打印操作的相关设置。

思政要素

- 培养学生信息加工处理能力,提升信息素养。
- 利用 WPS 的协作功能,与团队成员共同编辑文档,促进信息的交流和共享。

知识梳理

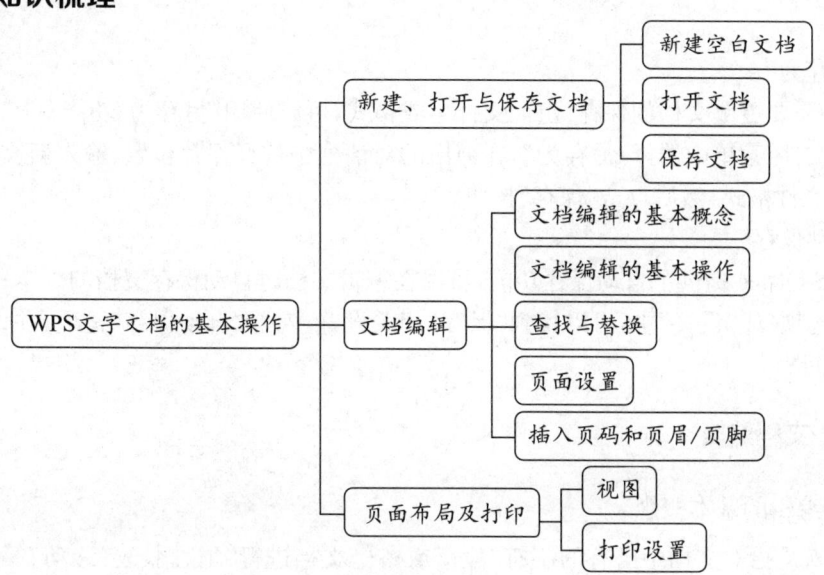

知识要点

2.1.1 新建、打开与保存文档

1. 新建空白文档

① 按钮操作：在 WPS Office 软件中，单击"新建"按钮，然后选择"空白文档"即可创建一个新的文档。

② 快捷键操作：按下键盘上的"Ctrl"+"N"组合键，同样可以快速新建一个空白的文档。

2. 打开文档

（1）直接打开

① 如果文档已经保存在电脑本地或 WPS 云文档中，可以直接在 WPS Office 的"最近文档"或"云文档"中找到并打开；

② 也可以在文件资源管理器中找到文档，双击即可通过 WPS Office 打开。

（2）通过菜单打开

① 在 WPS Office 的任意组件中，点击左上角的"文件"菜单，选择"打开"选项；

② 在弹出的"打开"对话框中，浏览到文档所在的文件夹，选中要打开的文档，然后点击"打开"按钮。

（3）支持多种格式

WPS Office 支持打开多种格式的文档，包括 WPS、DOC、DOCX、TXT、PDF 等。

3. 保存文档

（1）保存当前文档

在编辑完文档后，点击工具栏上的"保存"按钮（通常是一个磁盘图标），即可将文档保存到当前位置。

（2）另存为

① 如果需要更改文档的保存位置、文件名或格式，可以使用"另存为"功能；

② 在"文件"菜单中选择"另存为"，在弹出的对话框中选择保存位置，输入新文件名，并选择所需的文件格式，然后点击"保存"按钮。

（3）自动保存

① WPS Office 提供了自动保存功能，可以在编辑文档时自动保存文档的副本；

② 在"选项"或"设置"中，可以找到"保存"相关设置，勾选"自动保存"选项，并设置自动保存的时间间隔。

2.1.2 文档编辑

1. 文档编辑的基本概念

文档编辑是指对文档中已有的字符、段落或整个文档进行"增、删、改、移动"等操作，以

满足特定的写作或排版需求。

2. 文档编辑的基本操作

① 选定对象：通过鼠标拖动或键盘快捷键选定需要编辑的文本或对象。

② 移动对象：利用"剪切"和"粘贴"命令，或拖动选定对象到新的位置。

③ 复制对象：利用"复制"和"粘贴"命令，或按住"Ctrl"键拖动选定对象到新的位置。

④ 撤销与恢复操作：对于不慎出现的误操作，可以使用文档中撤销和恢复功能取消误操作。单击工具栏上的"撤销"命令，或使用"Ctrl"+"Z"快捷键。

3. 查找与替换

使用"查找和替换"功能，可以快速定位并修改文档中的特定文本。在"开始"选项卡中点击"查找"或"替换"按钮，输入需要查找或替换的文本即可。

4. 页面设置

通过"页面设置"功能，可以设置纸张大小、纸张方向、页边距、页眉和页脚的位置等。在"页面"选项卡中单击命令按钮即可设置，或打开"页面设置"对话框进行设置。

分栏设置决定了文档内容是否以多栏形式呈现，以及分栏的数量和间距。这对于制作报纸、杂志等排版复杂的文档特别有用。在"页面"选项卡中单击"分栏"命令，选择"更多分栏"，打开"分栏"对话框，分别设置"栏数""栏宽""栏间距""分割线"。需要注意的是，当分栏对象包含文章最后一段时，选取对象时不能选中最后一段末尾的回车符号。

5. 插入页码和页眉/页脚

① 页码：用户可以通过插入页码来标识文档的每一页。页码可以放在页面的顶端或底端，并可以选择不同的页码格式和起始页码。

② 页眉/页脚：页眉和页脚是文档页面顶部和底部的区域，通常用于放置标题、页码、日期等信息。用户可以通过插入页眉/页脚来定制这些区域的内容和样式。

2.1.3 页面布局及打印

在 WPS Office 中，页面布局、视图和打印共同影响着文档的外观和排版效果。

1. 视图

视图是文档编辑软件中的一种显示模式，决定了用户如何查看和编辑文档。WPS Office 提供了多种视图模式，以满足用户在不同场景下的需求。

① 页面视图：这是最常用的视图模式，它以打印页面的形式显示文档内容，所见即所得。页面视图下，用户可以直观地看到文档的页面布局、页边距、页眉/页脚等元素，非常适合进行页面设计和排版调整。

② 全屏显示：全屏显示模式下，整个屏幕都用于显示文档内容，其他功能区等被隐藏。这种模式下，用户可以专注于文档内容，减少干扰。

③ 阅读版式：阅读版式视图模拟了书本的翻页效果，方便用户快速查看文档内容，通常用于文档的阅读和审阅阶段。

④ 写作模式:写作模式是一种特定的编辑模式,专注于写作环境,提供了多种写作工具和辅助功能,适合用于文档的撰写和编辑阶段。

⑤ 大纲视图:大纲视图以大纲的形式显示文档的结构和内容,方便用户查看和调整文档的层次结构。这种视图模式对于编写长篇文档或进行文档结构调整非常有用。

⑥ Web 版式视图:Web 版式视图以网页的形式查看文档,模拟 Web 浏览器来显示文档内容。这种视图模式对于创建 Web 页或查看文档在网页上的显示效果非常有用。

2. 打印设置

打开文档,点击左上角的"文件"菜单,然后选择"打印"选项。或者,使用快捷键"Ctrl"+"P"快速进入打印界面。打印设置选项如下:

(1) 选择打印机

① 在打印界面中,选择连接的打印机;

② 可以查看打印机的状态、类型、位置等信息,以确保选择正确。

(2) 设置打印范围

① 全部:打印整个文档;

② 当前页:仅打印当前正在查看的页面;

③ 页码范围:输入特定的页码或页码范围进行打印,例如"1-5"或"1,3,5";

④ 选定区域:如果设置了打印区域,则仅打印该区域的内容。

(3) 设置打印份数

① 在"份数"框中输入要打印的份数;

② 若需要逐页打印副本,请确保勾选"逐份打印"复选框;若不需要,则取消勾选。

(4) 并打和缩放

① 在"并打和缩放"下,可以选择每页的版数,例如将 4 页的内容打印在一张纸上;

② 还可以选择"按纸型缩放",将文档缩放到指定的纸张大小。

(5) 页面设置

① 点击"属性"按钮,进入更详细的页面设置;

② 在这里,可以设置纸张尺寸、类型、打印质量、纸张方向(横向或纵向);

③ 如果打印机支持双面打印,可以选择"在文档的短边翻转"或"在长边翻转";

④ 如果打印机不支持双面打印,可以选择"手动双面打印",并在打印完奇数页后翻转纸张至背面继续打印。

知识测评

一、单选题

1. 在 WPS 文字处理软件中创建新文档的操作是(　　)。

A. 点击"开始"菜单,选择"WPS 文字"

B. 右键点击桌面,选择"新建"—"WPS 文字文档"

C. 在"文件"菜单中选择"打开",再选择"新建文档"

D. 点击"插入"菜单,选择"新文档"

2. 在 WPS 文字处理软件中,快速打开最近编辑过的文档的操作是(　　)。

A. 在"文件"菜单中选择"打开",然后浏览文件夹

B. 使用快捷键"Ctrl"+"O"

C. 在"文件"菜单的最近文档列表中选择

D. 在桌面或文件夹中双击文档图标

3. 以下可以用于撤销上一次操作的快捷键是(　　)。

A. "Ctrl"+"C"　　　　　　　　　　B. "Ctrl"+"V"

C. "Ctrl"+"Z"　　　　　　　　　　D. "Ctrl"+"X"

4. 保存 WPS 文字文档的操作是(　　)。

A. 点击菜单"WPS 文字"—"另存为"

B. 点击菜单"WPS 文字"—"保存"命令,或工具栏上的"保存"按钮

C. 点击菜单"文件"—"新建"

D. 点击菜单"编辑"—"复制"

5. 插入页码的操作是(　　)。

A. 在"插入"菜单中选择"页码"　　　B. 在"格式"菜单中选择"段落"

C. 在"编辑"菜单中选择"查找与替换"　D. 在"文件"菜单中选择"页面设置"

6. 在 WPS 文字中,插入一个表格的操作是(　　)。

A. 在"插入"菜单中选择"图片"

B. 在"插入"菜单中选择"文本框"

C. 在"插入"菜单中选择"表格",然后设置行数和列数

D. 在"格式"菜单中选择"段落"

7. 调整页边距的操作是(　　)。

A. 在"页面布局"菜单中选择"页边距"　B. 在"格式"菜单中选择"段落"

C. 在"编辑"菜单中选择"查找与替换"　D. 在"文件"菜单中选择"页面设置"

8. 设置纸张大小的操作是(　　)。

A. 在"页面布局"菜单中选择"纸张大小"　B. 在"格式"菜单中选择"段落"

C. 在"编辑"菜单中选择"查找与替换"　　D. 在"文件"菜单中选择"页面设置"

9. 打印文档的操作是(　　)。

A. 点击菜单"WPS 文字"—"打印"　　B. 点击菜单"文件"—"新建"

C. 点击菜单"编辑"—"复制"　　　　D. 点击菜单"格式"—"段落"

10. 退出 WPS 文字程序的操作是(　　)。

A. 点击右上角的"关闭"按钮　　　　B. 在"文件"菜单中选择"关闭"

C. 在"编辑"菜单中选择"查找与替换"　D. 在"格式"菜单中选择"段落"

11. 为文档添加页眉和页脚的操作是(　　)。

A. 在"插入"菜单中选择"页眉/页脚"　B. 在"格式"菜单中选择"段落"

C. 在"编辑"菜单中选择"查找与替换"　D. 在"文件"菜单中选择"页面设置"

12. 查找和替换文档中的文字的操作是（　　）。
    A. 在"编辑"菜单中选择"查找与替换"　　B. 在"格式"菜单中选择"段落"
    C. 在"页面布局"菜单中选择"背景"　　　D. 在"文件"菜单中选择"页面设置"

13. 为文档添加分栏效果的操作是（　　）。
    A. 在"页面布局"菜单中选择"分栏"　　　B. 在"格式"菜单中选择"段落"
    C. 在"编辑"菜单中选择"查找与替换"　　D. 在"文件"菜单中选择"页面设置"

14. 为文档添加水印的操作是（　　）。
    A. 在"页面"菜单中选择"水印"　　　　　B. 在"格式"菜单中选择"段落"
    C. 在"编辑"菜单中选择"查找与替换"　　D. 在"文件"菜单中选择"页面设置"

15. 复制文档中的文本的操作是（　　）。
    A. 使用"Ctrl"+"C"快捷键　　　　　　B. 在"格式"菜单中选择"段落"
    C. 在"页面布局"菜单中选择"背景"　　　D. 在"文件"菜单中选择"页面设置"

16. 粘贴复制的文本到文档中的操作是（　　）。
    A. 使用"Ctrl"+"V"快捷键　　　　　　B. 在"格式"菜单中选择"段落"
    C. 在"页面布局"菜单中选择"背景"　　　D. 在"文件"菜单中选择"页面设置"

17. 在WPS文字中，更改选中文本的字体大小和颜色（　　）。
    A. 在"格式"菜单中选择"段落"
    B. 在工具栏上选择"加粗"按钮
    C. 在工具下拉栏中选择合适的字体、大小和颜色
    D. 在"编辑"菜单中选择"查找与替换"

18. 在WPS文字中，进行页面设置（包括纸张大小和边距）的操作是（　　）。
    A. 在"格式"菜单中选择"段落"　　　　　B. 在"编辑"菜单中选择"查找与替换"
    C. 在"页面布局"菜单中进行设置　　　　D. 在"文件"菜单中选择"打印"

19. 在WPS文字中，设置文档的页面背景颜色的操作是（　　）。
    A. 在"插入"菜单中选择"图片"
    B. 在"格式"菜单中选择"段落"
    C. 在"页面布局"菜单中选择"背景颜色"
    D. 在"编辑"菜单中选择"查找与替换"

20. 在WPS文字中，调整文档的显示比例以便更好地查看或编辑的操作是（　　）。
    A. 在"插入"菜单中选择"文本框"
    B. 在"格式"菜单中选择"段落"
    C. 在"视图"菜单中选择"显示比例"，然后设置合适的比例
    D. 在"页面布局"菜单中设置页边距

二、多选题

1. 在WPS文字处理软件中，以下操作可以打开一个新的文档窗口的有（　　）。
   A. 点击"文件"菜单中的"新建"
   B. 使用快捷键"Ctrl"+"N"

C. 在桌面或文件夹中双击 WPS 文字文档图标

D. 在"开始"菜单中选择"WPS Office"—"WPS 文字",然后点击"新建空白文档"

2. 以下操作可以打开 WPS 文字文档的有(　　)。

A. 在桌面或文件夹中双击文档图标

B. 在 WPS 文字软件中使用"文件"—"打开"命令

C. 通过拖拽文件到 WPS 文字软件窗口中

D. 使用快捷键"Ctrl"+"O"

3. 以下操作可以保存 WPS 文字文档的有(　　)。

A. 点击"文件"—"保存"　　　　　　B. 使用快捷键"Ctrl"+"S"

C. 点击工具栏上的保存按钮　　　　D. 直接关闭文档窗口

4. 以下操作可以用于在 WPS 文字文档中查找和替换文本的有(　　)。

A. 使用快捷键"Ctrl"+"F"打开查找对话框

B. 使用快捷键"Ctrl"+"H"打开替换对话框

C. 在"编辑"菜单中选择"查找与替换"

D. 在"开始"选项卡中使用查找和替换功能

5. 以下选项属于 WPS 文字文档中的页面布局设置的有(　　)。

A. 页边距　　　　B. 纸张大小　　　　C. 页面方向　　　　D. 分栏

6. 以下选项可以用于调整 WPS 文字文档的视图模式的有(　　)。

A. 普通视图　　　B. 页面布局视图　　C. 大纲视图　　　　D. 阅读模式

7. 以下操作可以用于在 WPS 文字文档中插入图片的有(　　)。

A. 点击"插入"—"图片"　　　　　　B. 拖拽图片文件到文档窗口中

C. 使用快捷键插入图片　　　　　　D. 在"开始"选项卡中插入图片

8. 以下操作可以调整 WPS 文字文档中的字体大小的有(　　)。

A. 在"开始"选项卡中选择字体大小

B. 使用快捷键"Ctrl"+"Shift"+">"或"Ctrl"+"Shift"+"<"

C. 直接在键盘上输入数字

D. 通过鼠标滚轮调整

9. 在 WPS 文字处理软件中,以下操作可以用来复制文本的有(　　)。

A. 使用快捷键"Ctrl"+"C"和"Ctrl"+"V"

B. 在选中的文本上右键点击,选择"复制"和"粘贴"

C. 使用工具栏上的"复制"和"粘贴"按钮

D. 拖动选中的文本到目标位置

10. 在 WPS 文字中,以下功能可以通过"审阅"菜单实现的有(　　)。

A. 拼写和语法检查　　　　　　　　B. 插入批注

C. 比较文档　　　　　　　　　　　D. 保护文档

三、判断题

1. WPS 文字文档中的图片可以随意调整大小和位置。(　　)

2. WPS 文字文档中的表格可以自动调整列宽以适应内容。(　　)
3. WPS 文字文档中的页眉和页脚只能在文档的第一页和最后一页设置。(　　)
4. WPS 文字文档中的字体颜色只能设置为黑色或白色。(　　)
5. WPS 文字文档中的分栏功能只能将页面分为两栏。(　　)
6. WPS 文字文档中的页边距可以通过拖动页面边缘的调整线进行设置。(　　)
7. WPS 文字文档中的文字可以设置为加粗、倾斜和下划线等效果。(　　)
8. WPS 文字文档中的文本框可以设置为无填充颜色和无边框。(　　)
9. WPS 文字文档中的自动编号功能可以应用于段落、标题和列表等。(　　)
10. WPS 文字文档中的脚注和尾注只能添加在文档的底部或页面末尾。(　　)

四、填空题

1. 在 WPS 文字中,如果要设置文档的纸张大小,可以通过_____选项卡进行设置。
2. WPS 文字中的页眉和页脚可以通过_____菜单进行设置。
3. 在 WPS 文字中,如果要进行分栏操作,可以通过_____选项卡进行设置。
4. 在 WPS 文字中,若要将文档的页面边距设置为上下各 2.5 厘米,左右各 3 厘米,应在_____菜单下的"页面设置"中进行设置。
5. 在 WPS 文字中,如果要设置文档的页边距,可以通过_____选项卡进行设置。
6. WPS 文字中的文本框可以通过_____键进行快速删除。
7. 在 WPS 文字中,若要为文档添加页码,应点击_____菜单下的"页码"选项。
8. 在 WPS 文字中,若想快速插入一个表格,应点击_____菜单下的"表格"选项,然后选择所需的行数和列数。
9. WPS 文字中的图片可以通过_____进行环绕方式的设置。
10. WPS 文字中的脚注和尾注可以通过_____菜单进行插入。

2.2　文档的格式设置

学习目标

- 熟练掌握文本字体、段落的格式设置。
- 熟练掌握样式的创建和使用。
- 掌握目录的制作和编辑操作。

思政要素

- 引导学生在格式设置过程中,学会欣赏和借鉴优秀的文档设计,提升自己的审美能力和创造力。
- 引导学生设置文档格式标准化与规范性,培养学生的规则意识。

知识梳理

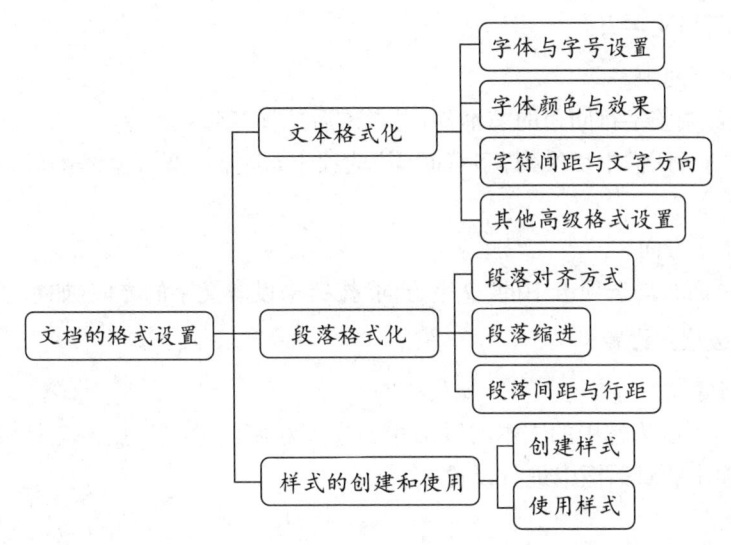

```
                              ┌─ 字体与字号设置
                              │
                  ┌─ 文本格式化 ─┼─ 字体颜色与效果
                  │           │
                  │           ├─ 字符间距与文字方向
                  │           │
                  │           └─ 其他高级格式设置
                  │
                  │           ┌─ 段落对齐方式
                  │           │
文档的格式设置 ─────┼─ 段落格式化 ─┼─ 段落缩进
                  │           │
                  │           └─ 段落间距与行距
                  │
                  │              ┌─ 创建样式
                  └─ 样式的创建和使用 ─┤
                                 └─ 使用样式
```

知识要点

2.2.1 文本格式化

文本格式化在 WPS 文字中是一个非常重要的操作，它可以帮助用户提升文档的专业度和可读性。

1. 字体与字号设置

（1）选择字体

点击工具栏中的"字体"下拉菜单，选择所需的字体样式。常见的字体包括宋体、微软雅黑、黑体等。

（2）调整字号

① 点击工具栏中的"字号"下拉菜单，选择合适的字号大小。字号大小通常使用阿拉伯数字表示，如 12、16 等。数字越大，字号越大；

② 也可以使用快捷键"Ctrl"＋"＋"来快速调整字号大小。

2. 字体颜色与效果

（1）设置字体颜色

① 点击工具栏中的"字体颜色"按钮，选择喜欢的颜色填充文本；

② 如果系统自带的颜色不满足需求，可以点击"其他字体颜色"选项，在弹出的对话框中选择更多颜色。

（2）添加字体效果

① WPS 提供了加粗、斜体、添加下划线等字体效果。选中文本后，点击工具栏中相应的按钮即可应用这些效果；

② 也可以使用快捷键"Ctrl"+"B"(加粗)、"Ctrl"+"I"(斜体)、"Ctrl"+"U"(添加下划线)来快速应用这些效果。

3. 字符间距与文字方向

(1) 调整字符间距

① 选中需要调整字符间距的文本,右键点击后选择"字体"命令;

② 在弹出的对话框中切换到"字符间距"选项卡,选择加宽或紧缩的间距类型,并设置具体的间距值。

(2) 设置文字方向

可以通过页面布局选项卡中的"文字方向"按钮来设置文字的方向(如水平、垂直等)。

4. 其他高级格式设置

(1) 边框与底纹

在 WPS 中,可以为选中的文本或段落添加边框和底纹效果。点击工具栏中的"边框和底纹"按钮,在弹出的对话框中进行设置。

(2) 首字下沉

首字下沉时指段落的第一个字符加大并下沉,它可以使文章突出显示效果,以引起人们的注意。可以通过"插入"选项卡中的"首字下沉"命令进行设置。

(3) 格式刷

将选定的文字设置好字号、字体和其他格式后,可以使用"格式刷"快速将这种格式应用到其他文字中。选定带格式的文本,双击"格式刷"按钮,鼠标出现刷子时,使用鼠标选取其他文本即可实现格式的复制。

2.2.2 段落格式化

段落格式化在 WPS 文字中是一个关键步骤,它影响了文档的整体布局和可读性。

1. 段落对齐方式

(1) 常见的段落对齐方式

段落对齐方式决定了段落中的文本相对于页面边缘的位置。WPS 提供了五种常见的对齐方式:

① 左对齐:文本左边缘与页面左边缘对齐。

② 居中对齐:文本在页面中居中显示。

③ 右对齐:文本右边缘与页面右边缘对齐。

④ 两端对齐:文本左右边缘都与页面边缘对齐,但会调整文本间距以确保段落整齐。

⑤ 分散对齐:与两端对齐类似,但会进一步调整文本间距,使每个字符之间的间距相等,通常用于需要精确对齐的场合。

(2) 段落对齐方式设置

在 WPS 中,可以通过以下方式设置段落对齐方式:

① 选中需要设置对齐方式的段落;

② 在"开始"选项卡中,点击相应的对齐方式按钮(如左对齐、居中对齐等)。

2. 段落缩进

(1) 段落缩进方式

段落缩进用于调整段落边缘与页面边缘之间的距离,从而增加文档的层次感和可读性。WPS 提供了四种缩进方式:

① 左缩进:整个段落左边缘与页面左边缘的距离增加。

② 右缩进:整个段落右边缘与页面右边缘的距离增加。

③ 首行缩进:段落首行与页面左边缘的距离增加,通常用于表示段落的开始。

④ 悬挂缩进:段落中除首行以外的其他行与页面左边缘的距离增加,通常用于表示段落中的某些特殊内容。

(2) 段落缩进方式设置

在 WPS 中,可以通过以下方式设置段落缩进:

① 选中需要设置缩进的段落;

② 在"开始"选项卡中,点击"段落"按钮(或使用快捷键"Ctrl"+"M");

③ 在弹出的"段落"对话框中,选择"缩进和间距"选项卡;

④ 在"缩进"区域中,设置相应的缩进值(如左缩进、右缩进、首行缩进等)。

3. 段落间距与行距

段落间距和行距决定了段落之间和段落内行与行之间的距离。它们对于文档的整体布局和可读性至关重要。

(1) 段落间距:包括段前距和段后距,用于调整段落之间的空间。在 WPS 中,可以通过"段落"对话框中的"间距"区域来设置段前距和段后距。

(2) 行距:指段落内部行与行之间的距离。WPS 提供了多种行距选项,如单倍行距、1.5 倍行距、双倍行距等。用户还可以选择"固定值"或"多倍行距"来设置自定义行距。在 WPS 中,可以通过"段落"对话框中的"行距"区域来设置行距。

2.2.3 样式的创建和使用

在 WPS 文字中,样式的创建和使用是提高文档编辑效率和保持文档格式一致性的重要方式。

1. 创建样式

① 打开 WPS 文字文档,并确保文档处于可以编辑的状态。

② 进入样式和格式窗口:在"开始"选项卡中,找到并点击"样式"栏的"展开"按钮,直接进入样式和格式窗口。

③ 新建样式:在"样式和格式"操作框中,点击"新样式"按钮。此时,会弹出一个"新建样式"对话框。

④ 设置样式属性:

a. 名称:输入新样式的名称,以便于以后使用。

b. 样式类型:选择是段落样式还是字符样式。段落样式适用于整个段落,而字符样式则适用于选中的文本。

c. 样式基于:可以选择一个已有的样式作为新样式的基础,或者选择"无样式"从头开始创建。

d. 后续段落样式:设置应用该样式后,下一个段落的默认样式。

e. 格式:点击"格式"按钮,可以进一步设置字体、字号、颜色、行间距、段落对齐方式等详细格式。

⑤ 保存样式:设置好所有属性后,点击"确定"按钮保存新样式。勾选"同时保存到模板"选项,可以将样式保存到文档模板中,以便在其他文档中重复使用。

2. 使用样式

① 应用样式:选中要应用样式的文本或段落,在"样式和格式"操作框中,找到并点击之前创建的样式名称。此时,选中的文本或段落就会应用上该样式的格式设置。

② 快速应用样式:如果为样式设置了快捷按钮,可以通过点击快捷按钮来快速应用样式。

③ 修改样式:如果需要修改已创建的样式,可以在"样式和格式"操作框中右键点击样式名称,选择"修改样式"选项。在弹出的对话框中,可以修改样式的属性并保存更改。

④ 删除样式:如果不再需要某个样式,可以在"样式和格式"操作框中右键点击样式名称,选择"删除样式"选项。确认删除后,该样式将从文档中移除。

知识测评

一、单选题

1. 在WPS文字中,以下选项可以设置段落的段前和段后间距的是(　　)。
   A. 字体对话框　　　B. 段落对话框　　　C. 样式对话框　　　D. 页面设置对话框

2. 若要在WPS文字中实现文字的上标或下标效果,应使用(　　)选项卡中的功能。
   A. 文件　　　　　　B. 开始　　　　　　C. 插入　　　　　　D. 引用

3. WPS文字中,以下快捷键可以用于选定整篇文档的是(　　)。
   A. "Ctrl"+"X"　　B. "Ctrl"+"C"　　C. "Ctrl"+"A"　　D. "Ctrl"+"S"

4. 在WPS文字中,对"段落设置"对话框描述错误的是(　　)。
   A. 可以设置行间距　　　　　　　　　B. 可以设置字符间距
   C. 可以设置首行缩进

5. 在WPS文字文档的编辑中,以下键盘命令中不是剪贴板操作命令的是(　　)。
   A. "Ctrl"+"X"　　B. "Ctrl"+"A"　　C. "Ctrl"+"C"

6. WPS文字具有分栏功能,下列关于分栏的说法中错误的是(　　)。
   A. 各栏之间可以增加分隔线　　　　　B. 各栏的宽度必须相同
   C. 各栏的宽度可以不同　　　　　　　D. 各栏之间的间距可以不同

7. 在WPS文字中,如果要删除某一字,可以先将插入点光标移到此字的(　　)再按"Backspace"键。
   A. 左边　　　　　　B. 右边

8. 在WPS文字编辑状态下,未选中任何文本就进行字体设置,则(　　)。
   A. 对插入点所在段落起作用　　　　B. 对当前文本起作用
   C. 对插入点后新输入的文本起作用

9. 在WPS文字中,以下命令可以使文字倾斜的是(　　)。
   A. "Ctrl"+"B"　　　B. "Ctrl"+"U"　　　C. "Ctrl"+"I"

10. 若要设置段落的行距为1.5倍行距,应在(　　)选项卡中进行设置。
    A. 开始　　　　B. 页面布局　　　　C. 插入　　　　D. 视图

11. 在WPS文字编辑时,将"计算机应用能力的考试"改为"计算机应用能力考试"(把"的"字去掉),不可以用的方法是(　　)。
    A. 插入点在"的"的右边按"Backspace"键　　B. 插入点在"的"的左边按"Delete"键
    C. 插入点在"的"的左边按"Backspace"键　　D. 把"的"字选定按"Delete"键

12. 在WPS文字中,若要为选中的文本添加项目符号或编号,应使用(　　)选项卡中的功能。
    A. 文件　　　　B. 开始　　　　C. 插入　　　　D. 引用

13. 在WPS文字中,若要将文档中的某个段落设置为居中对齐,应使用(　　)选项卡或功能。
    A. 文件　　　　B. 开始　　　　C. 插入　　　　D. 页面布局

14. WPS文字中,以下选项可以用于调整文档中的字符间距的是(　　)。
    A. 字体对话框　　B. 段落对话框　　C. 页面设置对话框　　D. 样式对话框

15. 在WPS文字中,若要将文档中的某个词语全部替换为另一个词语,应使用(　　)功能。
    A. 查找　　　　B. 替换　　　　C. 定位　　　　D. 修订

16. WPS文字中,以下选项可以设置文档的行距为固定值的是(　　)。
    A. 字体对话框　　B. 段落对话框　　C. 页面设置对话框　　D. 样式对话框

17. 在WPS文字中,以下选项可以设置段落的首行缩进的是(　　)。
    A. 字体对话框　　　　　　　　　B. 段落对话框
    C. 页面设置对话框　　　　　　　D. 样式对话框

18. 在WPS文字中,段落的对齐方式不包括(　　)。
    A. 左对齐　　　B. 右对齐　　　C. 两端对齐　　　D. 上下对齐

19. 在WPS文字中,将某个段落快速应用为已定义的样式的操作是(　　)。
    A. 选中段落,然后使用快捷键"Ctrl"+"Shift"+"S"
    B. 选中段落,在"开始"选项卡下点击样式列表中的对应样式
    C. 无须选中段落,直接在样式列表中双击对应样式
    D. 右键点击段落,选择"应用样式"

20. 在WPS文字中,以下功能用于基于现有样式创建新样式并保留部分或全部格式设置的是(　　)。
    A. 新建样式(并勾选"基于"选项)　　　B. 应用样式
    C. 样式集　　　　　　　　　　　　　　D. 样式检查器

二、多选题

1. 以下选项是WPS文字中可以设置的段落格式的有（   ）。
   A. 首行缩进　　　　B. 字符间距　　　　C. 段前、段后间距　　D. 行距
2. 在WPS文字中，以下操作可以选中全文的有（   ）。
   A. 按快捷键"Ctrl"+"A"　　　　　　B. "开始"菜单—"选择"—"全选"
   C. 在文档的任意位置三击鼠标左键　　D. 使用鼠标拖动选中全文
3. 以下选项是WPS文字中可以通过快捷键实现的文本操作的有（   ）。
   A. 复制　　　　　　B. 剪切　　　　　　C. 撤销　　　　　　D. 全选后删除
4. 以下选项是WPS文字中设置段落对齐方式时可以选择的对齐类型的有（   ）。
   A. 左对齐　　　　　B. 右对齐　　　　　C. 居中对齐　　　　D. 两端对齐
5. 在WPS文字中，以下选项属于分栏设置中可以调整的参数的有（   ）。
   A. 分栏数量　　　　B. 分栏宽度　　　　C. 分隔线样式　　　D. 栏间距
6. 以下选项是WPS文字中可以通过快捷键进行操作的的有（   ）。
   A. 查找和替换　　　B. 插入超链接　　　C. 保存文档　　　　D. 打印文档
7. 以下选项是WPS文字中设置边框和底纹时可以应用的范围的有（   ）。
   A. 文字　　　　　　B. 段落　　　　　　C. 页面　　　　　　D. 表格
8. 在WPS文字中，关于样式的创建和使用，以下说法是正确的有（   ）。
   A. 可以通过"开始"选项卡下的"样式"栏创建新样式
   B. 创建新样式时，可以自定义样式名称、样式类型和样式基于等属性
   C. 样式一旦创建，就无法修改或删除
   D. 样式可以应用于整个文档或选定的文本范围
9. 以下操作是在WPS文字中使用样式时可以进行的有（   ）。
   A. 快速格式化文本，使其符合预设的样式要求
   B. 通过样式快速更改文本的字体、字号和颜色等属性
   C. 将多个段落设置为相同的样式，以保持文档格式的统一
   D. 样式只能应用于标题，不能应用于正文
10. 在WPS文字中创建和使用样式时，以下注意事项是正确的有（   ）。
    A. 创建新样式前，最好先确定好文档的排版要求和格式规范
    B. 样式名称应该具有描述性，以便日后查找和使用
    C. 可以直接复制其他文档中的样式到当前文档中
    D. 样式一旦应用，就无法更改其所属的文本范围

三、判断题

1. 在WPS文字中，设置文档的页面边距时，只能通过"页面布局"选项卡进行操作。（   ）
2. 在WPS文字中，段落的对齐方式包括左对齐、右对齐、居中对齐、两端对齐和分散对齐。（   ）
3. 在WPS文字中，无法为文档的标题设置自动编号。（   ）

4. 在WPS文字中,设置文档的纸张大小时,只能选择预设的纸张大小,无法自定义。(　　)
5. 在WPS文字中,段落缩进只包括首行缩进和悬挂缩进两种方式。(　　)
6. 在WPS文字中,为文档添加页眉和页脚时,页眉和页脚的内容只能在文档的每一页都相同。(　　)
7. 在WPS文字中,行距只能设置为单倍行距、1.5倍行距和双倍行距,无法自定义。(　　)
8. 在WPS文字中,文档的样式一旦设置,就无法更改。(　　)
9. 在WPS文字中,为文档添加页码时,页码的位置和格式是固定的,无法自定义。(　　)
10. 在WPS文字中,文档的边框和底纹效果只能应用于整个页面,无法应用于单个段落或文本。(　　)

四、填空题

1. 在WPS文字中,可以通过_____选项卡下的"字体"组来设置字体类型。
2. 在WPS文字中,段落的对齐方式包括居中对齐、左对齐、右对齐和_____。
3. 在WPS文字中,为了突出文本中的重点信息,可以为文字设置_____。
4. 在WPS文字中,段落的缩进包括首行缩进、悬挂缩进和_____。
5. 在WPS文字中,为了调整段落的间距,可以在段落设置对话框的_____选项卡中进行设置。
6. 在WPS文字中,为段落添加边框和底纹,通常位于_____或"边框和底纹"对话框中。
7. 在WPS文字中,如果要将文档的标题设置为黑体、二号字,应切换到_____选项卡进行设置。
8. 在WPS文字中,为了快速统一文档的格式,可以使用_____功能。
9. 在WPS文字中,如果要将文档中的红色字体全部替换为白色字体并添加黑色粗下划线,可以使用_____功能。
10. 在WPS文字中,为了快速创建符合特定要求的文档框架,可以使用_____功能。

2.3 文档的表格制作

学习目标

- 熟练掌握插入和编辑表格的方法。
- 熟练掌握设置表格格式的方法。
- 熟练掌握文本和表格相互转换的方法。

思政要素

- 在表格制作过程中,注重准确性与严谨性,培养学生的求真精神。
- 在表格制作过程中,注重清晰性与易读性,培养学生的审美能力。

知识梳理

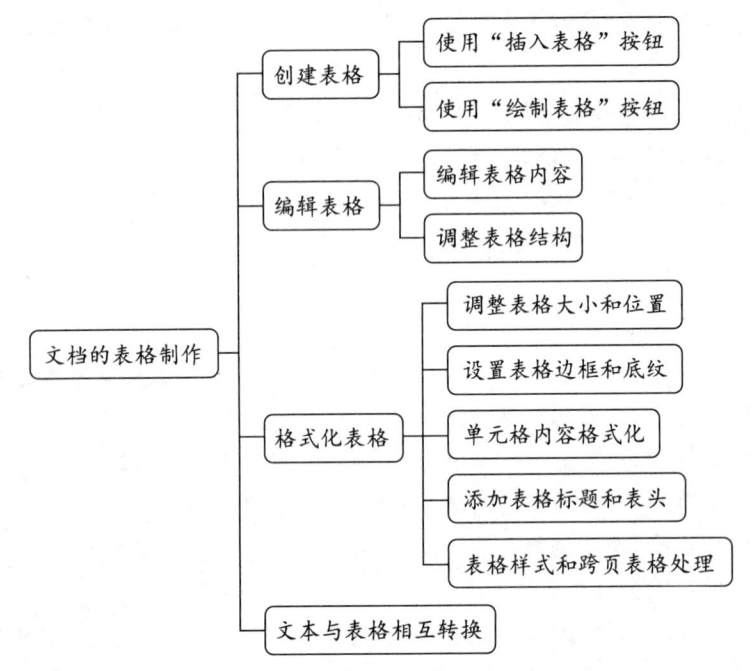

```
                          ┌─ 创建表格 ──┬─ 使用"插入表格"按钮
                          │            └─ 使用"绘制表格"按钮
                          │
                          ├─ 编辑表格 ──┬─ 编辑表格内容
                          │            └─ 调整表格结构
                          │
       文档的表格制作 ────┤            ┌─ 调整表格大小和位置
                          │            ├─ 设置表格边框和底纹
                          ├─ 格式化表格┼─ 单元格内容格式化
                          │            ├─ 添加表格标题和表头
                          │            └─ 表格样式和跨页表格处理
                          │
                          └─ 文本与表格相互转换
```

知识要点

2.3.1 创建表格

在 WPS 文字中创建表格是一个简单且直观的过程。

1. 使用"插入表格"按钮

首先打开 WPS 文字,将光标移动到文档中希望插入表格的位置,插入表格:

① 在 WPS 的顶部菜单栏中,找到并点击"插入"选项卡。

② 在"插入"选项卡下,找到"表格"按钮。这个按钮通常以一个网格图标表示,旁边可能还有下拉箭头。

③ 点击"表格"按钮,会弹出一个下拉菜单,其中包含几种快速创建表格的选项。

a. 绘制表格:通过鼠标在文档中手动绘制表格;

b. 插入表格:提供一个网格,可以通过点击网格中的交点来选择表格的行数和列数;

c. 自定义表格:打开一个对话框,允许更精确地设置表格的行数、列数、列宽、行高等属性。

④ 选择表格尺寸:如果选择了"插入表格"或"自定义表格",请根据需要选择表格的行数和列数。

⑤ 完成表格创建:选择好表格尺寸后,点击确认或直接在网格上点击,表格就会插入到文档中。

2. 使用"绘制表格"按钮

① 打开 WPS 文字并定位光标到希望插入表格的位置,在 WPS 文字的顶部菜单栏中,单击"插入"选项卡,找到"表格"—"绘制表格"按钮(通常是一个铅笔图标),在文档中手动绘制表格;

② 单击并拖动鼠标以绘制表格的行和列;

③ 绘制完所有需要的行和列后,松开鼠标按钮,表格就会出现在文档中。

2.3.2 编辑表格

在 WPS 文字中编辑表格是一个灵活且强大的功能,允许对表格的内容、格式和结构进行各种修改。

1. 编辑表格内容

(1) 选择单元格

① 单击单元格以选择,并输入或编辑内容;

② 要选择多个单元格,可以拖动鼠标或使用键盘上的"Shift"键和箭头键。

(2) 输入文本

① 直接在选定的单元格中键入文本;

② 按下"Enter"键可以移动到下一行(在同一单元格内),而"Tab"键则移动到右侧的单元格。

(3) 复制和粘贴

使用"Ctrl"+"C"复制选定的单元格或文本,然后使用"Ctrl"+"V"粘贴到另一个位置。

(4) 删除内容

① 按"Backspace"键或"Delete"键删除单元格中的文本;

② 要删除整个单元格或行/列,请右键单击所选内容并选择"删除单元格"、"删除行"或"删除列"。

2. 调整表格结构

(1) 调整行高和列宽

① 行高:将鼠标指针悬停在行号左侧的边界上,拖动以调整行高。或者在"表格属性"对话框中设置具体的行高值。

② 列宽:将鼠标指针悬停在列标题右侧的边界上,拖动以调整列宽。或者在"表格属性"对话框中设置具体的列宽值。

(2) 插入行和列

① 在表格的任意位置右键单击,并选择"插入"下的"行上方"、"行下方"、"列左侧"或"列右侧";

② 或者在"表格工具"选项卡下使用相应的插入按钮。

(3) 删除行和列

① 右键单击要删除的行或列,并选择"删除行"或"删除列";

② 或者在"表格工具"选项卡下使用相应的删除按钮。

(4) 合并和拆分单元格

① 合并单元格：选择要合并的单元格，然后右键单击并选择"合并单元格"或使用工具栏上的合并按钮；

② 拆分单元格：选择要拆分的单元格，然后在"表格工具"下的"布局"选项卡中找到"拆分单元格"按钮，设置要拆分的行数和列数。

(5) 拆分表格

① 将光标放在要拆分表格的位置（通常是某一行的末尾）；

② 在"表格工具"选项卡下，找到"拆分表格"按钮并点击。

2.3.3 格式化表格

在 WPS 文字中格式化表格涉及调整表格的外观、布局和内容，使其更加美观和易于阅读。以下是一些格式化表格的详细步骤和技巧。

1. 调整表格大小和位置

① 调整表格大小：将鼠标指针悬停在表格的右下角或边缘，直到出现调整大小的图标，然后拖动以调整表格的整体大小。

② 移动表格：将鼠标指针放在表格的左上角，直到出现移动表格的图标，然后拖动表格到文档中的新位置。

2. 设置表格边框和底纹

① 边框：在"表格样式"选项卡或"表格工具"下的"设计"选项卡中，使用"边框"按钮来选择边框的样式、颜色和宽度。还可以应用不同的边框到表格的不同部分（如外边框、内部边框等）。

② 底纹：使用"底纹"按钮为表格单元格设置背景颜色或图案。

3. 单元格内容格式化

① 文本对齐：使用工具栏上的对齐按钮（如左对齐、居中对齐、右对齐、两端对齐等）来设置单元格内文本的对齐方式。

② 字体和段落格式：选择单元格内的文本，然后使用"字体"和"段落"工具来设置文本的字体、大小、颜色、行距等。

4. 添加表格标题和表头

① 标题：在表格上方添加一行或多行作为标题，用于描述表格的内容或目的。

② 表头：表格的第一行通常作为表头，包含列的名称或描述。确保表头在跨页时重复显示，以便读者能够清楚地理解每列的内容。

5. 表格样式和跨页表格处理

① WPS 文字中提供了多种预设的表格样式，可以快速更改表格的外观。在"表格样式"选项卡中选择一个样式，然后应用到表格上。

② 标题行重复：如果表格跨越多页，请确保在"表格属性"对话框中设置标题行重复，以便在每页的顶部都显示表头。

2.3.4 文本与表格相互转换

可转换为表格的文本包括带有段落标记的文本和以制表符或空格等符号分隔的文本。表格也可以转换为文本。

知识测评

一、单选题

1. 在 WPS 文字中，选定表格再按 Delete 键后，会发生的情况是（ ）。
   A. 表格线和表格中内容都没有删除   B. 表格线被删除，表格中内容还在
   C. 表格线和表格中内容全部被删除   D. 表格中内容全部删除，但表格线还在

2. WPS 文字中，调整表格列宽的操作是（ ）。
   A. 拖动列边界   B. 双击列标题
   C. 右键单击列并选择"列宽"   D. 以上都是

3. 在 WPS 文字中，合并单元格的操作是（ ）。
   A. 选中单元格后右键单击并选择"合并单元格"
   B. 使用"表格工具"选项卡中的"合并单元格"按钮
   C. 按下"Ctrl"+"M"
   D. A 和 B

4. WPS 文字中，拆分表格中单元格的操作是（ ）。
   A. 选中单元格后右键单击并选择"拆分单元格"
   B. 使用"表格工具"选项卡中的"拆分单元格"按钮
   C. 按下"Ctrl"+"Shift"+"S"
   D. A 和 B

5. 在 WPS 文字中，设置表格的行高的操作是（ ）。
   A. 拖动行边界   B. 右键单击行并选择"行高"
   C. 使用"表格工具"选项卡中的"行高"按钮   D. A 和 B

6. WPS 文字中，添加表格边框的操作是（ ）。
   A. 使用"表格样式"选项卡中的"边框"按钮
   B. 右键单击表格并选择"边框和底纹"
   C. 按下"Ctrl"+"B"
   D. A 和 B

7. 在 WPS 文字中，快速平均分布表格列宽的操作是（ ）。
   A. 右键单击表格并选择"平均分布列宽"
   B. 使用"表格工具"选项卡中的"平均分布列宽"按钮

C. 按下"Ctrl"+"Shift"+"A"

D. A 和 B

8. WPS 文字中,在表格中插入行或列的操作是(　　)。

A. 右键单击表格并选择"插入"

B. 使用"表格工具"选项卡中的"插入"按钮

C. 按下"Ctrl"+"I"

D. A 和 B

9. 在 WPS 文字中,删除表格中的某一行或某一列的操作是(　　)。

A. 选中行或列后按"Delete"键

B. 右键单击行或列并选择"删除行"或"删除列"

C. 使用"表格工具"选项卡中的"删除"按钮

D. B 和 C

10. WPS 文字中,设置表格中单元格内容居中对齐的操作是(　　)。

A. 选中单元格后右键单击并选择"居中对齐"

B. 使用"表格工具"选项卡中的"居中对齐"按钮

C. 按下"Ctrl"+"E"

D. A 和 B

11. 在 WPS 文字中,为表格添加标题行的操作是(　　)。

A. 在表格上方插入一行并输入标题

B. 使用"表格工具"选项卡中的"标题行"按钮

C. 按下"Ctrl"+"T"

D. A 和 B

12. WPS 文字中,调整表格边框的颜色的操作是(　　)。

A. 右键单击表格并选择"边框和底纹"后设置颜色

B. 使用"表格样式"选项卡中的"边框颜色"按钮

C. 按下"Ctrl"+"Shift"+"C"

D. A 和 B

13. 在 WPS 文字中,设置表格中的文字方向的操作是(　　)。

A. 选中文字后右键单击并选择"文字方向"

B. 使用"表格工具"选项卡中的"文字方向"按钮

C. 按下"Ctrl"+"R"

D. A 和 B

14. 在 WPS 文字中,调整表格中单元格内边距的操作是(　　)。

A. 右键单击单元格并选择"单元格内边距"

B. 使用"表格样式"选项卡中的"单元格内边距"按钮

C. 按下"Ctrl"+"P"

D. A 和 B

15. 在WPS文字中,为表格设置背景颜色的操作是(　　)。
A. 右键单击表格并选择"表格属性"后设置背景颜色
B. 使用"表格样式"选项卡中的"底纹"按钮
C. 按下"Ctrl"+"U"
D. A和B

16. 在WPS文字中,给表格添加斜线表头的操作是(　　)。
A. 右键单击表格并选择"绘制斜线表头"
B. 使用"表格工具"选项卡中的"绘制斜线表头"按钮
C. 按下"Ctrl"+"D"
D. A和B

17. 在WPS文字中,复制表格中的某一行或某一列的操作是(　　)。
A. 选中行或列后按"Ctrl"+"C",然后粘贴
B. 右键单击行或列并选择"复制",然后粘贴
C. 使用"表格工具"选项卡中的"复制"按钮
D. A和B

18. 在WPS文字中,调整表格中文字环绕方式的操作是(　　)。
A. 右键单击表格并选择"文字环绕"
B. 使用"表格工具"选项卡中的"文字环绕"按钮
C. 按下"Ctrl"+"W"
D. A和B

19. 在WPS文字中,快速选中整个表格的操作是(　　)。
A. 单击表格左上角的"表格移动手柄"
B. 使用"Ctrl"+"A"快捷键
C. 右键单击表格并选择"选择表格"
D. A和C

20. 在WPS文字中,设置自动调整表格列宽的操作是(　　)。
A. 右键单击表格并选择"自动调整列宽"
B. 使用"表格工具"选项卡中的"自动调整列宽"按钮
C. 按下"Ctrl"+"Shift"+"W"
D. A和B

二、多选题

1. 在WPS文字中,以下方法可以创建一个新表格的有(　　)。
A. 使用"插入"选项卡中的"表格"按钮　　B. 使用快捷键"Ctrl"+"Shift"+"T"
C. 通过绘制表格工具手动绘制　　D. 从其他文档复制并粘贴

2. 以下选项可以用来调整WPS文字中表格的边框的有(　　)。
A. "开始"选项卡中的"边框"按钮　　B. 右键单击表格并选择"边框和底纹"
C. 使用"表格样式"选项卡中的边框样式　　D. "表格工具"选项卡中的"设计"功能

3. 在 WPS 文字中,表格可以执行操作有(　　)。
   A. 合并单元格　　　　　　　　　　B. 拆分单元格
   C. 调整行高和列宽　　　　　　　　D. 排序和筛选数据
4. 以下方法可以用来选中 WPS 文字中的整个表格的有(　　)。
   A. 单击表格左上角的"表格移动手柄"
   B. 使用快捷键"Ctrl"+"A"
   C. 在表格内任意位置三击鼠标左键
   D. 通过"表格工具"选项卡选择
5. 以下对齐方式可以在 WPS 文字中的表格单元格中应用的有(　　)。
   A. 左对齐　　　　B. 右对齐　　　　C. 居中对齐　　　　D. 两端对齐
6. 在 WPS 文字中,设置表格跨页显示时的表头重复的操作有(　　)。
   A. 选中表头后右键选择"表格属性"
   B. 在"表格属性"对话框中选择"行"选项卡并勾选"在各页顶端以标题行形式重复出现"
   C. 使用"表格工具"选项卡中的"标题行重复"功能
   D. 通过设置段落样式来实现
7. 以下选项可以用来调整 WPS 文字中表格的行高的操作有(　　)。
   A. 通过拖动行号下方的边界线
   B. 右键单击行号并选择"行高"
   C. 使用"表格工具"选项卡中的"布局"功能调整
   D. 直接在单元格内输入数值来调整
8. 在 WPS 文字中,添加或删除表格中的列的操作有(　　)。
   A. 在表格右侧单击"+"按钮添加列
   B. 右键单击列标题并选择"删除列"
   C. 使用"表格工具"选项卡中的"插入"或"删除"功能
   D. 通过拖动列边界线来调整列宽
9. 以下功能可以在 WPS 文字中的表格内使用公式进行计算的有(　　)。
   A. 求和(SUM)　　　　　　　　　　B. 平均值(AVERAGE)
   C. 最大值(MAX)　　　　　　　　　D. 最小值(MIN)
10. 以下选项可以用来复制 WPS 文字中的表格的操作有(　　)。
    A. 选中表格后按"Ctrl"+"C"并粘贴
    B. 右键单击表格并选择"复制"后粘贴
    C. 使用"表格工具"选项卡中的"复制"按钮
    D. 拖动表格到目标位置

三、判断题

1. 在 WPS 文字中,插入表格时只能使用"插入"菜单下的"表格"命令。(　　)
2. 在 WPS 文字中,不能调整表格中单元格的大小。(　　)
3. 在 WPS 文字中,不能对表格中的单元格进行合并或拆分。(　　)

4. 在WPS文字中,插入的表格不能跨越多个页面显示。（　　）

5. WPS文字中的表格不能拆分或合并单元格。（　　）

6. 在WPS文字中,创建的表格只能包含文字,不能包含图片或其他对象。（　　）

7. 在WPS文字中,一旦表格创建完成,就无法再调整其列宽和行高。（　　）

8. 在WPS文字中,表格的边框和底纹只能通过"表格属性"对话框进行设置。（　　）

9. 在WPS文字中,表格内的文字只能垂直居中,不能水平居中。（　　）

10. 在WPS文字中,表格的样式一旦设置,就无法更改。（　　）

四、填空题

1. 在WPS文字中,如果要为文档制作表格,首先应点击_____选项卡中的"表格"按钮。

2. 在WPS文字的表格制作中,要快速插入一个3行4列的表格,可以点击"表格"下拉菜单中的"插入表格",然后在弹出的对话框中输入_____和_____。

3. 在WPS文字的表格中,若要将某个单元格拆分为两个或多个单元格,应首先选中该单元格,然后右键点击并选择_____。

4. 在WPS文字的表格中,若要使表格的某一列宽度相同,可以选中该列的所有单元格,然后拖动该列右边界的_____进行调整。

5. WPS文字的表格中,若将表格内容居中对齐,可以选中要居中的单元格或整个表格,然后在_____选项卡中设置对齐方式。

6. 在WPS文字中,若要为表格添加边框,应选中表格或要添加边框的单元格,然后点击_____选项卡中的"边框和底纹"按钮。

7. 在WPS文字的表格中,若要将一个表格拆分为两个表格,可以先选中要拆分的位置所在的行或列,然后右键点击并选择_____。

8. 在WPS文字中,若要为表格添加背景颜色,应选中表格或要设置背景颜色的单元格,然后点击_____选项卡中的"底纹"按钮。

9. 在WPS文字的表格中,若要将表格中的文字设置为竖排显示,可以选中要竖排显示的单元格或整个表格,然后在_____选项卡中找到并设置文字方向。

10. WPS文字的表格中,若要将表格整体移动到文档中的其他位置,应首先选中整个表格,然后按住_____并拖动表格到目标位置。

2.4　图文混排

学习目标

- 了解图文版式设计的基本规范。
- 掌握图片、形状、艺术字、文本框等对象的插入和设置方法。
- 掌握图、文、表的混合排版和美化处理的方法。

思政要素

- 通过视觉与文字的结合,传递正能量、弘扬社会主义核心价值观,并培养学生的思想道德素养。
- 在图文混排中,插入相关元素,弘扬爱国主义精神,传承中华优秀传统文化。

知识梳理

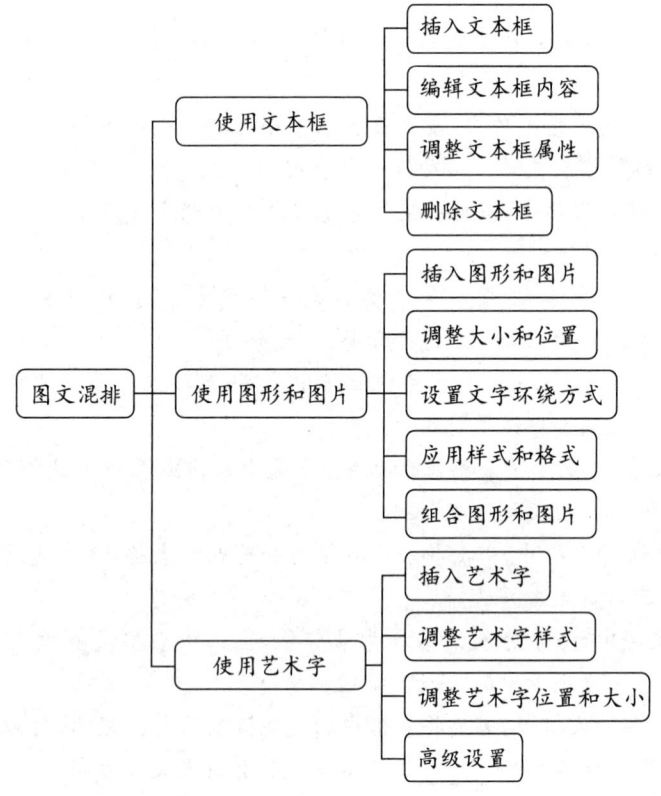

```
                    ┌─ 插入文本框
           ┌─ 使用文本框 ─┼─ 编辑文本框内容
           │          ├─ 调整文本框属性
           │          └─ 删除文本框
           │
           │          ┌─ 插入图形和图片
           │          ├─ 调整大小和位置
图文混排 ──┼─ 使用图形和图片 ─┼─ 设置文字环绕方式
           │          ├─ 应用样式和格式
           │          └─ 组合图形和图片
           │
           │          ┌─ 插入艺术字
           └─ 使用艺术字 ─┼─ 调整艺术字样式
                      ├─ 调整艺术字位置和大小
                      └─ 高级设置
```

知识要点

2.4.1 使用文本框

在 WPS 文字中使用文本框,可以实现更灵活的图文混排和布局。

1. 插入文本框

首先打开 WPS 文字,将光标移动到希望插入文本框的位置,按以下步骤插入文本框:
① 点击"插入"选项卡。
② 在"文本"组中,点击"文本框"按钮。
③ 在弹出的菜单中,可以选择预设的文本框样式(如"横向文本框"或"纵向文本框"),或者选择"绘制文本框"以自定义文本框的大小和形状。

④ 绘制文本框：如果选择"绘制文本框"，则鼠标指针会变成十字形。在文档中拖动鼠标以绘制文本框，并调整其大小以适应需求。

2. 编辑文本框内容

① 输入文字：点击文本框内部，开始输入或粘贴文字内容。

② 设置格式：选中文本框内的文字，然后使用 WPS 文字的格式设置工具（如字体、字号、颜色、加粗、斜体等）来调整文字的样式。

3. 调整文本框属性

① 移动文本框：点击文本框的边框，然后拖动它以移动到文档中的新位置。

② 调整大小：将鼠标指针放在文本框的调整柄上（通常是边框的角落或边缘），当指针变成双向箭头时，拖动以调整文本框的大小。

③ 设置填充和边框：

a. 右键点击文本框的边框，选择"设置对象格式"；

b. 在弹出的对话框中，可以设置文本框的填充颜色、边框样式、边框宽度和颜色等。

④ 文字环绕：在"设置对象格式"对话框中，还可以设置文本框与周围文字的关系，如"四周型环绕""紧密型环绕"等。

4. 删除文本框

① 选中文本框：点击文本框的边框以选中它。

② 删除文本框：按键盘上的"Delete"键或右键点击文本框并选择"删除"来移除文本框及其内容。

2.4.2 使用图形和图片

在 WPS 文字中使用图形和图片进行图文混排，可以显著提升文档的可读性和视觉效果。

1. 插入图形和图片

（1）插入图片

① 打开 WPS 文字软件，新建或打开一个文档；

② 点击"插入"选项卡，选择"图片"，然后从本地文件、在线图片库或其他来源选择并插入图片。

（2）插入图形

① 同样在"插入"选项卡下，选择"形状"或"流程图"等选项；

② 在弹出的菜单中选择所需的图形样式，然后在文档中绘制。

2. 调整大小和位置

（1）调整图片大小

① 选中图片，将鼠标指针放在图片的调整柄上（通常是边框的角落或边缘）；

② 当指针变成双向箭头时，拖动以调整图片的大小。

(2) 调整图形大小

① 选中图形,同样使用调整柄来调整其大小;

② 还可以右键点击图形,选择"设置对象格式",在"大小"选项卡中精确设置宽度和高度。

(3) 移动图形和图片

选中图形或图片后,点击并拖动以移动到文档中的新位置。

3. 设置文字环绕方式

(1) 图片环绕方式

① 选中图片,点击"布局选项"图标(通常位于图片右侧);

② 在弹出的菜单中选择适合的文字环绕方式,如"四周型环绕""紧密型环绕"等。

(2) 图形环绕方式

① 选中图形,右键点击并选择"设置对象格式";

② 在"布局与属性"选项卡中,设置"文字环绕"方式。

4. 应用样式和格式

(1) 图片样式

① 选中图片,点击"图片工具"选项卡下的"图片样式"组;

② 从预设的样式中选择一个,或自定义图片的边框、阴影、映像等效果。

(2) 图形样式

① 选中图形,右键点击并选择"设置对象格式";

② 在"填充与线条""效果"等选项卡中,自定义图形的样式和格式。

5. 组合图形和图片

(1) 选择多个对象

按住"Ctrl"键,依次点击要组合的图形和图片。

(2) 组合对象

在选中的对象上右键点击,选择"组合"—"组合"。这样,图形和图片就被组合成一个整体,可以一同移动和调整大小。

2.4.3 使用艺术字

在 WPS 文字中使用艺术字,可以为文档增添独特的视觉效果和创意。

1. 插入艺术字

① 打开 WPS 文字:启动 WPS 文字软件,并打开需要编辑的文档或新建一个文档。

② 定位光标:将光标移动到希望插入艺术字的位置。

③ 插入艺术字:

a. 点击"插入"选项卡;

b. 在"文本"组中,点击"艺术字"按钮;

c. 在弹出的艺术字样式列表中选择一种样式,或者点击"更多艺术字样式"以查看更多选项。

④ 输入文字：在弹出的艺术字文本框中输入文字内容。

2. 调整艺术字样式

（1）选择艺术字

点击艺术字文本框以选中它。此时，艺术字周围会出现调整柄，并且上方的菜单栏中会出现"艺术字工具"。

（2）设置字体和字号

① 在"艺术字工具"的"格式"选项卡中，可以设置艺术字的字体、字号、颜色等属性；

② 点击"字体"下拉菜单选择字体，点击"字号"下拉菜单选择字号，或者使用快捷键调整字号。

（3）应用文本效果

① 在"艺术字工具"的"格式"选项卡中，点击"文本效果"按钮；

② 在弹出的菜单中，您可以选择阴影、倒影、发光、三维旋转等效果，并自定义这些效果的参数。

（4）设置文本填充和轮廓

① 在"艺术字工具"的"格式"选项卡中，点击"文本填充"和"文本轮廓"按钮；

② 可以选择纯色填充、渐变填充、图片或纹理填充等，并设置填充颜色和轮廓颜色。

3. 调整艺术字位置和大小

① 移动艺术字：点击艺术字文本框并拖动它，以将其移动到文档中的新位置；

② 调整艺术字大小：将鼠标指针放在艺术字的调整柄上，当指针变成双向箭头时，拖动以调整艺术字的大小。

4. 高级设置

① 旋转艺术字：点击艺术字文本框，然后将鼠标指针放在文本框上方的旋转控制点上，当指针变成圆形箭头时，拖动以旋转艺术字；

② 设置艺术字层次：如果文档中有多个对象（如文本框、图片等），可以通过右键点击艺术字并选择"设置对象格式"来调整艺术字的层次关系（如置于顶层、置于底层、上移一层、下移一层等）；

③ 复制和粘贴艺术字：如果需要多次使用相同的艺术字样式，可以选中艺术字并复制（"Ctrl"+"C"），然后粘贴（"Ctrl"+"V"）到文档中的其他位置。

知识测评

一、单选题

1. 在WPS文字中，插入图片后默认的文字环绕方式是（　　）。
   A. 四周型环绕　　　　B. 紧密型环绕　　　　C. 嵌入型　　　　D. 穿越型环绕

2. 调整图片在WPS文字中的大小和位置的操作是（　　）。
   A. 只能通过鼠标拖动调整
   B. 可以通过鼠标拖动和调整对话框两种方式调整

C. 只能通过调整对话框调整

D. 无法调整

3. 在 WPS 文字中,为图片添加边框的操作是( )。

A. 直接在图片上绘制边框　　　　　B. 使用"图片工具"中的"边框"功能

C. 无法为图片添加边框　　　　　　D. 使用"绘图工具"中的"边框"功能

4. 在 WPS 文字中,艺术字可以调整的属性是( )。

A. 字体、字号、颜色　　　　　　　B. 只能调整字体和字号

C. 只能调整颜色和字体　　　　　　D. 无法调整任何属性

5. 在 WPS 文字中,设置图片与文字之间的间距的操作是( )。

A. 无法设置

B. 只能通过调整图片大小来间接设置

C. 使用"段落"对话框中的"间距"功能

D. 使用"图片工具"中的"文字环绕"功能调整

6. 在 WPS 文字中,将图片设置为背景的操作是( )。

A. 直接将图片拖放到文档中　　　　B. 使用"页面布局"中的"背景"功能

C. 使用"插入"中的"图片"功能　　D. 无法将图片设置为背景

7. 删除 WPS 文字中的图片的操作是( )。

A. 使用"删除"键　　　　　　　　　B. 右键点击图片,选择"删除"

C. 无法删除　　　　　　　　　　　D. 只能通过剪切功能删除

8. 在 WPS 文字中,调整文本框的大小和位置的操作是( )。

A. 只能通过鼠标拖动调整

B. 可以通过鼠标拖动和调整对话框两种方式调整

C. 只能通过调整对话框调整

D. 无法调整

9. 在 WPS 文字中,文本框可以设置的属性是( )。

A. 边框、填充色、透明度　　　　　B. 只能设置边框和填充色

C. 只能设置透明度和边框　　　　　D. 无法设置任何属性

10. 将 WPS 文字中的文本框设置为无填充色的操作是( )。

A. 右键点击文本框,选择"设置文本框格式",然后设置填充色为无

B. 直接在文本框上点击右键,选择"无填充色"

C. 无法将文本框设置为无填充色

D. 使用"绘图工具"中的"填充色"功能设置为无

11. 调整 WPS 文字中文本框的边框样式的操作是( )。

A. 右键点击文本框,选择"设置文本框格式",然后设置边框样式

B. 只能在文本框外部设置边框样式

C. 无法调整文本框的边框样式

D. 使用"绘图工具"中的"边框"功能设置

12. 在 WPS 文字中,将多个图片组合成一个整体以便一起移动和调整的操作是(   )。

A. 选中所有图片后,点击"图片工具"中的"组合"按钮

B. 直接拖动图片到另一个图片上

C. 无法将多个图片组合成一个整体

D. 使用"绘图工具"中的"组合"功能

13. 如何调整 WPS 文字中图片与文本框之间的间距的操作是(   )。

A. 右键点击图片或文本框,选择"设置对象间距"

B. 无法调整图片与文本框之间的间距

C. 使用"段落"对话框中的"间距"功能

D. 直接拖动图片或文本框来调整间距

14. 在 WPS 文字中,为图片添加艺术效果的操作是(   )。

A. 使用"图片工具"中的"艺术效果"功能　　B. 只能在外部软件中处理后再插入

C. 无法为图片添加艺术效果　　D. 使用"绘图工具"中的"艺术效果"功能

15. 在 WPS 文字中,设置图片的环绕方式使其不遮挡文字的操作是(   )。

A. 选择"紧密型环绕"　　B. 选择"四周型环绕"

C. 选择"嵌入型"　　D. 选择"穿越型环绕"

16. 在 WPS 文字中,快速复制文本框的格式到另一个文本框的操作是(   )。

A. 使用"格式刷"功能

B. 无法复制文本框的格式

C. 右键点击文本框,选择"复制格式"

D. 使用"绘图工具"中的"复制格式"功能

17. 删除 WPS 文字中的文本框而不删除其中的文字的操作是(   )。

A. 右键点击文本框,选择"剪切"　　B. 选中文本框后,按"Delete"键

C. 无法只删除文本框而不删除文字　　D. 右键点击文本框,选择"删除文本框"

18. 在 WPS 文字中,调整图片的亮度、对比度和饱和度的操作是(   )。

A. 使用"图片工具"中的"调整"功能

B. 只能在外部软件中处理后再插入

C. 无法调整图片的亮度、对比度和饱和度

D. 使用"绘图工具"中的"调整"功能

19. 在 WPS 文字中,设置图片的透明度的操作是(   )。

A. 右键点击图片,选择"设置图片格式",然后调整透明度

B. 无法设置图片的透明度

C. 使用"绘图工具"中的"透明度"功能

D. 直接在图片上拖动调整透明度

20. 在 WPS 文字中,快速将图片设置为浮动状态,以便自由移动和调整的操作是(   )。

A. 选中图片后,点击"图片工具"中的"浮动"按钮

B. 直接拖动图片到文档中的任意位置

C. 右键点击图片,选择"设置为浮动"

D. 无法将图片设置为浮动状态

二、多选题

1. 在WPS文字中,可以插入图片的方式有(　　)。

A. 使用"插入"菜单中的"图片"选项　　B. 直接从文件夹中拖动图片到文档中

C. 复制图片后,在文档中粘贴　　　　D. 使用"绘图工具"插入图片

2. 关于WPS文字中的文本框,以下说法是正确的有(　　)。

A. 文本框可以包含文字、图片和其他对象

B. 文本框的边框和填充色可以自定义

C. 文本框可以设置为无边框

D. 文本框不能与其他对象组合

3. 以下功能可以在WPS文字的"图片工具"中找到的有(　　)。

A. 调整图片大小　　　　　　　　　B. 裁剪图片

C. 设置图片环绕方式　　　　　　　D. 添加图片边框

4. 关于WPS文字中的图文混排,以下说法是正确的有(　　)。

A. 文字可以环绕在图片的周围

B. 图片可以设置为浮动状态,以便自由移动和调整

C. 图片和文字可以组合成一个整体进行移动和调整

D. 文字只能以水平方式排列在图片的下方或上方

5. 以下方式可以调整WPS文字中图片与文字之间的间距的有(　　)。

A. 使用"段落"对话框中的"间距"功能

B. 右键点击图片,选择"设置图片格式"后调整间距

C. 直接拖动图片或文字来调整间距

D. 使用"图片工具"中的"文字环绕"功能调整间距

6. 在WPS文字中,以下操作可以改变图片的方向的有(　　)。

A. 旋转图片　　　　　　　　　　　B. 翻转图片

C. 调整图片的亮度　　　　　　　　D. 调整图片的对比度

7. 以下功能可以在WPS文字的"绘图工具"中找到的有(　　)。

A. 绘制形状　　　　　　　　　　　B. 设置形状填充色和边框

C. 组合形状和图片　　　　　　　　D. 添加文字到形状中

8. 以下方式可以将WPS文字中的图片设置为背景的有(　　)。

A. 使用"页面布局"中的"背景"功能

B. 直接将图片拖放到文档中作为背景

C. 设置图片的环绕方式为"衬于文字下方"

D. 使用"插入"中的"图片"功能后设置为背景

9. 以下说法是关于WPS文字中图片处理的正确描述的有(　　)。
A. 可以对图片进行裁剪和缩放操作
B. 可以为图片添加边框和阴影效果
C. 可以将图片设置为水印效果
D. 只能对插入的图片进行简单的格式调整

10. 在WPS文字中,以下操作可以实现图片与文字的混合排版的有(　　)。
A. 设置图片的环绕方式　　　　　　　　B. 调整图片的位置和大小
C. 设置文字的段落格式　　　　　　　　D. 使用文本框将图片和文字组合在一起

三、判断题

1. 在WPS文字中,插入的图片默认是浮动状态,可以自由移动和调整大小。(　　)
2. WPS文字中的文本框只能包含文字,不能包含图片。(　　)
3. 在WPS文字中,文字环绕图片的方式只有一种。(　　)
4. WPS文字中的图片无法直接设置为水印效果。(　　)
5. 在WPS文字中,插入的图片可以直接通过拖动来调整其环绕方式。(　　)
6. WPS文字中的图片和文字可以组合成一个整体进行移动和调整。(　　)
7. WPS文字中的图片只能以嵌入方式插入,无法以链接方式插入。(　　)
8. 在WPS文字中,插入的图片无法直接设置其旋转角度。(　　)
9. WPS文字中的文本框无法设置边框和填充色。(　　)
10. 在WPS文字中,图片和文字之间的间距无法调整。(　　)

四、填空题

1. 在WPS文字中,插入图片后,若要使图片与文字形成环绕效果,可以通过_____选项进行设置。
2. 在WPS文字中,当图片被设置为_____时,它可以在文档中自由移动而不影响文字排版。
3. 为了将图片与文字组合成一个整体进行移动和调整,可以先选中图片和文字,然后使用_____功能。
4. 在WPS文字中,调整图片和文字之间的间距,可以通过设置_____或_____来实现。
5. 若要使图片在WPS文字中作为水印显示,可以调整图片的_____和_____。
6. WPS文字提供了多种文字环绕图片的方式,如紧密型、四周型、_____等。
7. 在WPS文字中,文本框不仅可以包含文字,还可以包含_____、_____等其他对象。
8. 为了改变文本框的边框和填充色,可以通过_____选项卡进行设置。
9. 在WPS文字中,若要将图片插入为链接方式,可以在插入图片时选择_____选项。
10. 在WPS文字中,当需要同时调整多个图片的大小时,可以按住_____键,然后依次选中图片进行调整。

第 3 章　电子表格处理

3.1　WPS 电子表格的基本操作

学习目标

- 掌握工作簿、工作表、单元格的含义。
- 掌握设置单元格格式的方法。

思政要素

- 在输入和处理数据中，培养学生严谨、认真的学习习惯。
- 在数据共享和协作中，强化学生团队合作与信息共享意识。
- 强调在数据录入和分析中保持真实，反对虚假数据和篡改数据。

知识梳理

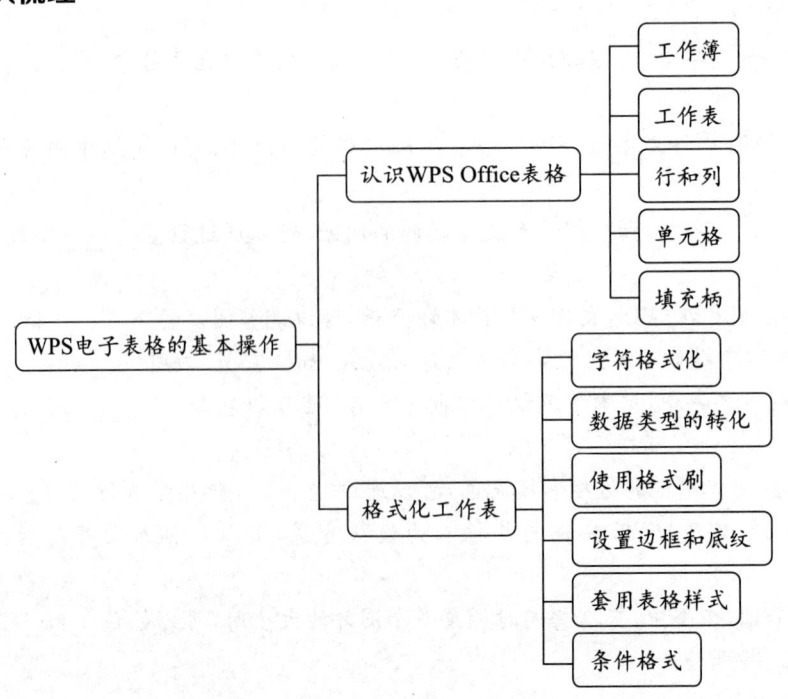

```
                                      ┌── 工作簿
                                      ├── 工作表
                   ┌─ 认识WPS Office表格 ┼── 行和列
                   │                  ├── 单元格
                   │                  └── 填充柄
WPS电子表格的基本操作 ┤
                   │                  ┌── 字符格式化
                   │                  ├── 数据类型的转化
                   │                  ├── 使用格式刷
                   └─ 格式化工作表 ─────┼── 设置边框和底纹
                                      ├── 套用表格样式
                                      └── 条件格式
```

知识要点

3.1.1 认识 WPS Office 表格

WPS Office 表格功能强大，可以制作和修饰各种表格、数据处理、数据统计、图表数据分析等。

1. 工作簿

工作簿是处理和存储数据的文件。一个工作簿就是一个表格文件，其扩展名为"et"，也可以保存为 xlsx 文件格式。

（1）创建工作簿

单击"文件"菜单—"文件"—"新建"，也可以直接按键盘上的快捷键"Ctrl"+"N"键。

（2）保存工作簿

单击"文件"菜单—"文件"—"保存"命令，若是第一次保存，将会弹出"另存为"对话框，选择好保存位置、文件类型，输入文件名，再单击保存按钮" "，即可保存文档；也可以直接按键盘上的"Ctrl"+"S"键；还可以单击快速访问工具栏上的"保存"按钮。

（3）关闭工作簿

单击"文件"菜单—"文件"—"退出"命令，也可以单击文档窗口右上方的关闭按钮"×"。

（4）打开工作簿

在计算机中找到要打开的工作簿文件名或快捷方式图标双击即可打开。

2. 工作表

工作表用于组织和管理数据。新建一个工作簿，默认包含一个"Sheet1"工作表。工作表的名称显示在工作表标签上，通过右击工作表标签可以实现工作表重命名及工作表的复制、移动、删除等操作。

（1）复制工作表

按住"Ctrl"键同时拖动工作表标签，或右击工作表标签—"创建副本"。

（2）移动工作表

用鼠标直接拖动工作表标签到另一个位置，或右击工作表标签—"移动"—选择合适的位置。

（3）删除工作表

右击工作表标签，在弹出的快捷菜单中选择"删除工作表"命令，即可删除选中的工作表；或单击"开始"选项卡—"工作表"按钮—"删除工作表"命令。

（4）重命名工作表

双击工作表标签，或右击工作表标签—"重命名"。

3. 行和列

（1）行标和列标

WPS 电子表格中工作表的列标是大写字母，行标是阿拉伯数字，如图 3-1-1 所示。单击

057

■ 信息技术基础学习指导

行标可以选中整行,单击列标可以选中整列。

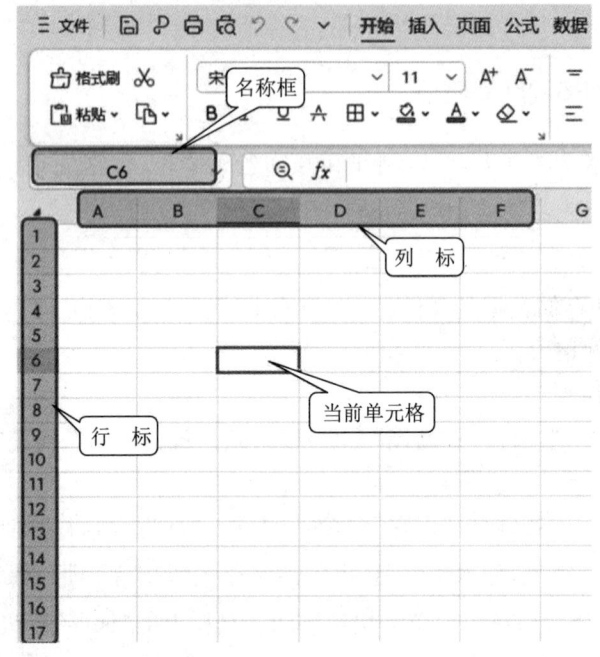

图 3-1-1　行标、列标、名称框、当前单元格

（2）插入行和列

插入行、列、单元格的操作方法有两种：右击鼠标,利用快捷菜单上"插入"命令;或单击"开始"选项卡—"行和列"按钮—"插入单元格"命令。

（3）删除行和列

① 删除行：选取需要删除的一行或多行,右击选区任意位置,在弹出的快捷菜单中选择"删除"—"整行"命令;或单击"开始"选项卡—"行和列"按钮—"删除单元格"—"删除行"命令。

② 删除列：选取需要删除的一列或多列,右击选区任意位置,在弹出的快捷菜单中选择"删除"—"整列"命令;或单击"开始"选项卡—"行和列"按钮—"删除单元格"—"删除列"命令。

（4）调整行高和列宽

在编辑工作表的过程中,经常会出现单元格的高度或宽度不合适,而无法正常显示输入的数据,比如当列宽不够时单元格中会显示"＃＃＃＃"符号,因此我们经常需要调整行高或列宽。

① 粗略调整：将鼠标指针移到两行之间,指针形状变成"↕"时,上下拖拽改变行高;将鼠标指针移到两列之间,指针形状变成"↔"时,左右拖拽改变列宽。

② 精确调整：先选定一行(列)或多行(列),单击"开始"选项卡—"行和列"—"行高"或"列宽"命令;或用鼠标右击行标或列标,在弹出的快捷菜单中选择"行高"或"列宽"命令。

4. 单元格

工作表中行列交叉位置的小方格就是一个单元格，工作表的数据就存储在这些单元格内。

（1）单元格地址

单元格地址的组成格式是"列标＋行标"，当前单元格的地址会显示在名称框中，如图 3-1-1 所示。

连续矩形区域的单元格地址以"左上角单元格地址:右下角单元格地址"的形式表示，如从"A1"到"C3"，共 9 个单元格的地址表示为"A1":"C3"。

（2）活动单元格

活动单元格就是当前正在操作的单元格。单击某个单元格，这个单元格就成为活动单元格，它的地址会出现在名称框中，它的内容会显示在编辑栏中。

（3）移动和复制单元格

方法一：使用鼠标拖曳。选取单元格区域，将鼠标指针指向单元格的边框，这时指针形状变成"✥"，按住鼠标左键拖曳到目标位置再松开鼠标左键，完成单元格移动，若按住"Ctrl"键再拖曳相当于复制。

方法二：使用命令。移动使用"剪切"（快捷键"Ctrl"＋"X"）＋"粘贴"（快捷键"Ctrl"＋"V"），复制使用"复制"（快捷键"Ctrl"＋"C"）＋"粘贴"。操作方法为选取单元格区域并右击鼠标，在快捷菜单上选择"剪切"或"复制"，在目标位置右击鼠标，在弹出的快捷菜单中选择"粘贴"。

5. 填充柄

填充柄即活动单元格右下角的小黑块（如图 3-1-2 所示），鼠标指针指向时指针变成十字形"✚"，按住鼠标拖动填充柄可以按某种规律填充数据或公式。填充柄有三种作用，分别为填充数据、填充数据序列、填充公式。

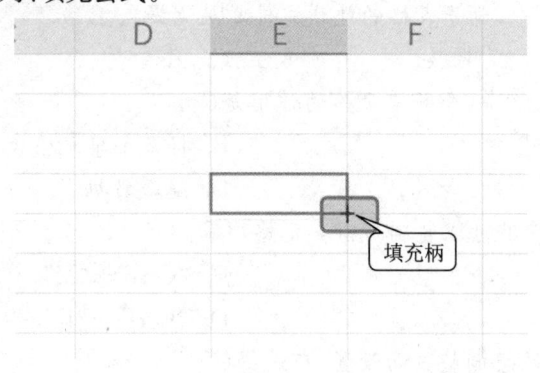

图 3-1-2　填充柄

3.1.2　格式化工作表

1. 字符格式化

字符格式化指设置文字的字体、字形、字号、颜色等，可以通过"开始"选项卡里工具栏上的按钮进行设置,也可以在"单元格格式"对话框中进行设置。

2. 数据类型的转化

表格中的数据是有不同的数据类型,可以把数据从一种类型转化为另一种类型,比如数值型可以转化为文本型、货币型、百分比型等。数据类型可以在"单元格格式"对话框中进行设置。

3. 使用格式刷

"格式刷"能够复制一个单元格的格式,将其应用到另一个位置,双击"格式刷"按钮可将相同的格式应用到多个位置。若多处单元格要使用同一种格式,先设置一处,然后使用格式刷复制格式即可。

4. 设置边框和底纹

在工作表中可以通过设置边框、插入图片背景、填充背景颜色、底纹、标签颜色等来美化表格,增强视觉效果。

5. 套用表格样式

单元格样式和表格样式是格式的组合,包括字体、字号、对齐方式与图样等。WPS Office 表格中提供了几十种预设的单元格样式,用户可以直接套用。

6. 条件格式

用户可以为满足一定条件的数据设置不同于其他数据的字体属性,如颜色、字形、字号等,这样可以突出显示符合条件的数据,便于浏览数据。

知识测评

一、单选题

1. 在 WPS Office 中,电子表格的默认文件扩展名是(　　)。
   A. xls　　　　　　B. et　　　　　　C. xlsx　　　　　　D. docx

2. 在 WPS 电子表格中,合并单元格的作用是(　　)。
   A. 增加数据量　　　　　　B. 将多个单元格合并为一个
   C. 自动计算　　　　　　　D. 隐藏数据

3. 使用(　　)快捷键可以复制当前单元格内容。
   A. "Ctrl"+"C"　　　　　　B. "Ctrl"+"V"
   C. "Ctrl"+"X"　　　　　　D. "Ctrl"+"P"

4. 在 WPS 中,如果想调整页面设置,应选择(　　)。
   A. 格式设置　　　　　　　B. 页眉页脚
   C. 页面布局　　　　　　　D. 插入菜单

5. 在 WPS 电子表格中,"条件格式"功能主要用于(　　)。
   A. 改变列宽　　　　　　　B. 格式化单元格
   C. 根据条件自动更改单元格格式　　D. 计算总和

6. 在设置行高和列宽时,可以通过( )进行调整。
   A. 直接输入数值   B. 双击行/列边界
   C. 拖拽行/列边界   D. 以上均可

7. 在WPS电子表格中,自动填充连续数据一般采用( )。
   A. 手动输入   B. 拖动填充柄
   C. 直接复制   D. 使用公式

8. WPS的"格式刷"功能用于( )。
   A. 复制单元格内容   B. 复制单元格格式
   C. 更新公式   D. 删除单元格

9. 撤回最后一个操作的快捷键是( )。
   A. "Ctrl"+"Z"   B. "Ctrl"+"Y"
   C. "Ctrl"+"X"   D. "Ctrl"+"C"

10. 在"单元格格式"对话框中,用户可以更改的属性是( )。
    A. 边框和底纹   B. 字体样式
    C. 数字格式   D. 以上均可

11. 在WPS中,插入文档的功能通常位于( )。
    A. 插入选项   B. 文件菜单
    C. 主页菜单   D. 帮助选项

12. 在WPS电子表格中,单元格内容默认是( )。
    A. 文本   B. 日期   C. 数字   D. 公式

13. 若要使某个单元格在满足条件时自动变色,应使用( )功能。
    A. 数据验证   B. 数据排序
    C. 条件格式   D. 数据分析

14. 在WPS中,"查找"的快捷键是( )。
    A. "Ctrl"+"F"   B. "Ctrl"+"H"   C. "Ctrl"+"R"   D. "Ctrl"+"G"

15. 使用"条件格式"主要是为了( )。
    A. 格式化文本   B. 通过颜色突出显示数据
    C. 增加图表   D. 插入公式

16. 在WPS中可以设置数据有效性,目的是( )。
    A. 数据格式控制   B. 限制输入类型
    C. 提高计算速度   D. 增加计算复杂度

17. 为了将数据从工作表中删除,可以使用( )快捷键。
    A. "Delete"   B. "Ctrl"+"A"   C. "Ctrl"+"D"   D. "Ctrl"+"X"

18. 在Excel中,单元格地址A1表示( )。
    A. 第1列第A行   B. 第A列第1行
    C. 第1列第1行   D. 第A列第10行

19. 在WPS电子表格中,拖动填充柄向后6个单元格,如果起始单元格内容是"星期一",则结果是(　　)。

A. 6个单元格内容均为"星期一"　　B. 依次填充星期数

C. 6个单元格均为空　　D. 不一定

20. 在WPS电子表格中,使用"自动填充"功能可以(　　)。

A. 设置单元格边框　　B. 撤销操作

C. 快速填充连续的数据　　D. 改变单元格颜色

二、多选题

1. WPS电子表格常见的基本功能有(　　)。

A. 数据输入　　B. 图形设计

C. 数据分析　　D. 文字识别

2. WPS电子表格支持的数据格式包括(　　)。

A. 整数　　B. 日期　　C. 文本　　D. 图像

3. 对于数字格式化,下面选项是合理的有(　　)。

A. 设置小数点位数　　B. 使用货币格式

C. 格式化为日期　　D. 不能显示负数

4. 复制和粘贴操作可以通过(　　)实现。

A. 工具栏　　B. 右键菜单

C. 快捷键　　D. 按住"Ctrl"键拖拽操作

5. WPS电子表格中的数据验证功能可用于(　　)。

A. 限制输入数据类型　　B. 自动生成数据

C. 提高文档格式　　D. 校验输入数据

6. 在WPS电子表格中,可以使用条件格式来(　　)。

A. 自动更改单元格背景色　　B. 进行数据计算

C. 高亮特定数据　　D. 保护工作表

7. 单元格可以设置为(　　)格式。

A. 文本格式　　B. 日期格式

C. 公式格式　　D. 数字格式

8. 在调整行高和列宽时,可以使用的操作有(　　)。

A. 拖动行列边界　　B. 右击进行设置

C. 输入具体数值　　D. 选中后直接删除

9. 在WPS电子表格中,可以通过(　　)来实现对数据填充的操作。

A. 拖动填充柄　　B. 使用函数

C. 自动填充选项　　D. 手动输入数据

10. 进行条件格式设置时,可以选择的条件有(　　)。

A. 大于某个值　　B. 包含特定文本

C. 与某个单元格相同　　D. 颜色格式设置

三、判断题

1. 单元格格式设置只包括字体颜色和大小。（   ）
2. 可以通过拖曳填充手柄来快速填充单元格内容。（   ）
3. 条件格式功能可以根据指定条件自动改变单元格的格式。（   ）
4. 使用"查找和替换"功能可以在整个工作表中查找指定内容。（   ）
5. 在 WPS 电子表格中，可以通过右键菜单访问单元格的格式设置。（   ）
6. WPS 电子表格的工作表标题可以随意命名和修改。（   ）
7. 在 WPS 电子表格中，合并单元格后能保留被合并单元格的所有内容。（   ）
8. WPS 电子表格中的条件格式功能可以用来高亮显示特定条件的单元格。（   ）
9. 可以通过"查找和替换"功能迅速修改工作表中的数据。（   ）
10. WPS 电子表格允许用户输入数字、文本和公式。（   ）

四、填空题

1. WPS 电子表格的文件扩展名默认为_____。
2. 在 WPS 电子表格中，从 A1 到 D4，共 16 个单元格的地址表示为_____。
3. _____就是当前正在操作的单元格。
4. 在 WPS 电子表格中，按下_____键可以实现撤销操作。
5. WPS 电子表格中工作表的_____是大写字母，_____是阿拉伯数字。
6. WPS 电子表格允许用户使用_____功能来自动填充相同或连续的数据。
7. 通过右击_____可以实现工作表重命名及工作表的复制、移动、删除等操作。
8. _____的作用是填充数据、填充数据序列、填充公式。
9. 在 WPS 电子表格中，用户可以通过_____功能将多个单元格合并为一个。
10. 新建一个工作簿，默认包含_____个"Sheet1"工作表。

3.2 公式与函数

学习目标

- 掌握相对引用、绝对引用、混合引用的方法。
- 掌握运算符的使用方法（如算术运算符、关系运算符、引用运算符）。
- 掌握公式和常用函数（如 AVERAGE、MAX、MIN、SUM、COUNT、IF 等函数）的使用。

思政要素

- 强调公式的使用，引导学生关注数据处理的效率，追求卓越。
- 学习公式应用，培养学生的创新思维，鼓励他们寻找最佳解决方案。
- 在小组项目中，强调团队成员间的合作与沟通的重要性。

知识梳理

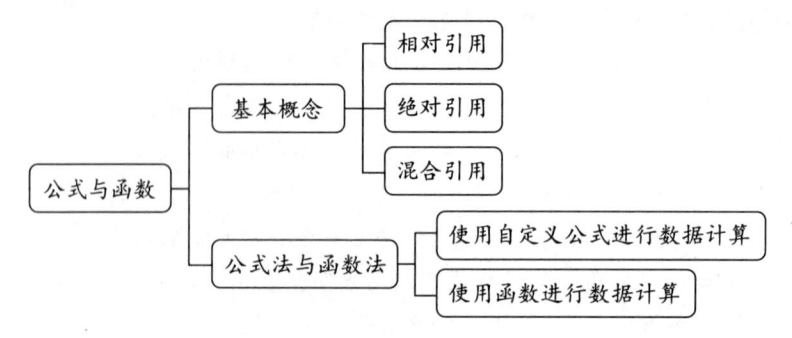

```
                        ┌─── 相对引用
              ┌─ 基本概念 ─┼─── 绝对引用
              │          └─── 混合引用
公式与函数 ─┤
              │               ┌─── 使用自定义公式进行数据计算
              └─ 公式法与函数法 ─┤
                              └─── 使用函数进行数据计算
```

知识要点

3.2.1 基本概念

一个单元格中的内容被其他单元格中的公式或函数所使用称为引用,该单元格地址称为引用地址。

1. 相对引用

被引用单元格与引用单元格的位置是相对的,引用单元格的位置发生了改变,被引用单元格的位置也随之改变。默认情况下是相对引用。

2. 绝对引用

被引用单元格的位置是固定的,引用单元格的位置发生了改变,被引用单元格的位置不变。绝对引用时在行号与列号的前面分别加上"$"符号,如"$A$1"。

3. 混合引用

混合引用分为两种,相对引用行绝对引用列,如"$B1";相对引用列绝对引用行,如"B$1"。

3.2.2 公式法与函数法

1. 使用自定义公式进行数据计算

公式是指由运算符号、单元格地址、常量或函数等组成的一个合法的表达式。公式以"="号开头,后面连接一个表达式。算术运算符号有加(+)、减(-)、乘(*)、除(/)、乘方(∧)、百分号运算符(%);文本运算符号有"&",用于连接文本;关系运算符号有等于(=)、不等于(<>)、大于(>)、小于(<)、大于等于(>=)、小于等于(<=)。

2. 使用函数进行数据计算

函数是指 WPS 已经定义好的能实现某种计算功能的公式。函数的格式是"函数名(参数列表)",参数指参与计算的数据,参数可以是具体数据或单元格地址,参数列表可以包含一个或多个由逗号隔开的参数。函数若以公式的形式出现,则需在函数的名称前输入等号。

WPS电子表格中自带了多个内部函数,重点掌握表3-2-1所示的几个常用的函数及作用。

表3-2-1 常用函数

函数名	函数作用	函数名	函数作用
SUM()	求和	AVERAGE()	求平均值
MAX()	求最大值	MIN()	求最小值
RANK()	求排名	IF()	条件函数
COUNT()	统计非空单元格数目	COUNTIF()	条件计数

知识测评

一、单选题

1. 在WPS电子表格中,下列可以用来计算B2单元格到F5单元格区域内的所有单元格数据之和的函数是(   )。

  A. SUM(B2:F5)　　　　　　　　　B. SUM(B2—F5)
  C. SUM(B2:B5,F2:F5)　　　　　　D. SUM(B2 F5)

2. 在WPS电子表格中,用于计算单元格区域内所有数值总和的函数是(   )。

  A. SUM　　　　　　　　　　　　B. AVERAGE
  C. MAX　　　　　　　　　　　　D. MIN

3. 在WPS电子表格中,若要在C1单元格显示A1和B1单元格数值之和,应输入的公式是(   )。

  A. =AVERAGE(A1:B1)　　　　　　B. =A1+B1
  C. SUM(A1,B1)　　　　　　　　　D. A1B1

4. 函数"=AVERAGE(A1:A10)"的作用是(   )。

  A. 计算"A1"到"A10"单元格的平均值
  B. 计算"A1"到"A10"单元格的总和
  C. 找出"A1"到"A10"单元格中的最大值
  D. 统计"A1"到"A10"单元格中非空单元格的数量

5. 对于引用单元格时,使用"A$2"的效果是(   )。

  A. 列A和行2都是绝对的　　　　　B. 列A是绝对的,行2是相对的
  C. 列A是相对的,行2是绝对的　　D. 列A和行2都是相对的

6. 在WPS电子表格中,IF函数的语法是(   )。

  A. IF(条件,真值,假值)　　　　　　B. IF(条件,假值,真值)
  C. IF(条件)　　　　　　　　　　　D. IF(真值,假值)

7. 在WPS电子表格中,如何计算单元格"A1"和"B1"的最大值(   )。

  A. MAX(A1,B1)　　　　　　　　　B. MAX(A1+B1)
  C. A1+B1　　　　　　　　　　　　D. MAX(A1:B1)

8. 在WPS电子表格软件中，单元格"AS3"的引用方式称为（　　）。
   A. 相对地址引用　　　　　　　　　B. 绝对地址引用
   C. 混合地址引用　　　　　　　　　D. 交叉地址引用

9. 在WPS电子表格中，用于计算所有数值的平均值的函数是（　　）。
   A. SUM　　　　　　　　　　　　　B. AVERAGE
   C. MAX　　　　　　　　　　　　　D. MIN

10. 下列函数用于计算某区域内满足条件的单元格数量的是（　　）。
    A. SUM　　　　　　　　　　　　　B. AVERAGE
    C. COUNTIF　　　　　　　　　　　D. IF

11. 在WPS工作表中，把一个含有单元格坐标引用的公式复制到另一个单元格中时，其中所引用的单元格坐标保持不变。这种引用的方式为（　　）。
    A. 相对引用　　　　　　　　　　　B. 绝对引用
    C. 混合引用　　　　　　　　　　　D. 无法判断

12. 在WPS电子表格中，进行条件判断的函数是（　　）。
    A. SUM　　　B. COUNT　　　C. IF　　　D. AVERAGE

13. 如果要在"C1"单元格中显示"A1"和"B1"两个单元格数值的乘积，应输入的公式是（　　）。
    A. ＝A1＊B1　　　　　　　　　　　B. ＝SUM(A1,B1)
    C. A1＊B1　　　　　　　　　　　　D. ＝COUNT(A1,B1)

14. 在WPS电子表格中，使用自定义公式来判断"D1"单元格的值是否大于100，正确的写法是（　　）。
    A. ＝IF(D1＞100,"是","否")　　　　B. IF(D1＞100,"是","否")
    C. ＝D1＞100　　　　　　　　　　　D. ＝IF(D1＞100)

15. 在WPS电子表格中，若要仅计算"A1"到"A10"范围内大于50的单元格数量，使用的函数是（　　）。
    A. COUNTIF(A1:A10, "＞50")
    B. COUNT(A1:A10, "＞50")
    C. SUMIF(A1:A10, "＞50")
    D. COUNT(A1:A10)

16. 在WPS电子表格中，相对引用和绝对引用的主要区别在于（　　）。
    A. 符号不同　　　　　　　　　　　B. 引用范围不同
    C. 引用范围在复制时是否变化　　　D. 能否用于公式中

17. 函数"＝RANK(A1,＄A＄1:＄A＄10)"的作用是（　　）。
    A. 返回"A1"在"A1:A10"范围内的排名(降序)
    B. 返回"A1"在"A1:A10"范围内的和
    C. 计算"A1"到"A10"的平均值
    D. 统计"A1"到"A10"中非空单元格的数量

18. 公式"＝IF(A1＞60,"及格","不及格")"的作用是(　　)。
   A. 判断"A1"的值是否大于60,是则返回"及格",否则返回"不及格"
   B. 计算"A1"到"A10"的总和
   C. 计算"A1"的值与60的差
   D. 返回"A1"单元格的内容

19. 下列关于电子表格中公式与函数的说法,正确的是(　　)。
   A. 公式必须以等号(＝)开头,函数则不一定
   B. 公式和函数的作用完全相同,只是名称不同
   C. 公式是用户定义的,而函数是软件内置的
   D. 函数只能进行简单的数据处理和分析

20. 若单元格出现一连串的"＃＃＃"符号,则表示(　　)。
   A. 使用错误的参数　　　　　　　B. 需调整单元格的宽度
   C. 公式中无可用数值　　　　　　D. 单元格引用无效

二、多选题

1. MAX函数和MIN函数在查找一系列数值中的最大值和最小值时,可以处理(　　)类型的数据。
   A. 文本　　　　　　　　　　　　B. 数值
   C. 日期　　　　　　　　　　　　D. 逻辑值(TRUE/FALSE)

2. 以下操作可以在WPS电子表格中使用SUM函数完成的有(　　)。
   A. 计算两个数值单元格的和　　　B. 计算整列数值的和
   C. 计算跨多列特定区域的总和　　D. 对所有类型的数据进行求和

3. 在WPS电子表格中,关于相对引用和绝对引用,以下说法正确的有(　　)。
   A. "A1"为相对引用,"＄A＄1"为绝对引用
   B. "＄A1"为绝对引用,"A＄1"为相对引用
   C. "A1"在复制时会发生变化
   D. "＄A1"在复制时不会发生变化

4. 在使用公式时,单元格引用的类型有(　　)。
   A. 绝对引用　　　　　　　　　　B. 相对引用
   C. 混合引用　　　　　　　　　　D. 文本引用

5. 以下是关于WPS电子表格中公式与函数计算顺序的正确说法的有(　　)。
   A. 先计算括号内的公式或函数
   B. 先计算乘除后计算加减
   C. 括号可以改变运算顺序,优先计算括号内的内容
   D. 乘法运算总是优先于加法运算

6. 关于WPS电子表格中的混合引用,以下说法正确的有(　　)。
   A. 混合引用可以锁定行或列
   B. 在公式中,＄A1表示混合引用

C. 混合引用与相对引用和绝对引用相同

D. 仅绝对引用是可复制的

7. 以下情况会导致公式计算错误的有（　　）。

　　A. 除数为零　　　　　　　　　　B. 文本与数值混合计算

　　C. 使用不正确的函数参数　　　　D. 引用已删除的单元格

8. 以下公式在WPS电子表格中可能会导致错误的有（　　）。

　　A. ＝SUM("Hello",1000)

　　B. ＝AVERAGE(A1:A10)

　　C. ＝MAX(A1,B1,"Hello")

　　D. ＝COUNTIF(A1:A10,">100")

9. 以下操作可以在使用COUNTIF函数时完成的有（　　）。

　　A. 统计某列中大于100的数值数量

　　B. 统计包含特定文本字符串的单元格数量

　　C. 统计满足多个条件的单元格数量

　　D. 用于统计满足某个条件的单元格数量

10. 在WPS电子表格中，以下操作可以实现数据的条件格式设置的有（　　）。

　　A. 使用IF函数设置条件格式

　　B. 使用条件格式规则设置

　　C. 使用SUM函数设置条件格式

　　D. 使用数据条、色阶或图标集等视觉辅助工具设置条件格式

三、判断题

1. ＝COUNTIF(B1:B10,"<30")函数用于统计"B1"到"B10"中小于30的单元格数量。（　　）

2. 使用函数＝IF(A1>0,"正数","非正数")可以判断"A1"的值是正数还是非正数。（　　）

3. WPS电子表格中的所有公式和函数都必须以"＃"符号开头。（　　）

4. WPS电子表格处理软件，在单元格里输入公式时，不一定以"＝"开头。（　　）

5. 使用"AVERAGE"函数可以计算一个范围内的最大值。（　　）

6. 公式"＝SUM(A1:A10)"会返回"A1"到"A10"单元格的总和。（　　）

7. "IF"函数可以用于逻辑判断，并根据条件返回不同的结果。（　　）

8. "COUNT"函数可以计算单元格中非空单元格的数量。（　　）

9. 如果某个单元格中包含公式，它的内容不能被其他单元格引用。（　　）

10. WPS电子表格中，使用"MAX"函数可以找到一组数值的最小值。（　　）

四、填空题

1. 将公式"＝MAX(A1:A10)"用于A列，计算结果为该列中的_____值。

2. 在WPS电子表格处理软件，将"E1"单元格中的公式"＝SUM(A1:D1)"复制到"E2"单元格后"E2"单元格的公式是_____。

3. 在 WPS 电子表格处理软件中,选取"A1"到"D5"之间的区域,先单击单元格"A1",再按住_____键,同时单击单元格"D5"完成操作。

4. 在 WPS 电子表格中,所有公式必须以_____(符号)开头。

5. 使用_____函数可以计算一系列数值的和。

6. 如果你想计算一组数值的最大值,可以使用_____函数。

7. 如果要计算两数的平均值,可以使用_____函数。

8. 在 WPS 电子表格中,逻辑函数_____用于判断某个条件是否满足。

9. 在 WPS 电子表格中,如果"M1"单元格包含"100","N1"单元格包含"50",则公式"=M1−N1"的结果是_____。

10. 若在"C2"单元格中输入"=IF(D2>50,"合格","不合格")",当"D2"的值为 60 时,"C2"的显示为_____。

3.3 图表

学习目标

- 了解常见的图表类型及电子表格处理工具提供的图表类型。
- 掌握利用表格制作常用图表的方法。

思政要素

- 在图表制作过程中,培养学生的信息表达能力,提高学生数据可视化处理方式的意识。
- 强调图表设计的美观性,激发学生的审美情趣,提高对信息呈现的重视。
- 鼓励学生探索不同类型的图表,发展学生的创新思维与灵活应用能力。

知识梳理

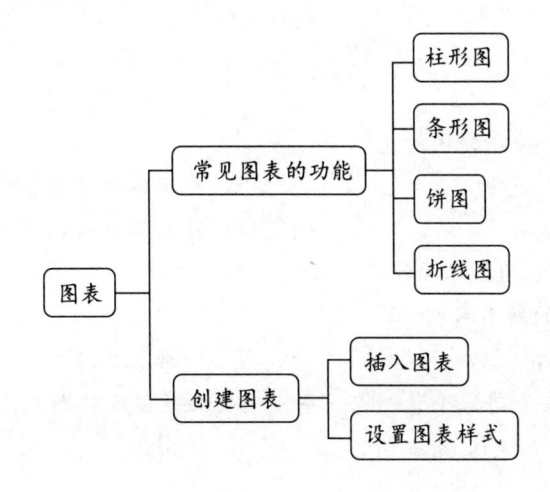

```
图表 ┬─ 常见图表的功能 ┬─ 柱形图
     │                 ├─ 条形图
     │                 ├─ 饼图
     │                 └─ 折线图
     └─ 创建图表 ┬─ 插入图表
                 └─ 设置图表样式
```

知识要点

3.3.1 常见图表的功能

图表是工作表的直观表现形式,是以工作表中的数据为依据创建的。要建立图表就必须先建立好工作表。图表与工作表中的数据相链接,并随工作表中数据的变化而自动调整。

1. 柱形图

柱形图主要用于比较一段时间内数据的变化或不同数据项之间数量的多少或大小关系。

2. 条形图

条形图其作用与柱形图相类似,只是形状不同。

3. 饼图

饼图擅长表示个体在总体中所占的比例,如空气中各种成分所占的比重。

4. 折线图

折线图反映事物随时间变化的情况,可预测事物发展的趋势,如股票的K线图。

3.3.2 创建图表

1. 插入图表

选中要创建图表的单元格,单击"插入"选项卡下的图表按钮"图表"。

2. 设置图表样式

选中图表,单击"图表工具"选项卡,进行相应的操作,可以设置图表的标题、图例、样式、颜色等。

知识测评

一、单选题

1. 下列图表最适合使用饼图的是( )。
   A. 显示不同类别的总和　　　　　B. 显示各部分在整体中的比例
   C. 显示时间序列数据　　　　　　D. 比较不同数据系列的变化

2. 创建图表时,图表的数据源默认来自( )。
   A. 当前工作表中的所有数据　　　B. 当前选中的单元格区域
   C. 另一个工作表的数据　　　　　D. 外部数据源

3. 适合对比分析某公司三个营业点一年中销售业绩占比的图表是( )。
   A. 柱形图　　　　B. 折线图　　　　C. 饼图　　　　D. 面积图

4. 折线图最适合用于展示数据的类型是（　　）。
   A. 各部分在总体中所占的比例　　　　B. 随时间或类别变化的趋势
   C. 数据之间的对比关系　　　　　　　D. 数据之间的分布情况
5. 在 WPS 电子表格中，更改图表类型的操作是（　　）。
   A. 重新创建图表并选择新的类型
   B. 选中图表，在"图表工具"选项卡中选择"更改类型"
   C. 修改数据源以反映新的图表类型
   D. 无法更改图表的类型
6. 在 WPS 电子表格中，图表中的"图例"通常用于表示（　　）。
   A. 图表的数据源　　　　　　　　　　B. 图表中的不同数据系列
   C. 图表的标题　　　　　　　　　　　D. 图表的背景颜色
7. 为 WPS 电子表格中的图表添加数据标签的操作是（　　）。
   A. 直接在图表上输入文本
   B. 修改数据源单元格的内容
   C. 在"图表工具"选项卡下找到"添加元素"并选择"数据标签"
   D. 图表默认都包含数据标签
8. 下列图表类型可以清晰地展示多个数据系列之间的对比关系的是（　　）。
   A. 饼图　　　　B. 折线图　　　　C. 柱形图　　　　D. 散点图
9. WPS 电子表格中的"趋势线"通常添加在（　　）图表类型上。
   A. 柱状图　　　　　　　　　　　　　B. 饼图
   C. 折线图　　　　　　　　　　　　　D. 条形图
10. 快速格式化 WPS 电子表格中的图表以匹配文档的整体风格的操作是（　　）。
    A. 手动调整图表中每个元素的颜色和样式
    B. 使用"图表工具"选项卡下的"快速样式"选项
    C. 复制其他已格式化的图表并粘贴
    D. 无法快速格式化图表以匹配文档风格
11. 在 WPS 电子表格中，创建图表的第一步是（　　）。
    A. 选择数据　　　　　　　　　　　　B. 插入图表
    C. 编辑图表　　　　　　　　　　　　D. 保存文件
12. 在添加图表元素时，以下可以被视为"图表元素"的是（　　）。
    A. 数据源　　　　　　　　　　　　　B. 背景颜色
    C. 数据标签　　　　　　　　　　　　D. 图表结构
13. 要快速更改图表的样式，可以通过（　　）。
    A. 编辑数据源　　　　　　　　　　　B. 使用图表工具选项卡下的"快速样式"
    C. 重新创建图表　　　　　　　　　　D. 手动调整每个图形
14. 在图表中，图例的主要作用是（　　）。
    A. 显示数值　　　　　　　　　　　　B. 描述轴

C. 区分不同数据系列 D. 显示标题

15. 在WPS中,数据系列的颜色可以通过( )。
A. 数据标签设置 B. 图表区域设置
C. 系列选项设置 D. 选择数据设置

16. 当需要查看趋势时,适合使用的图表类型是( )。
A. 圆形图 B. 条形图 C. 折线图 D. 堆积图

17. 要修改图表的样式和颜色,可以通过( )。
A. 图表工具 B. 数据工具 C. 格式工具 D. 设计工具

18. 在WPS电子表格中,通过( )功能可以快速插入图表。
A. 按"F1"键 B. 按"F2"键
C. 使用插入选项卡 D. 使用设计选项卡

19. 在图表中,通常可以通过( )更改图表类型。
A. 右键点击图表 B. 单击图表并选择"修改"
C. 使用图表工具选项卡 D. 直接输入新类型

20. 在添加图表后,数据源的修改给图表带来的影响是( )。
A. 图表会自动更新 B. 图表不会变化
C. 图表会消失 D. 图表仅更新颜色

二、多选题

1. 在WPS电子表格中,改变图表中数据系列的颜色的操作有( )。
A. 直接在图表上点击数据系列,然后在"属性"中的"系列选项中"更改
B. 修改数据源单元格的颜色
C. 在"图表工具"选项卡下更改
D. 无法改变图表中数据系列的颜色

2. 创建图表时,以下信息是必选的有( )。
A. 数据范围 B. 图表类型 C. 图例位置 D. 图表标题

3. 在WPS电子表格中,图表中可以被修改的元素有( )。
A. 图表标题 B. 数据标签 C. 图表颜色 D. 数据源

4. 调整图表外观时,可以对( )进行修改。
A. 图表标题 B. 数据系列颜色 C. 图例位置 D. 轴刻度

5. 以下操作中,可以将图表移动到新的工作表的操作有( )。
A. 右键点击图表选择"移动图表"
B. 使用"图表工具"选项卡中的"移动图表"
C. 复制图表并粘贴到新工作表
D. 删除并重新插入图表

6. 对于饼图,以下描述是正确的有( )。
A. 每个部分表示总数的比例 B. 可以展示随时间或类别变化的趋势
C. 数据系列和总数需加起来 D. 不同颜色代表不同的数据系列

7. 在WPS电子表格中,插入图表的步骤包括( )。
   A. 选择数据范围　　　　　　　　　B. 点击"插入"选项卡
   C. 选择图表类型　　　　　　　　　D. 直接输入图表标题
8. 关于柱状图,以下说法是正确的有( )。
   A. 适合比较不同类别的数据　　　　B. 可显示单一系列数据的变化
   C. 数据类别需要在 X 轴上排列　　D. 适合展现时间序列数据
9. 关于WPS图表的图例描述,以下是正确的有( )。
   A. 提供数据系列的名称
   B. 可以帮助识别不同颜色或形状的数值
   C. 可以在图表设计时自动添加
   D. 不能进行编辑
10. 当图表数据显示不清楚时,可以采取的措施有( )。
    A. 调整图表的大小　　　　　　　　B. 添加数据标签
    C. 改变图表的类型　　　　　　　　D. 调整字体大小

三、判断题

1. WPS电子表格中的饼图适合展示数据的比例关系。( )
2. 创建图表时,能够选择多个数据系列进行比较。( )
3. 在图表设计中,数据系列的颜色不可以手动修改。( )
4. 图例能够帮助用户理解图表中不同数据系列的含义。( )
5. 编辑图表时,删除图表中的某一数据系列,工作表中的数据也同时被删除。( )
6. 在插入图表后,可以随时修改其数据源,不需要重新创建。( )
7. 插入图表后,可以通过"图表工具"选项卡中的工具修改图表样式和布局。( )
8. 在WPS电子表格中,图表是工作表数据的另一种表现形式,在生成后不能进行编辑。( )
9. 通过格式设置,可以改变图表的网格线样式和颜色。( )
10. 在WPS电子表格中,图表可以保存为图片格式以便于分享。( )

四、填空题

1. 图表中的"_____"用于区分不同的数据系列。
2. _____是图表中用来显示各个数据具体数值的功能。
3. 在WPS电子表格中,可以使用"_____"选项卡快速插入图表。
4. 折线图中,数据点通过_____连接,以表示趋势。
5. 如果要将图表移到新的工作表,应选择_____选项。
6. WPS电子表格中,图表的"数据范围"指的是生成图表的_____。
7. 在WPS电子表格中,"数据标签"可以显示每个数据点的_____。
8. 图表的样式和设计可以通过_____进行设置。
9. 对于显示组成比例的图表类别,_____是最常用的选择。
10. 在删除图表时,可以通过右键菜单选择_____按钮。

3.4 数据的管理分析

学习目标

- 掌握筛选、排序和分类汇总等操作。
- 理解数据透视表的概念,掌握数据透视表的基本操作。

思政要素

- 在数据管理中,培养学生的逻辑思维能力,提高系统分析与解决问题的能力。
- 在数据管理中,鼓励学生总结经验教训,提高自我反省与改进能力。
- 培养学生精准的数据处理能力,提升对信息时代的适应能力。

知识梳理

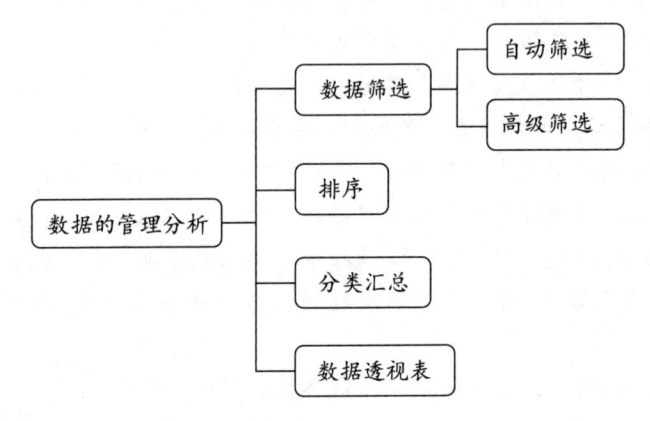

```
                         ┌── 自动筛选
              ┌─ 数据筛选 ┤
              │          └── 高级筛选
              │
数据的管理分析 ┼─ 排序
              │
              ├─ 分类汇总
              │
              └─ 数据透视表
```

知识要点

3.4.1 数据筛选

筛选分为自动筛选和高级筛选方式,是指显示某些符合条件的数据记录,暂时隐藏不符合条件的数据记录,便于在复杂的数据中查看满足条件的数据。

1. 自动筛选

自动筛选一般用于简单的条件筛选,可以对一列或多列数据进行筛选。可以对数值或文本值进行筛选,也可以对背景或文本应用颜色格式的单元格按颜色进行筛选。

2. 高级筛选

高级筛选主要是由用户自己构造条件(条件可以是三个或三个以上)进行数据筛

选,还可以对含有特定字符的记录进行筛选。进行高级筛选需要设定条件区域(可以放在数据表外的任意位置),构造条件时字段名在上一行,条件在下一行对应的单元格中。构造条件时可以使用通配符,"*"代表任意个字符,"?"代表一个任意字符。

3.4.2 排序

排序指根据需要把无序的数据按升序(从小到大)"↓升序(S)"、降序(从大到小)"↓降序(O)"或自定义序列"自定义排序(U)…"重新排列。排序分为单条件排序和多重排序(多关键字排序),可以按数值排序,也可以按文本值、单元格颜色、文本颜色等进行排序,如图3-4-1所示。

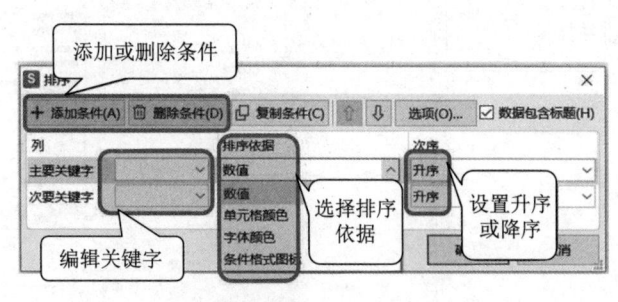

图 3-4-1 排序设置

3.4.3 分类汇总

分类汇总是根据某一个字段,把数据分成若干类,每一类中对数值型数据汇总即统计计算,如求和、平均值、最大值、最小值、乘积、计数等。当数据量比较大时,采用分类统计能够增加表格的可读性,便于对数据结果进行分析。分类汇总之前需要对分类字段进行排序,如图3-4-2所示。

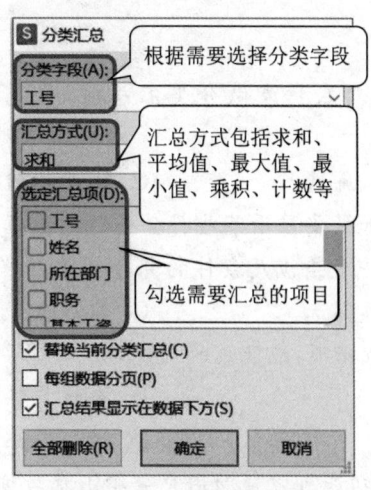

图 3-4-2 分类汇总设置

3.4.4 数据透视表

数据透视表是一种交互式的数据分析和汇总工具,可以动态地改变数据透视表的版面布置,以便按照不同方式分析数据,也可以重新安排行号、列标和页字段等。每一次改变版面布置时,数据透视表会立即按照新的布置重新计算数据。另外,如果原始数据发生更改,则会更新数据透视表。数据透视表的创建和字段设置如图 3-4-3、图 3-4-4 所示。

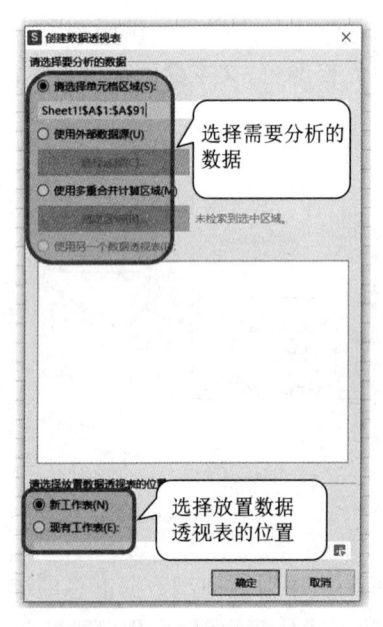

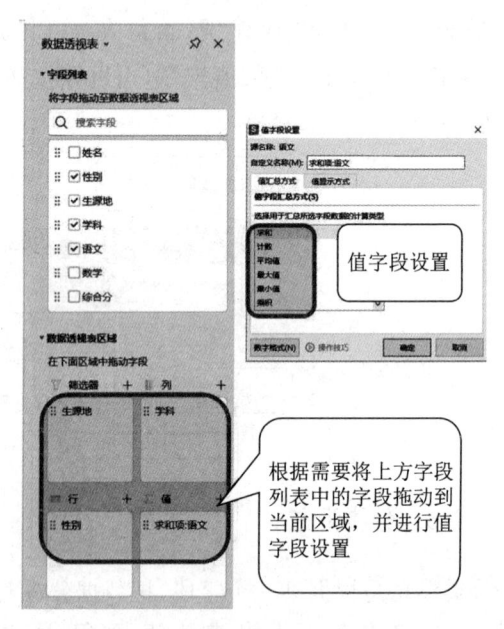

图 3-4-3　创建数据透视表　　　　图 3-4-4　数字透视表字段设置

知识测评

一、单选题

1. 在 WPS 电子表格中,对数据表做分类汇总前,要先对选中的数据进行的处理是(　　)。

　　A. 按分类列排序　　B. 筛选　　C. 求平均值　　D. 求和

2. 在 WPS 电子表格中,如果要显示某些符合条件的数据记录,暂时隐藏不符合条件的数据记录,便于在复杂的数据中查看满足条件的部分数据,最合适的功能是(　　)。

　　A. 数据分析　　B. 筛选　　C. 排序　　D. 数据透视表

3. 若希望快速找到某个数据项,应使用的功能是(　　)。

　　A. 自动求和　　　　　　　　　　B. 查找与替换
　　C. 数据透视表　　　　　　　　　D. 数据验证

4. 在数据分析中,(　　)功能可以帮助用户分组汇总数据。

　　A. 数据有效性　　　　　　　　　B. 数据透视表
　　C. 数据分级　　　　　　　　　　D. 自动合并

5. 在筛选数据时,使用了"高级筛选",以下选项正确的是( )。
   A. 可以选择排序后的数据　　　　　　B. 只能筛选一列数据
   C. 可以创建复杂的条件　　　　　　　D. 不可以显示所有数据

6. 在 WPS 电子表格中,如果要删除数据透视表中的某个字段,应该选择的操作是( )。
   A. 直接在数据透视表中删除对应的行或列
   B. 在数据透视表字段列表中取消勾选该字段
   C. 使用"删除"按钮在数据透视表工具栏上删除
   D. 需要先删除数据源中的对应列

7. 如果需要对某一列数据进行不同条件的筛选,应该使用( )功能。
   A. 条件格式　　　　　　　　　　　　B. 数据验证
   C. 高级筛选　　　　　　　　　　　　D. 数据排序

8. 若要按多个条件对数据进行排序,应使用( )。
   A. 自定义排序　　　　　　　　　　　B. 自动筛选
   C. 高级筛选　　　　　　　　　　　　D. 条件格式

9. 在使用数据透视表时,若要将某一字段作为行标签,应该实施的操作是( )。
   A. 将该字段拖到数据透视表区域的"列"区域
   B. 将该字段拖到数据透视表区域的"行"区域
   C. 在数据透视表字段列表中双击该字段
   D. 无须拖动,数据透视表会自动识别

10. 下列选项不是 WPS 电子表格中的数据排序方式的是( )。
    A. 升序排序　　　　　　　　　　　　B. 降序排序
    C. 自定义序列排序　　　　　　　　　D. 随机排序

11. 使用 WPS 电子表格进行数据筛选时,如果要筛选出销售额大于 10000 的记录,应使用的筛选方式是( )。
    A. 自动筛选　　B. 高级筛选　　C. 条件格式　　D. 排序

12. 在 WPS 电子表格中,对筛选出的数据进行标记或高亮显示,应使用( )。
    A. 排序　　　　B. 筛选　　　　C. 条件格式　　D. 公式

13. 在 WPS 电子表格中,数据透视表的主要作用是( )。
    A. 对数据进行排序和筛选　　　　　　B. 快速汇总、分析、浏览和呈现数据
    C. 创建复杂的公式和计算　　　　　　D. 美化工作表外观

14. 在 WPS 电子表格中,将某些不及格的学生的成绩显示为红字,可以使用( )功能。
    A. 筛选　　　　B. 条件格式　　C. 数据有效性　　D. 排序

15. 在 WPS 电子表格中,若要将筛选结果输出到新的工作表,应使用的功能是( )。
    A. 自动筛选　　　　　　　　　　　　B. 自定义筛选
    C. 高级筛选(并指定复制到其他位置)　D. 排序

16. 在 WPS 中,快速对某一列数据进行降序排序的操作是( )。

A. 在列标题上右键选择"排序" B. 使用"数据"选项卡中的排序功能

C. 直接输入公式 D. 使用条件格式功能

17. 使用 WPS 电子表格的"高级筛选"功能时,若要在原数据区域显示筛选结果,并且将筛选条件写在其他位置,应( )。

A. 选择"在原有区域显示筛选结果",并确保条件区域已正确设置

B. 选择"将筛选结果复制到其他位置",然后指定一个新区域

C. 直接筛选,无须设置条件区域,WPS 会自动在原数据区域筛选

D. "在原有区域显示筛选结果"选项不适用于条件写在其他位置的情况

18. 在 WPS 电子表格中,取消数据筛选以显示所有记录的操作是( )。

A. 单击"数据"选项卡中的"筛选"按钮,再次点击即可取消

B. 使用"清除筛选"功能

C. 复制并粘贴原始数据到新的工作表

D. 删除数据筛选列

19. 使用"高级筛选"功能时,以下条件正确的是( )。

A. 只能设置一个条件 B. 需要先指定筛选区域

C. 不能对数字进行筛选 D. 自动删除不符合条件的记录

20. 下列有关 WPS 电子表格排序的说法,不正确的是( )。

A. 不可以按自定义序列排序 B. 可按列排序

C. 可按拼音排序 D. 可按笔画排序

二、多选题

1. 对选定的列进行数据排序时,可以选择的方式有( )。

A. 升序 B. 降序 C. 自定义排序 D. 按日期排序

2. 使用"分类汇总"功能时,可以进行的操作有( )。

A. 对相同的数据进行汇总 B. 计算平均值

C. 统计数量 D. 进行图表分析

3. 在进行数据透视表分析时,通常需要的字段有( )。

A. 行字段 B. 列字段

C. 数据值字段 D. 注释字段

4. 在 WPS 电子表格中,进行筛选后的数据列表功能有( )。

A. 显示筛选后的数据 B. 隐藏未满足条件的数据

C. 导出筛选数据 D. 自动排序筛选数据

5. 要在学生成绩表中筛选出语文成绩在 85 分以上的同学,可通过( )功能。

A. 自动筛选 B. 分类汇总 C. 高级筛选 D. 条件格式

6. 如果想要对同一类数据进行分类汇总,以下功能可用的有( )。

A. 分类汇总功能 B. 数据透视表

C. 使用筛选功能 D. 数据有效性

7. 在WPS中,可以使用(　　)进行数据筛选。
   A. 文字　　　　　B. 日期　　　　　C. 颜色　　　　　D. 数字区间
8. 在进行数据排序时,可以按照(　　)进行排序。
   A. 数值　　　　　B. 单元格颜色　　C. 文本颜色　　　D. 文本值
9. 在分类汇总中,汇总数据的方式有(　　)。
   A. 求和　　　　　B. 平均值　　　　C. 最大值　　　　D. 最小值
10. 数据透视表的字段区域中,可编辑的有(　　)。
   A. 行字段　　　　B. 列字段　　　　C. 值字段　　　　D. 筛选器

三、判断题

1. 在WPS电子表格中,数据排序功能只能对一列数据进行排序。(　　)
2. 使用数据筛选功能时,取消筛选能够恢复隐藏的行和列。(　　)
3. 在进行数据的筛选和排序后,原始数据会被永久更改。(　　)
4. 在分类汇总中,可以同时对多个字段进行汇总操作。(　　)
5. 利用WPS电子表格的条件格式功能,可以对筛选后的数据进行进一步的格式设置。(　　)
6. 数据透视表的"值字段"可以设置为多种汇总方式,例如求和、平均值和计数。(　　)
7. 在WPS中,排序时可以选择同时对多个列进行排序,与排序的优先级有关。(　　)
8. 使用"高级筛选"功能时,可以设置多个条件进行筛选。(　　)
9. 排序时不仅可以按数值排序,还可以按文本值、单元格颜色、文本颜色等进行排序。(　　)
10. 对于数据透视表,行字段和列字段的顺序设置会影响最终的汇总结果。(　　)

四、填空题

1. 数据透视表的创建可以通过_____选项卡来实现。
2. 对于数据透视表,可选择的汇总方式包括_____、最大值和最小值。
3. 在使用"高级筛选"功能时,可以设置多个_____以实现复杂的筛选条件。
4. 在进行分类汇总时,要确保选中的数据已按照分类顺序_____。
5. _____是根据某一个字段,把数据分成若干类,每一类中对数值型数据汇总即统计计算,如求和、平均值、最大值、最小值、乘积、计数等。
6. 使用_____功能,可以快速定位到满足特定条件的数据记录。
7. 在WPS工作表中,_____功能能够将筛选、排序和分类汇总等操作依次完成,并生成汇总表格。
8. 在进行分类汇总之前,必须先对要分类的列进行_____。
9. _____是一种强大的数据分析工具,可以快速汇总、分析、浏览和呈现数据。
10. 要在数据透视表中显示数据的不同汇总方式(如求和、平均值等),可以调整_____字段的设置。

第 4 章 演示文稿制作

4.1 WPS 演示文稿的基本操作

学习目标

- 了解演示文稿的功能特点与应用场景。
- 熟悉 WPS 演示文稿的工作界面。
- 掌握幻灯片的创建、复制、删除、移动等基本操作。

思政要素

- 培养学生利用现代信息技术进行信息表达与交流的能力,增强信息素养。
- 引导学生不断学习和探索新的软件功能,提升个人技能水平。

知识梳理

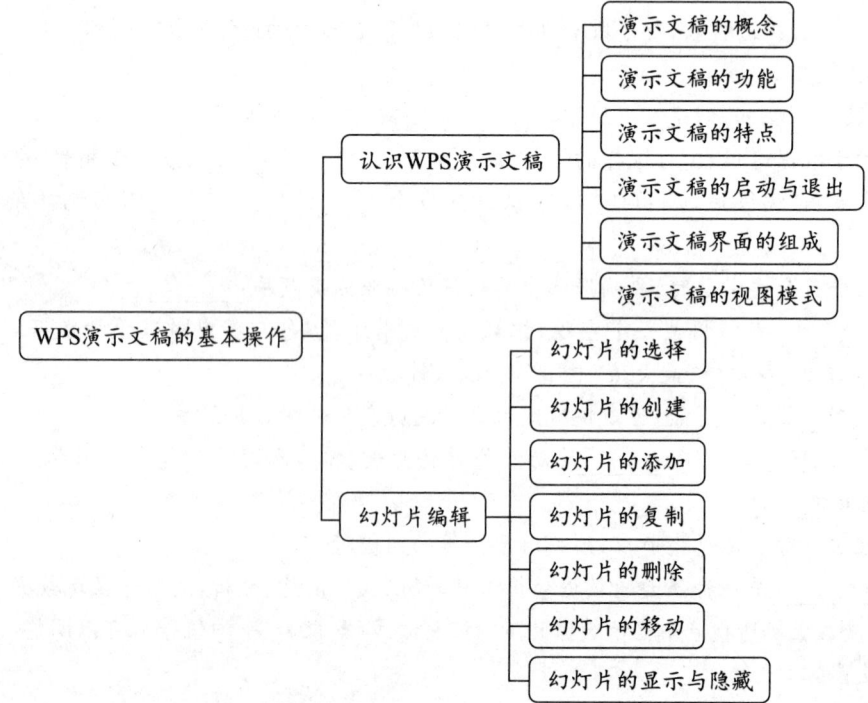

```
                                            ┌── 演示文稿的概念
                                            ├── 演示文稿的功能
                          ┌── 认识WPS演示文稿 ├── 演示文稿的特点
                          │                 ├── 演示文稿的启动与退出
                          │                 ├── 演示文稿界面的组成
                          │                 └── 演示文稿的视图模式
WPS演示文稿的基本操作 ──┤
                          │                 ┌── 幻灯片的选择
                          │                 ├── 幻灯片的创建
                          │                 ├── 幻灯片的添加
                          └── 幻灯片编辑 ────┤── 幻灯片的复制
                                            ├── 幻灯片的删除
                                            ├── 幻灯片的移动
                                            └── 幻灯片的显示与隐藏
```

4.1.1 认识 WPS 演示文稿

1. 演示文稿的概念

WPS 演示文稿是 WPS Office 办公软件的三大组件之一，整合了文本、图片、图表、音频、视频等多种内容形式。演示文稿通常由封面页、目录页、内容页和封底页等多张幻灯片组成，主要应用于教学培训、工作汇报、产品推介等场合。

2. 演示文稿的功能

① 用户可以轻松新建空白文档，或选择已有的模板快速创建演示文稿。同时，WPS 支持多种格式的保存，确保用户的数据安全。

② 用户可以根据需要创建新的幻灯片，并自由选择幻灯片的布局和样式。

③ 用户可以在幻灯片中添加和编辑文本，设置文本的字体、大小、颜色和排版等。同时，WPS 提供了丰富的艺术字库和文本效果，帮助用户制作出更具吸引力的文本内容。

④ 用户可以插入图片、图形、图表、音频和视频等多媒体元素，丰富演示文稿的内容。WPS 还支持对图片进行创意裁剪、羽化效果等处理，让图片更加美观。

⑤ WPS 演示文稿增加了多种炫酷的动画效果，用户可以一键套用，轻松制作出具有动态效果的演示文稿。同时，用户还可以自定义动画的触发方式和持续时间等参数，实现更精细的动画控制。

⑥ WPS 支持在演示文稿中添加超链接和动作按钮等交互元素，方便用户在放映时进行跳转和交互操作。

⑦ WPS 支持安装和使用多种插件，如在线图表、思维导图等，进一步扩展了演示文稿的功能和用途。

⑧ WPS 演示文稿支持在多种操作系统和设备上使用，如 Windows、Linux 和 Mac 等，方便用户在不同平台上进行演示文稿的制作和放映。

3. 演示文稿的特点

① 界面友好，操作简便：工具栏和菜单项布局合理，使得用户可以快速上手并轻松进行各种操作；提供丰富的快捷键和鼠标手势支持，进一步提升了用户的操作效率。

② 功能全面，满足多样化需求：提供丰富的在线素材和多种预设模板、动画方案及自定义动画效果选择。

③ 高效协同，提升团队合作：支持多人在线协同编辑，方便与他人共享和协作；提供云端存储和分享功能，用户可以随时随地访问和分享演示文稿，不受时间和地点的限制。

④ 兼容性强，支持多种格式：兼容 PowerPoint 等多种格式的文件；支持将演示文稿导出为 PDF、图片、视频等多种格式，方便用户在不同平台和设备上查看和分享。

⑤ 性能稳定，运行流畅：提供多种性能优化选项，如自动保存、快速启动等，进一步提升了用户的使用体验。

⑥ 持续更新，不断优化：用户可以通过官方渠道获取最新的更新和补丁，确保演示文稿软件的稳定性和安全性。

4. 演示文稿的启动与退出

（1）WPS演示文稿的启动

方法一：在新建界面的"文档类型选择区"中选择"演示"，单击"新建空白演示"命令。

方法二：打开WPS Office，通过单击"文件"菜单中"新建"命令，打开新建界面，单击"新建空白演示"命令。

方法三：在已经打开某个演示文稿的情况下，使用"Ctrl"＋"N"快捷键。

（2）WPS演示文稿的退出

方法一：单击"文件"菜单下的"退出"命令。

方法二：单击WPS演示文稿标题栏右侧的关闭按钮。

方法三：使用"Alt"＋"F4"快捷键。

5. 演示文稿界面的组成

WPS演示文稿的界面布局清晰，分为标题栏、菜单栏、工具栏、幻灯片/大纲窗格、编辑区和状态信息区等部分，方便用户快速上手和操作。

① 标题栏：位于窗口顶部，显示当前演示文稿的名称、软件版本等信息。用户可以通过点击标题栏左侧的图标来最小化、最大化或关闭窗口。

② 菜单栏：包含了一系列用于执行各种操作的选项卡，如"文件"、"编辑"、"视图"、"插入"、"格式"、"工具"、"表格"、"幻灯片放映"和"帮助"等。

③ 工具栏：位于菜单栏下方，提供了一系列常用的快捷操作按钮，如新建、打开、保存、打印、复制、粘贴、撤销、恢复等。这些按钮可以大大提高用户的操作效率。

④ 大纲/幻灯片窗格：一般位于页面左侧，有大纲和幻灯片两种模式，主要用于浏览演示文稿，帮助用户快速定位特定的内容。

⑤ 任务窗格：一般位于页面右侧，主要用于编辑演示文稿的内容。在默认情况下，任务窗格收起时只显示任务窗格工具栏，单击工具栏中的按钮，可以打开对应的任务窗格。

⑥ 编辑区：位于页面中央，用于显示和编辑幻灯片的内容。用户可以在编辑区内添加文本、图片、图表等多媒体元素，并对其进行排版和美化。

⑦ 状态栏：位于窗口底部，用于显示当前幻灯片的编号、总页数、当前视图模式等信息。用户可以通过状态栏快速了解当前演示文稿的状态。

6. 演示文稿的视图模式

WPS演示文稿主要提供了普通视图、幻灯片浏览视图、阅读视图和备注页视图四种视图模式。用户可利用菜单栏"视图"选项卡中的相应命令 普通 幻灯片浏览 备注页 阅读视图 或状态栏中的视图切换按钮 来切换演示文稿的视图模式。

（1）普通视图：WPS演示文稿默认的视图模式，主要用于制作演示文稿。在该视图模式下可同时显示演示文稿的幻灯片、大纲和备注内容。

（2）幻灯片浏览视图：按幻灯片序号顺序显示全部幻灯片的缩略图，方便用户浏览演示文稿中所有幻灯片的整体效果。

（3）备注页视图：用于查看与编写备注信息，每一页都包含一张幻灯片和演讲者备注。

(4) 阅读视图:以窗口的形式显示演示文稿的放映效果。

4.1.2 幻灯片编辑

1. 幻灯片的选择

① 选择单张幻灯片:在左侧的幻灯片窗格中,单击该幻灯片。

② 选择相邻的多张幻灯片:可在幻灯片窗格中单击要选择的第一张幻灯片,然后在按住"Shift"键的同时单击最后一张幻灯片。

③ 选择不相邻的多张幻灯片:在幻灯片窗格中,按住"Ctrl"键,然后依次单击需要选择的幻灯片。

④ 全选:在幻灯片缩略图区域,按"Ctrl"+"A"快捷键可以全选所有幻灯片。

2. 幻灯片的创建

在"开始"选项卡中,点击"新建幻灯片"按钮创建。在"新建幻灯片"下拉菜单中,WPS提供了多种预设的幻灯片模板,如标题幻灯片、内容幻灯片、图片幻灯片等。用户可以根据自己的需求选择合适的模板进行创建。

3. 幻灯片的添加

方法一:在左侧的幻灯片窗格中,单击要添加新幻灯片的位置—点击菜单栏中的"插入"菜单项—选择"幻灯片"子菜单项来创建新的幻灯片。在弹出的对话框中,用户可以选择幻灯片的布局和样式,并输入相应的内容。

方法二:在左侧的幻灯片窗格中,单击要添加新幻灯片的位置—使用快捷键"Ctrl"+"M"。

4. 幻灯片的复制

方法一:选中需要复制的幻灯片—右键点击选择"复制幻灯片"选项在需要粘贴的位置上右键点击选择粘贴。

方法二:选中需要复制的幻灯片—按"Ctrl"+"C"快捷键进行复制—在需要粘贴的位置按"Ctrl"+"V"快捷键进行粘贴。

方法三:选中需要复制的幻灯片—拖动幻灯片到需要复制的位置—按住"Ctrl"键的同时松开鼠标。

5. 幻灯片的删除

方法一:选中需要删除的幻灯片—右键点击并选择"删除幻灯片"选项。

方法二:选中需要删除的幻灯片—按下键盘上的"Delete"键。

方法三:在"视图"菜单下选择"幻灯片浏览"视图—选中需要删除的幻灯片—按下"Delete"键。

6. 幻灯片的移动

方法一:在左侧的幻灯片窗格中,选中需要移动的幻灯片—按住鼠标左键拖动到目标位置。

方法二:在"视图"菜单下选择"幻灯片浏览"视图—拖动需要复制的幻灯片到目标位置。

7. 幻灯片的显示与隐藏

方法一:在"幻灯片"窗格中选中需要隐藏的幻灯片—单击"放映"选项卡中的"隐藏幻灯片"按钮,再次单击该按钮,可将隐藏的幻灯片恢复显示。

方法二:在"幻灯片"窗格中选中需要隐藏的幻灯片—鼠标右键点击选择"隐藏幻灯片"命令,再次单击该命令,可将隐藏的幻灯片恢复显示。

知识测评

一、单选题

1. WPS演示文稿主要用于创建(　　)类型的文件。
   A. 文本文件　　　　　　　　　B. 演示文稿
   C. 表格文件　　　　　　　　　D. 数据库文件

2. WPS演示文稿的文件扩展名是(　　)。
   A. .doc　　　　　　　　　　　B. .xls
   C. .ppt 或 .dps　　　　　　　D. .jpg

3. 以下不是WPS演示文稿的功能的是(　　)。
   A. 插入图片　　　　　　　　　B. 数据分析
   C. 添加动画　　　　　　　　　D. 播放幻灯片

4. WPS演示文稿的(　　)特点使其适合制作演示报告。
   A. 强大的计算能力　　　　　　B. 丰富的多媒体支持
   C. 复杂的表格处理　　　　　　D. 高级的数据库管理

5. 以下快捷键用于在WPS演示文稿中添加新幻灯片的是(　　)。
   A. "Ctrl"+"N"　　　　　　　　B. "Ctrl"+"M"
   C. "Ctrl"+"O"　　　　　　　　D. "Ctrl"+"S"

6. 在WPS演示文稿中,删除选中的幻灯片的操作是(　　)。
   A. 按"Delete"键　　　　　　　B. 按"Backspace"键
   C. 右键单击并选择"复制"　　　D. 左键双击幻灯片

7. 以下视图模式允许用户查看所有幻灯片的缩略图的是(　　)。
   A. 普通视图　　　　　　　　　B. 幻灯片浏览视图
   C. 备注页视图　　　　　　　　D. 阅读视图

8. 在WPS演示文稿中,复制选中的幻灯片的快捷键是(　　)。
   A. "Ctrl"+"C"　　　　　　　　B. "Ctrl"+"V"
   C. "Ctrl"+"X"　　　　　　　　D. "Ctrl"+"A"

9. 以下不是WPS演示文稿中的视图模式的是(　　)。
   A. 普通视图　　　　　　　　　B. 幻灯片浏览视图
   C. 大纲视图　　　　　　　　　D. 备注页视图

10. 在WPS演示文稿中,用于开始幻灯片放映的快捷键是( )。
A. F1　　　　　　　　B. F5　　　　　　　　C. F7　　　　　　　　D. F9

11. 在WPS演示文稿中,移动选中的幻灯片的操作是( )。
A. 单击并拖动幻灯片缩略图　　　　　B. 使用方向键
C. 右键单击并选择"移动"　　　　　　D. 左键双击幻灯片

12. WPS演示文稿中的"视图"选项卡主要用于( )。
A. 插入图片　　　　　　　　　　　　B. 设置幻灯片背景
C. 更改幻灯片的视图模式　　　　　　D. 添加动画

13. WPS演示文稿最适合用于( )设计。
A. 某单位的网页　　　　　　　　　　B. 公司产品介绍
C. 图像处理工具　　　　　　　　　　D. 数据处理

14. 在WPS演示文稿中,新建一个空白演示文稿后,执行"保存"命令后,默认情况下会( )。
A. 自动以"演示文稿1"为名保存
B. 自动保存为"未命名"
C. 直接保存"演示文稿1"并退出WPS演示文稿
D. 没反应

15. 在WPS演示文稿中,更改幻灯片的布局的操作是( )。
A. 在"开始"选项卡中选择"版式"　　B. 在"设计"选项卡中选择"布局"
C. 在"插入"选项卡中选择"布局"　　D. 在"视图"选项卡中选择"版式"

16. WPS演示文稿中的"插入"选项卡主要用于( )。
A. 插入图片、表格等　　　　　　　　B. 设置幻灯片背景
C. 添加动画　　　　　　　　　　　　D. 播放幻灯片

17. WPS演示文稿中的"切换"选项卡用于设置( )。
A. 幻灯片背景　　　　　　　　　　　B. 幻灯片动画
C. 幻灯片之间的切换效果　　　　　　D. 幻灯片文本格式

18. WPS演示文稿中的"设计"选项卡主要用于( )。
A. 插入图片　　　　　　　　　　　　B. 设置幻灯片背景
C. 添加动画　　　　　　　　　　　　D. 播放幻灯片

19. 以下视图模式可以查看所有幻灯片并调整它们的顺序的是( )。
A. 普通视图　　　　　　　　　　　　B. 幻灯片浏览视图
C. 备注页视图　　　　　　　　　　　D. 阅读视图

20. 隐藏某张幻灯片的操作是( )。
A. 在大纲视图中右键点击幻灯片并选择"隐藏"
B. 在普通视图中右键点击幻灯片并选择"隐藏幻灯片"
C. 在幻灯片浏览视图中点击幻灯片并选择"隐藏"
D. 在备注页视图中右键点击幻灯片并选择"隐藏"

二、多选题

1. WPS演示文稿的概念包括（　　）。
   A. 一种用于制作演示文档的软件　　B. 只能用于制作简单的PPT
   C. 支持多媒体元素的嵌入　　D. 专为WPS Office套件设计

2. WPS演示文稿的界面组成包括（　　）。
   A. 标题栏　　B. 工具栏　　C. 编辑区　　D. 状态栏

3. 以下方法可以删除幻灯片的有（　　）。
   A. 右键单击幻灯片并选择"删除幻灯片"　　B. 使用"Delete"键
   C. 将幻灯片拖动到回收站　　D. 在大纲视图中删除

4. 移动幻灯片的方法有（　　）。
   A. 拖动幻灯片缩略图到目标位置　　B. 使用剪切和粘贴命令
   C. 使用"Ctrl"+"X"和"Ctrl"+"V"　　D. 在大纲视图中拖动

5. 关于幻灯片的选择，以下说法正确的有（　　）。
   A. 可以单击幻灯片缩略图进行选择　　B. 可以使用"Ctrl"键进行多选
   C. 可以使用"Shift"键进行连续选择　　D. 只能通过单击进行选择

6. WPS演示文稿的特点有（　　）。
   A. 简单易用　　B. 支持多种输出格式
   C. 丰富的模板库　　D. 跨平台兼容性

7. WPS演示文稿的功能包括（　　）。
   A. 文字编辑与格式化　　B. 图表与图片插入
   C. 动画与音频效果　　D. 幻灯片切换与导航

8. 以下关于幻灯片隐藏和取消隐藏的说法正确的有（　　）。
   A. 隐藏幻灯片后，该幻灯片在放映时不会显示
   B. 可以在幻灯片窗格中右键单击幻灯片并选择"隐藏幻灯片"来隐藏幻灯片
   C. 隐藏的幻灯片会被永久删除
   D. 可以通过右键单击已隐藏的幻灯片并选择"隐藏幻灯片"来恢复显示

9. 以下关于幻灯片备注的说法正确的有（　　）。
   A. 备注只能用于演讲者自己查看　　B. 可以在备注页视图中编辑备注
   C. 备注不能打印出来　　D. 备注可以显示在幻灯片正文中

10. 在WPS演示文稿中，可以创建的幻灯片类型有（　　）。
    A. 标题幻灯片　　B. 内容幻灯片
    C. 图片幻灯片　　D. 空白幻灯片

三、判断题

1. WPS演示文稿最适合用于公司产品介绍的设计。（　　）
2. WPS演示文稿默认的文件保存格式是".ppt"。（　　）
3. 在WPS演示文稿中，添加新幻灯片的快捷键是"Ctrl"+"N"。（　　）
4. WPS演示文稿不能制作电子幻灯片。（　　）

5. WPS演示文稿中的备注只能在备注页视图中添加。（   ）
6. WPS演示文稿中的幻灯片浏览视图可以编辑幻灯片内容。（   ）
7. 在WPS演示文稿中，可以使用"Ctrl"＋"Shift"＋"M"组合键添加新幻灯片。（   ）
8. 在WPS演示文稿中，添加幻灯片只能在当前幻灯片之后进行。（   ）
9. 在WPS演示文稿中，删除幻灯片只能通过右键菜单来实现。（   ）
10. WPS演示文稿中的幻灯片不能导出为图片或PDF格式。（   ）

四、填空题

1. 在WPS演示文稿中，新建一个空白演示文稿后，执行"保存"命令，文件会_____。
2. 添加新幻灯片的快捷键是_____。
3. WPS演示文稿默认的文件保存格式是_____。
4. WPS演示文稿提供了多种视图类型，如普通视图、_____、幻灯片浏览视图和备注页视图。
5. 在WPS演示文稿中，_____可以用于快速定位特定的内容。
6. 幻灯片的_____是用户用于编辑内容与内容呈现的区域。
7. 在WPS演示文稿中，_____快捷键可以快速新建一个空白演示文稿。
8. WPS演示文稿的工作界面主要包括标题栏、功能区、编辑区、大纲/幻灯片窗格、_____和任务栏等部分。
9. 在WPS演示文稿中，_____视图可以用来播放幻灯片，查看动画效果。
10. 在WPS演示文稿中，若要对幻灯片进行排序或重新组织，可以执行_____操作。

4.2 幻灯片的设计与美化

学习目标

- 理解幻灯片母版的概念。
- 掌握幻灯片母版及应用方法。
- 熟练掌握文本、图片、图表、形状等演示文稿对象的插入与编辑技巧。
- 掌握动画和过渡效果的添加与设置。
- 了解配色方案的选择与自定义。

思政要素

- 引导学生关注细节，提升审美素养。
- 培养团队协作精神和沟通能力。
- 弘扬创新精神，增强学生的文化自信。
- 培养学生的职业素养和PPT制作能力，为未来的职场发展打下基础。

知识梳理

```
                          ┌─ 幻灯片母版的定义与功能
                          ├─ 幻灯片母版的类型
              ┌ 幻灯片母版的使用 ─┼─ 进入幻灯片母版
              │           ├─ 退出幻灯片母版
              │           ├─ 幻灯片母版的设计
              │           └─ 幻灯片母版的保存与重用
              │
              │           ┌─ WPS演示文稿对象概述
              ├ 编辑演示文稿对象 ─┼─ 插入WPS演示文稿对象
幻灯片的设计与美化 ─┤           └─ WPS演示文稿对象基本操作
              │
              │           ┌─ 幻灯片版式
              ├ 幻灯片版式与布局 ─┼─ 幻灯片布局
              │           └─ 幻灯片大小
              │
              │           ┌─ 主题应用
              └ 幻灯片主题与配色方案 ─┼─ 配色方案
                          └─ 背景应用
```

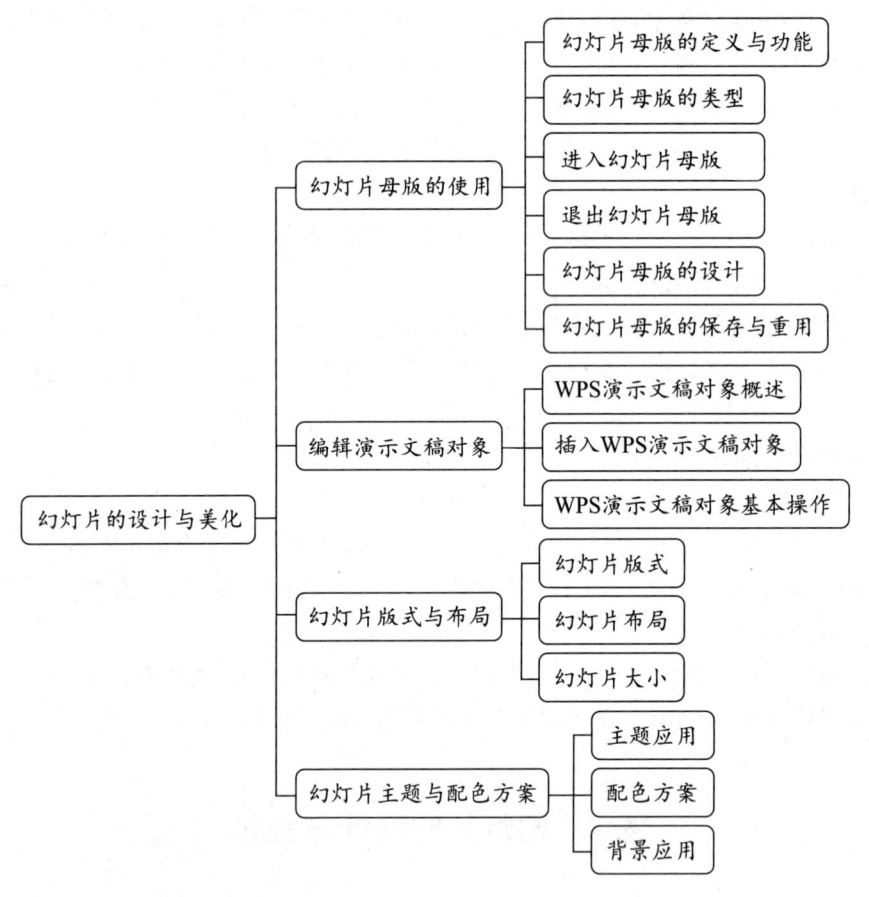

4.2.1 幻灯片母版的使用

1. 幻灯片母版的定义与功能

幻灯片母板是幻灯片层次结构中的顶层幻灯片。它存储了幻灯片版式的信息,用于统一设置演示文稿中幻灯片的背景、布局、字体样式等元素。

通过母板,用户可以快速创建一致风格的幻灯片,提高演示文稿的专业性和吸引力。

2、幻灯片母板的类型

① 主幻灯片母板:用于设置所有幻灯片共有的元素,如背景、标题样式等。

② 子幻灯片母板:针对不同类型的幻灯片(如标题幻灯片、内容幻灯片、图片幻灯片等)设置特定的布局和样式。

3. 进入幻灯片母板

点击菜单栏的"视图"选项卡—找到并点击"幻灯片母版"按钮。

4. 退出幻灯片母板

完成编辑后,点击母版编辑工具栏上的"关闭"按钮。此时创建的母版已经应用到文稿中。所有使用该母版的幻灯片都会应用母版的背景和字体样式等元素。

5. 幻灯片母板的设计

(1) 背景设计

在所选母版的编辑区域,点击"背景"按钮,位于母版编辑工具栏的顶部。在弹出的菜单中选择"填充效果",可以选择纯色、渐变、纹理、图片或图案作为背景,根据需要调整颜色、渐变方向、图片透明度等选项。

(2) 字体设计

选中想要设置字体的文本框,在母版编辑工具栏中找到字体设置选项,包括字体类型、大小、颜色等。选择喜欢的字体样式和大小,并调整文本颜色。如果需要,还可以设置文本效果,如加粗、斜体、下划线等。

(3) 添加元素

点击"插入占位符"按钮,可以添加文本框、图片、形状等元素,并调整其位置、大小和样式,以丰富母版的设计。

6. 幻灯片母板的保存与重用

完成母板编辑后,在"文件"菜单中选择"另存为"—选择"WPS 演示文稿模板文件"作为保存类型,可以将其保存为模板文件(.dpt),以便日后使用。

4.2.2 编辑演示文稿对象

编辑 WPS 演示文稿对象内容,主要包括对幻灯片中各种对象的插入、编辑和格式化等操作。通过编辑,可以使幻灯片更加生动且易于理解。

1. WPS 演示文稿对象概述

(1) 对象类型

WPS 演示文稿中的对象包括文字、图片、图表、音频、视频、图形(包括自选图形、文本框、艺术字等)、表格等多种类型。这些对象可以单独使用,也可以组合使用。

(2) 对象作用

① 文字对象:用于展示信息和说明内容。

② 图片和图形对象:能够直观地展示相关内容,吸引观众的注意力。

③ 图表对象:用于展示数据和统计信息,帮助观众更好地理解内容。

音频和视频对象:能够增强演示文稿的视听效果,提升观众的参与感。

2. 插入 WPS 演示文稿对象

(1) 插入文本框

在 WPS 演示文稿中,点击"插入"选项卡下的"文本框"按钮,在页面上绘制文本框并输入文本;或者直接在占位符中输入内容,占位文本框可以移动和改变大小,只需将鼠标指针指向四周的控制点,当鼠标指针呈双向箭头形状时,按住鼠标左键拖动即可调整大小。

文本格式化:选中文本后,使用"开始"选项卡中的工具设置字体、字号、颜色、加粗、斜体等属性。

段落调整:通过"段落"组调整行距、段前段后间距、对齐方式等,确保文本排版整洁。

(2) 插入艺术字

在 WPS 演示文稿中艺术字作为图形处理,不能像普通文本那样直接插入,而是要使用"艺术字"工具制作。在"插入"选项卡下选择"艺术字"按钮,选择所需的艺术字样式并输入文字。

插入艺术字后,可以设置艺术字的形状、样式、位置与大小等,还可以通过艺术字工具自定义艺术字的样式和效果,如渐变、阴影、三维等。选中需要设置的艺术字,选择"文本工具"选项,选择需要设置的命令按钮,如"文本填充"、"文本轮廓"和"文本效果"等。

(3) 插入图片

点击"插入"选项卡下的"图片"按钮,从本地文件或在线图片库选择图片插入。

图片调整:使用图片工具调整图片大小、位置、旋转角度及裁剪图片。

图片样式:添加边框、阴影、艺术效果等。

(4) 插入图表

在"插入"选项卡下选择"图表"按钮,根据数据类型选择合适的图表类型。双击图表进入数据编辑模式,在数据编辑模式中,可以修改图表的数据源、添加数据标签、设置图例等。直接修改图表数据源,图表会自动更新数据。通过调整图表颜色、样式、标签等完成图表美化,使图表更加直观易懂。

(5) 插入形状

在"插入"选项卡下选择"形状"按钮,选择所需形状,如线条、矩形、基本形状、箭头、流程图、标注、星与旗帜等,绘制于幻灯片上。可调整其形状大小、颜色、边框、填充、阴影和三维效果等属性。

(6) 插入表格

在"插入"选项卡下选择"表格"按钮,选择所需的行数和列数。插入表格后,可以输入内容并调整表格的样式和布局,设置表格的边框和底纹等。

(7) 插入音频和视频

在"插入"选项卡下选择"音频"或"视频"按钮,选择嵌入或链接到本地音频和视频文件。设置音频和视频的播放方式,支持对视频进行自定义控制,如设置播放起点、终点和循环播放等。

3. WPS 演示文稿对象基本操作

(1) 选择对象

① 单个对象:直接单击对象即选中,选中后可进行编辑或移动操作。

② 多个对象:可以使用"Ctrl"键或"Shift"键选择多个对象进行批量编辑。

(2) 调整对象大小和位置

① 大小调整:通过拖动对象的边缘来调整。

② 位置调整:使用鼠标拖动或键盘方向键来移动。

(2) 组合对象

将多个对象组合成一个整体,方便进行整体移动和编辑。使用"形状"工具栏中的"组合"按钮,将多个形状组合为一个整体进行操作。右键单击组合对象,选择"取消组合"可以将其拆分为单独的对象。

(3) 对齐对象

使用"对齐"工具将对象在幻灯片上对齐,保持布局整齐。可以选择左对齐、右对齐、居中对齐等。

(4) 旋转和翻转对象

选择对象后,使用"形状"工具栏中的"旋转"按钮,可以进行旋转和翻转操作。

(5) 设置对象格式

根据需要可以使用"形状"工具栏中的"填充""轮廓"按钮完成对文字或图形的填充颜色、边框样式、阴影和三维等设置。也可以使用WPS演示文稿提供的预设样式效果来快速设置对象格式。

4.2.3 幻灯片版式与布局

1. 幻灯片版式

幻灯片版式是幻灯片上各种元素在幻灯片上的排列方式。版式通过占位符的方式为用户规划好幻灯片中内容的布局,用户只需选择一个符合需求的版式,然后在其规划好的占位符中输入或插入内容,便可快速制作出符合需求的幻灯片。

(1) 版式选择

① 内置版式:WPS演示文稿提供了多种幻灯片版式,如标题幻灯片、标题和内容、仅内容等,根据需求使用"开始"选项卡下的"版式"按钮完成选择。

② 标题幻灯片:用于演示文稿的封面,通常包含标题和副标题。

③ 标题和内容:适合包含简短标题和内容的幻灯片。

④ 仅标题:仅包含标题,适用于过渡页或总结页。

⑤ 两栏内容:将幻灯片分为左右两栏,适用于对比或并列展示内容。

⑥ 空白:没有任何预设元素,用户可以根据需要自由添加内容。

⑦ 自定义版式:插入空白幻灯片,通过添加文本框、形状等元素,自定义符合个人或项目需求的幻灯片版式。

(2) 修改版式

对于已创建的幻灯片,选中需要修改的幻灯片,点击工具栏中的"版式"选项,从下拉列表中选择新的版式并应用。

(3) 调整布局

根据内容需求,使用文本框、图片框等工具调整元素的位置和大小。利用对齐和分布工具,确保幻灯片的整齐。

2. 幻灯片布局

幻灯片布局是指幻灯片上各个元素(如文字、图片、图表等)的排列和组织方式。良好的布局能够提升演示文稿的视觉效果和可读性。

3. 幻灯片大小

在WPS演示文稿中,幻灯片大小的调整是一个关键步骤,它直接影响到演示文稿的视觉和放映效果。

在"设计"选项卡下,找到并点击"幻灯片大小"按钮。此时,会弹出一个下拉菜单,其中包含了多种预设的幻灯片大小选项,如标准(4∶3)、宽屏(16∶9)等。如果预设的幻灯片大小选项不满足需求,可以点击下拉菜单中的"自定义大小"选项。在弹出的"页面设置"对话框中,输入自定义的宽度和高度值,以及幻灯片的方向(横向或纵向)。设置完成后,点击"确定"按钮,即可应用更改。此时,演示文稿中的幻灯片大小会按照设定的值进行调整。

4.2.4 幻灯片主题与配色方案

1. 主题应用

选择"设计"选项卡,从WPS演示文稿提供的主题库中选择一个适合的主题,快速改变幻灯片的整体风格。在此基础上,还可以通过调整主题颜色、字体、效果等,创建独特的幻灯片风格。

2. 配色方案

WPS演示文稿提供了专业的配色方案,用户可以根据需要直接套用从而制作出精美的演示文稿,也可以对其颜色选项进行修改或自定义演示文稿的配色方案。应用配色方案:选择"设计"选项卡—选择"配色方案"按钮,从预设的配色方案中选择,也可根据个人喜好自定义配色方案。选择一种配色方案后可看到整个演示文稿中幻灯片的颜色都发生了变化。

3. 背景应用

幻灯片的背景是幻灯片中一个重要的组成部分,改变幻灯片的背景可以使幻灯片整体面貌发生变化,提升幻灯片的视觉效果。

(1)背景设置

方法一:选择"设计"选项卡—选择"背景"按钮—"设置背景格式"命令,在对象属性小窗口中进行背景填充等相关操作。

方法二:右击某一张幻灯片,在弹出的快捷菜单中单击"设置背景格式"命令。

(2)背景填充效果类型

① 纯色填充:即幻灯片的背景设置为单种颜色。

② 渐变填充:即幻灯片的背景设置为多种颜色,并且可以从一种颜色过渡到另一种颜色。

③ 图片或纹理填充:幻灯片背景可以来自一个外部图片文件、剪贴画或系统自带的纹理。纹理包括一些质感很强的背景,应用后会使幻灯片背景具有特殊材料的质感。

④ 图案填充:图案是一系列网络状的底纹图形,其形状多是线条形和点状形。

知识测评

一、单选题

1. 在WPS演示文稿中,要进入幻灯片母版编辑模式,应首先点击(　　)选项卡。
   A. 文件　　　　　　　　　　　B. 视图
   C. 插入　　　　　　　　　　　D. 设计

2. 幻灯片母板的主要作用是(　　)。
   A. 插入文本　　　　　　　　　B. 统一管理幻灯片样式
   C. 添加动画　　　　　　　　　D. 更改字体颜色

3. 快速删除幻灯片中的对象的操作是(　　)。
   A. 使用快捷键"Delete"　　　　B. 在"视图"菜单中查找
   2. 使用快捷键"Ctrl"+"X"　　　D. 直接在幻灯片上拖拽到回收站

4. 幻灯片版式主要决定了(　　)。
   A. 幻灯片的背景颜色　　　　　B. 幻灯片中内容的排列方式
   C. 幻灯片的切换效果　　　　　D. 幻灯片的动画效果

5. 更改幻灯片的背景颜色的操作是(　　)。
   A. 点击"设计"选项卡,选择"背景"
   B. 在"视图"选项卡中查找
   C. 使用快捷键"Ctrl"+"B"
   D. 直接在幻灯片上右键点击选择

6. 更改演示文稿的配色方案的操作是(　　)。
   A. 在"设计"选项卡中选择　　　B. 在"视图"选项卡中查找
   C. 使用快捷键"Ctrl"+"C"　　　D. 在"格式"选项卡中选择

7. 以下选项不是文本对象的编辑内容的是(　　)。
   A. 字体大小　　　　　　　　　B. 段落对齐
   C. 动画效果　　　　　　　　　D. 文本颜色

8. 以下不是图表对象的常见类型的是(　　)。
   A. 柱形图　　　　　　　　　　B. 折线图
   C. 饼图　　　　　　　　　　　D. 流程图

9. 在WPS演示文稿中,快速更改幻灯片的主题的操作是(　　)。
   A. 通过"设计"选项卡　　　　　B. 通过"视图"选项卡
   C. 通过"插入"选项卡　　　　　D. 通过"动画"选项卡

10. 为幻灯片中的形状添加边框的操作是(　　)。
    A. 使用"形状"绘图工具—"形状轮廓"
    B. 通过"插入"选项卡
    C. 使用"开始"选项卡下的"边框"按钮
    D. 直接在形状上右键选择"边框"

11. 以下不是幻灯片母板中可以编辑的内容的是（　　）。
    A. 标题样式　　　　　　　　　　　　B. 文本样式
    C. 动画效果　　　　　　　　　　　　D. 背景
12. 在 WPS 演示文稿中，插入一个形状的操作是（　　）。
    A. 点击"插入"选项卡，选择"形状"
    B. 在"视图"菜单中查找
    C. 使用快捷键"Ctrl"+"Shift"+"S"
    D. 直接从工具栏中选择
13. 演示文稿中的配色方案主要影响（　　）。
    A. 幻灯片的背景颜色　　　　　　　　B. 幻灯片中文字的颜色
    C. 幻灯片中图表的颜色　　　　　　　D. 以上都是
14. 以下不是 WPS 演示文稿中提供的背景样式的是（　　）。
    A. 纯色填充　　　　　　　　　　　　B. 渐变填充
    C. 图片或纹理填充　　　　　　　　　D. 动态背景
15. 为幻灯片中的文本添加超链接的操作是（　　）。
    A. 右键文本选择"超链接"　　　　　　B. 使用快捷键"Ctrl"+"K"
    C. 通过"插入"—"超链接"　　　　　　D. 以上均可
16. 在幻灯片母版中，插入一个文本框的操作是（　　）。
    A. 直接在幻灯片上绘制　　　　　　　B. 点击"插入"选项卡，选择"文本框"
    C. 在"格式"选项卡中查找　　　　　　D. 在"设计"选项卡中查找
17. WPS 演示文稿中插入的文本对象默认是（　　）。
    A. 竖排文本框　　　　　　　　　　　B. 横排文本框
    C. 自由文本框　　　　　　　　　　　D. 表格文本框
18. 在幻灯片中插入图片的操作是（　　）。
    A. 点击"插入"选项卡，选择"图片"
    B. 直接从文件夹中拖拽到幻灯片上
    C. 在"设计"选项卡中查找
    D. 使用快捷键"Ctrl"+"P"
19. 快速应用一个预定义的主题到整个演示文稿的操作是（　　）。
    A. 点击"设计"选项卡，选择主题　　　B. 在"视图"选项卡中查找
    C. 使用快捷键"Ctrl"+"T"　　　　　　D. 在"格式"选项卡中查找
20. 以下不是 WPS 演示文稿中提供的图表数据更新方式的是（　　）。
    A. 直接在图表中编辑数据　　　　　　B. 通过 Excel 文件导入数据
    C. 使用快捷键更新数据　　　　　　　D. 通过右键菜单选择"编辑数据"

二、多选题

1. 以下操作可以在幻灯片母版中进行的有（　　）。
    A. 统一修改字体和颜色　　　　　　　B. 设置幻灯片背景

C. 插入文本框和图片　　　　　　　　D. 保护母版以防修改

2. 以下操作可以编辑WPS演示文稿中的图片的有(　　)。

A. 调整图片大小　　　　　　　　　　B. 裁剪图片

C. 旋转图片　　　　　　　　　　　　D. 设置图片格式

3. 在幻灯片母版中,以下元素可以进行修改的有(　　)。

A. 标题样式　　　　　　　　　　　　B. 背景图片

C. 占位符位置和大小　　　　　　　　D. 幻灯片切换效果

4. WPS演示文稿中可以插入的对象有(　　)。

A. 文本框　　　　B. 图片　　　　C. 视频　　　　D. 图表

5. 以下图片格式可以被WPS演示文稿支持的有(　　)。

A. JPEG　　　　B. PNG　　　　C. BMP　　　　D. GIF

6. 在编辑图表时,以下操作可以进行的有(　　)。

A. 修改图表类型　　　　　　　　　　B. 修改图表数据

C. 添加图表标题　　　　　　　　　　D. 设置图表动画效果

7. 幻灯片版式与布局的区别是(　　)。

A. 版式是幻灯片的整体设计

B. 布局是幻灯片中元素的位置和排列

C. 版式决定了幻灯片的标题和正文位置

D. 布局可以自定义

8. 以下操作可以更改幻灯片版式的有(　　)。

A. 通过"开始"选项卡

B. 通过"设计"选项卡

C. 右键单击幻灯片并选择"版式"

D. 使用快捷键"Ctrl"+"Shift"+"L"

9. 以下主题可以被应用到WPS演示文稿中的有(　　)。

A. 预设主题　　　　　　　　　　　　B. 从其他演示文稿导入的主题

C. 自定义主题　　　　　　　　　　　D. 从网站下载的主题

10. 以下操作可以调整幻灯片中的文本样式的有(　　)。

A. 修改字体和字号　　　　　　　　　B. 修改文本颜色

C. 添加文本阴影和边框　　　　　　　D. 设置文本动画效果

三、判断题

1. 在WPS演示文稿中,幻灯片母板可以用来统一演示文稿的样式和布局。(　　)

2. 在WPS演示文稿中,插入文本对象时,只能使用文本框。(　　)

3. 在WPS演示文稿中,插入图片后,不能调整图片的大小和位置。(　　)

4. 在WPS演示文稿中,形状对象只能作为装饰元素,不能添加文本。(　　)

5. 在WPS演示文稿中,主题只能应用于整个演示文稿,不能单独应用于某一张幻灯片。(　　)

6. 在WPS演示文稿中，背景只能设置为纯色或渐变色。（　　）

7. 在WPS演示文稿中，幻灯片母板中的标题样式只能应用于标题幻灯片。（　　）

8. 在WPS演示文稿中，不能通过复制和粘贴的方式将对象从一个幻灯片复制到另一个幻灯片。（　　）

9. 在WPS演示文稿中，不能通过幻灯片母板为所有幻灯片添加统一的页眉和页脚。（　　）

10. 在WPS演示文稿中，主题只能改变幻灯片的颜色搭配，不能改变幻灯片的布局。（　　）

四、填空题

1. 在WPS演示文稿中，通过修改_____可以统一设置所有幻灯片的样式。

2. 在WPS演示文稿中，若要为幻灯片添加背景音乐，应在_____选项卡中选择"音频"。

3. 在WPS演示文稿中，若要将某个幻灯片对象设置为不可见，应将其设置为_____。

4. 在WPS演示文稿中，幻灯片的_____决定了幻灯片的基本结构和内容布局。

5. 在WPS演示文稿中，通过_____可以统一设置所有幻灯片的字体样式和大小。

6. 在WPS演示文稿中，_____帮助用户快速统一幻灯片的配色方案。

7. 在WPS演示文稿中，_____指幻灯片中各种元素的颜色搭配和风格设置。

8. 在WPS演示文稿中，_____是幻灯片设计的重要元素之一，用于增强幻灯片的视觉效果和吸引力。

9. 在WPS演示文稿中，若要将幻灯片中的对象进行组合，应使用_____选项卡下的"组合"功能。

4.3　幻灯片的放映

学习目标

- 掌握幻灯片切换动画、对象动画的设置方法及超链接、动作按钮的应用方法。
- 了解幻灯片的放映类型，会设置幻灯片放映方式，会使用排练计时、自定义放映、隐藏幻灯片等方法进行放映。

思政要素

- 鼓励学生勇于尝试和创新，培养实际操作和解决问题的能力。
- 培养学生的责任感。
- 提高学生的信息素养。

知识梳理

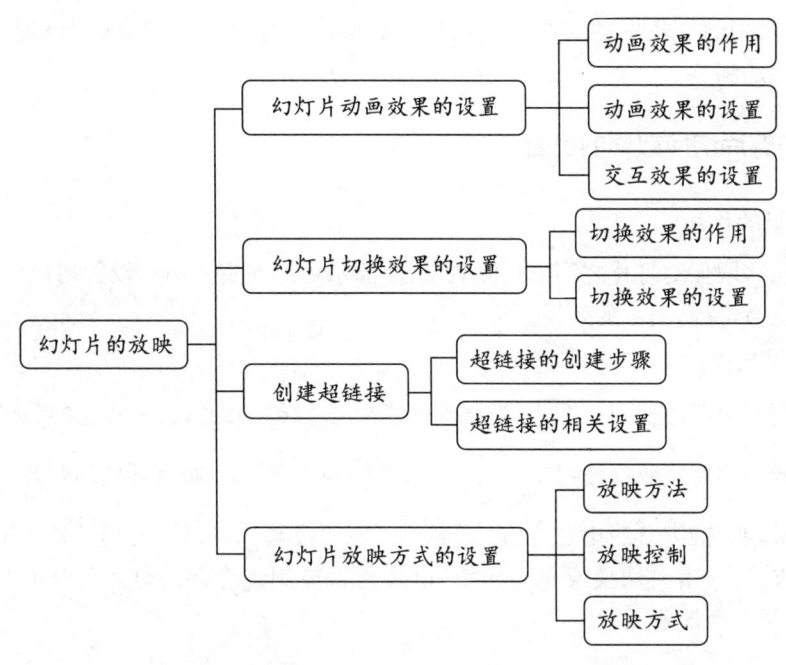

```
                                    ┌─ 动画效果的作用
                    ┌─ 幻灯片动画效果的设置 ─┼─ 动画效果的设置
                    │                   └─ 交互效果的设置
                    │
                    │                   ┌─ 切换效果的作用
                    ├─ 幻灯片切换效果的设置 ─┤
                    │                   └─ 切换效果的设置
  幻灯片的放映 ──────┤
                    │                   ┌─ 超链接的创建步骤
                    ├─ 创建超链接 ────────┤
                    │                   └─ 超链接的相关设置
                    │
                    │                   ┌─ 放映方法
                    └─ 幻灯片放映方式的设置 ─┼─ 放映控制
                                        └─ 放映方式
```

4.3.1 幻灯片动画效果的设置

1. 动画效果的作用

动画效果能够增强演示文稿的吸引力和观赏性，使内容更加生动有趣。通过动画效果，可以突出显示关键信息，提高信息传递效果。

2. 动画效果的设置

（1）选择对象

在幻灯片中，选择要添加动画效果的对象，如文本框、图片、形状等。

（2）添加动画

① 预设动画：WPS 演示文稿提供了进入、强调、退出和动作路径四大类动画，每类下有多种效果可供选择。在"动画"选项卡中，单击"预设动画"列表，选择一种动画效果，如"进入"、"强调"、"退出"或"动作路径"。点击相应的效果，即可将其应用到所选对象上。

② 自定义动画：单击"动画"选项卡中的"自定义动画"按钮，在任务窗格的"自定义动画"面板中设置。

③ 智能动画：单击"动画"选项卡中的"智能动画"按钮，在弹出的"智能动画"库中，选择所需要的动画。

（3）动画窗格

通过"动画窗格"可以管理幻灯片中的所有动画，调整它们的顺序、触发方式和持续时间等。点击动画窗格中的动画项，选择"效果选项"，可以进一步设置动画的具体参数，如方向、速度、声音等。点击"预览动画"按钮,查看动画效果是否符合预期。

3. 交互效果的设置

动作设置:选中幻灯片中的文本或形状—右键单击动作"▷ 动作设置(A)..."设置—设置鼠标单击或划过的动画。

4.3.2 幻灯片切换效果的设置

1. 切换效果的作用

切换效果能够增强幻灯片之间的过渡效果,使演示更加连贯。通过设置切换效果,可以吸引观众的注意力,提高演示的效果。

2. 切换效果的设置

在幻灯片浏览视图或普通视图中,选择要设置切换效果的幻灯片—点击"切换"选项卡或"动画"选项卡中的切换效果按钮"切换效果"—选择切换效果,在"切换到此幻灯片"组中,选择一种切换效果,如"推进""淡出""立方体"等—调整切换选项可以调整切换效果的持续时间、声音、切换方式(单击时切换或自动切换)以及是否应用到全部幻灯片—点击"预览"按钮,查看切换效果是否流畅。

4.3.3 创建超链接

超链接可以实现幻灯片之间的跳转,也可以链接到外部文件、网页或电子邮件地址。通过创建超链接,可以方便地管理演示文稿的内容,提高演示的互动性。

1. 超链接的创建步骤

① 选择对象:在幻灯片中,选择要添加超链接的对象,如文本框、图片等。

② 插入超链接:右键点击所选对象,选择"超链接"(或在"插入"选项卡中选择"超链接"),在弹出的对话框中选择链接的目标(如本文档中的位置、其他文档、网页或电子邮件地址)。

③ 设置链接选项:根据需要,可以设置链接的屏幕提示和打开方式(如在新窗口中打开)。

2. 超链接的相关设置

① 利用动作按钮设置超链接:点击"插入"选项卡中的"形状"按钮—根据需要选择相应的动作按钮—在弹出的"动作设置"对话框中进行设置,之后在页面画出动画按钮即可。编辑超链接:右键点击已添加超链接的对象,选择"编辑超链接",可以修改链接的目标和选项。

② 删除超链接:右键点击已添加超链接的对象,选择取消超链接按钮"取消超链接(R)"可以删除超链接。

③ 测试超链接:在放映模式下,点击超链接,确保链接能够正确跳转。

4.3.4 幻灯片放映方式的设置

放映方式决定了演示文稿的播放方式和控制方法。通过设置放映方式,可以满足不同场合下的演示要求。

1. 放映方法

① 从头开始放映：按"F5"键。

② 从当前开始放映："Shift"+"F5"。

2. 放映控制

① 鼠标控制放映：单击鼠标可以放映下一张；右击屏幕，会弹出"幻灯片放映"控制菜单，从中选择相应命令来控制放映。

② 键盘控制放映：按"Enter""PageDown""↓""→"等键可以放映下一张，按"PageUP""↑""←"等键可以放映上一张，按"ESC"键结束放映。

3. 放映方式

幻灯片的放映方式可以决定幻灯片的播放顺序，一般放映方式有自定义放映、演讲者放映和展台放映等。选择"幻灯片放映"选项（如图 4-3-1 所示），可根据需要进行选择。

图 4-3-1 "幻灯片放映"选项

（1）自定义放映

点击"自定义放映"按钮，在弹出的"自定义放映"对话框中，单击"新建"按钮—在弹出的"定义自定义放映"对话框中设置幻灯片放映名称，选择需要自定义的幻灯片页，单击"添加"或"删除"按钮和上、下箭头即可自定义 PPT 播放顺序—点击"确定"按钮—选择放映名称，点击"放映"按钮，即可放映设置好播放顺序的 PPT。

（2）设置放映方式

在"放映"选项卡中，选择"设置放映方式"。在弹出的对话框中，可以设置放映类型（演讲者放映、观众自行浏览或在展台浏览）、放映范围（全部幻灯片、指定幻灯片范围或自定义放映）等。

（3）排练计时

如果希望幻灯片按照预定的时间自动放映，可以使用"排练计时"功能。在排练模式下，按照预定的演讲节奏放映幻灯片，WPS 会自动记录每一张幻灯片的放映时间。

点击"排练计时"按钮" "，在弹出的菜单中选择"排练全部"菜单项—根据需要使用"Enter"键或者翻页键"PageDown"切换幻灯片，演示完后出现提示—单击"是"按钮，完成 WPS 演示文稿排练计时。

（4）隐藏幻灯片

如果某些幻灯片在正式放映时不需要展示，可以选择这些幻灯片并右键选择"隐藏幻灯片"按钮。这样在放映时这些幻灯片就不会被播放。

（5）开始放映

设置完成后，点击"从头开始"或"从当前幻灯片开始"按钮，开始放映幻灯片。

知识测评

一、单选题

1. 在自定义动画对话框中,给文字添加飞入效果的操作是(　　)。
   A. 点击"添加效果"—"退出"—"飞入"
   B. 点击"添加效果"—"进入"—"飞入"
   C. 点击"添加效果"—"强调"—"飞入"
   D. 点击"添加效果"—"动作路径"—"飞入"

2. 精确设置动画效果的时间的操作是(　　)。
   A. 在动画选项卡中直接输入时间
   B. 双击动画效果后,在打开的对话框中点击"计时"选项
   C. 在幻灯片放映时手动调整
   D. 在设计选项卡中设置

3. 在自定义动画中,使动画一直循环播放的操作是(　　)。
   A. 在"计时"选项卡中选择"直到下一次单击"
   B. 在"效果"选项卡中选择"循环播放"
   C. 在"添加效果"中选择"循环进入"
   D. 无法实现循环播放

4. 将设置好的切换效果应用于所有幻灯片的操作是(　　)。
   A. 在切换效果设置的窗口中点击"应用于所有幻灯片"
   B. 在幻灯片放映时手动应用
   C. 在设计选项卡中设置
   D. 无法实现

5. 为幻灯片中的文本添加超链接的操作是(　　)。
   A. 右键点击文本,选择"超链接"
   B. 点击菜单栏上的"插入"选项,选择"超链接"
   C. 点击菜单栏上的"动画"选项,选择"超链接"
   D. 在设计选项卡中设置

6. 调整动画的播放顺序的操作是(　　)。
   A. 在动画选项卡中直接拖动
   B. 在幻灯片放映时手动调整
   C. 在自定义动画窗口中选中要素,使用"重新排序"的箭头
   D. 在设计选项卡中设置

7. 超链接可以链接到的内容是(　　)。
   A. 仅可以链接到幻灯片中的其他内容
   B. 可以链接到外部文件
   C. 可以链接到电子邮件地址
   D. 以上都可以

8. 删除已添加的超链接的操作是（　　）。
A. 右键点击超链接，选择"删除超链接"
B. 点击菜单栏上的"插入"选项，选择"删除超链接"
C. 点击菜单栏上的"动画"选项，选择"删除超链接"
D. 无法删除已添加的超链接

9. 更改超链接的颜色的操作是（　　）。
A. 在设计选项卡中更改　　　　　B. 在动画选项卡中更改
C. 在超链接设置中更改　　　　　D. 以上都可以

10. 设置幻灯片的放映方式的操作是（　　）。
A. 点击菜单栏上的"插入"选项卡
B. 点击菜单栏上的"动画"选项卡
C. 点击菜单栏上的"幻灯片放映"选项卡，选择"设置放映方式"
D. 在设计选项卡中设置

11. 幻灯片放映时，手动换片的操作是（　　）。
A. 点击鼠标左键　　　　　　　　B. 点击鼠标右键并选择"下一张"
C. 按键盘上的空格键　　　　　　D. 以上都可以

12. 设置幻灯片循环放映的操作是（　　）。
A. 在"设置放映方式"中选择"循环放映"
B. 在动画选项卡中设置
C. 在设计选项卡中设置
D. 无法实现循环放映

13. 查看幻灯片切换效果的操作是（　　）。
A. 在切换效果设置的窗口中直接查看　　B. 在幻灯片放映时查看
C. 点击"预览效果"按钮　　　　　　　　D. 在设计选项卡中查看

14. 设置幻灯片放映时不显示某些幻灯片的操作是（　　）。
A. 在"设置放映方式"中选择"隐藏幻灯片"
B. 在动画选项卡中设置
C. 在设计选项卡中设置
D. 右键点击幻灯片并选择"隐藏"

15. 幻灯片切换效果不包括（　　）。
A. 淡出　　　　　　　　　　　　B. 推进
C. 缩放　　　　　　　　　　　　D. 旋转（360度）

16. 精确设置动画效果的持续时间的操作是（　　）。
A. 在动画选项卡中直接输入
B. 在自定义动画对话框的速度属性中选择
C. 双击动画效果后，在计时选项中输入
D. 无法精确设置

17. 查看动画效果的预览的操作是（   ）。

A. 在动画选项卡中点击预览

B. 在自定义动画对话框中点击预览

C. 在幻灯片放映时查看

D. 无法预览

18. 为幻灯片中的文字添加电子邮件超链接的操作是（   ）。

A. 在插入选项卡中选择

B. 在动画选项卡中选择

C. 选中文字后右键选择超链接，并选择电子邮件地址

D. 无法为文字添加电子邮件超链接

19. 为所有幻灯片应用相同的切换效果的操作是（   ）。

A. 逐个幻灯片设置

B. 在切换选项卡中点击"应用于所有幻灯片"

C. 无法实现

D. 在设计选项卡中设置

20. WPS演示文稿（   ）平滑切换效果。

A. 支持   B. 不支持

C. 仅支持特定版本   D. 不确定是否支持

二、多选题

1. 以下内容可以设置动画效果的有（   ）。

A. 文字   B. 图片   C. 表格   D. 图表

2. 关于自定义动画，以下说法正确的有（   ）。

A. 可以设置动画的开始时间   B. 可以设置动画的方向

C. 可以设置动画的速度   D. 可以设置动画的音效

3. 以下动画效果属于WPS演示文稿中的预设动画的有（   ）。

A. 飞入   B. 飞出

C. 渐变   D. 旋转

4. 删除动画效果的方法有（   ）。

A. 选中动画对象，点击"删除"   B. 在"动画"选项卡中点击"删除动画"

C. 右键点击动画对象，选择"删除动画"   D. 选中多个幻灯片，批量删除动画

5. 以下选项可以设置幻灯片切换时的声音的有（   ）。

A. 鼓声   B. 铃声

C. 风铃声   D. 自定义声音

6. 以下切换效果属于WPS演示文稿中的常用切换效果的有（   ）。

A. 淡出   B. 推进   C. 覆盖   D. 擦除

7. 以下内容可以创建超链接的有（   ）。

A. 文字   B. 图片   C. 形状   D. 表格

8. 创建超链接的步骤包括( )。
   A. 选择要创建超链接的内容　　　　B. 点击"插入"选项卡中的"超链接"
   C. 选择链接目标　　　　　　　　　D. 点击"确定"
9. 以下放映方式属于 WPS 演示文稿中的放映类型的有( )。
   A. 演讲者放映　　　　　　　　　　B. 观众自行浏览
   C. 在展台浏览　　　　　　　　　　D. 循环放映
10. 以下操作是设置幻灯片放映时的换片方式的有( )。
    A. 手动换片　　　　　　　　　　　B. 自动换片
    C. 单击鼠标时换片　　　　　　　　D. 根据排练计时换片

三、判断题

1. 设置动画效果后,动画将自动按顺序播放,无法手动控制。( )
2. 在 WPS 演示文稿中,动画效果只能应用于整个幻灯片,不能应用于单个对象。( )
3. 在 WPS 演示文稿中,可以为动画效果设置声音效果。( )
4. 在 WPS 演示文稿中,动画效果的播放速度无法调整。( )
5. 在 WPS 演示文稿中,幻灯片切换效果只能在放映时看到,编辑时无法预览。( )
6. 幻灯片切换效果只能设置为一种,不能组合使用。( )
7. 创建超链接后,只能通过点击超链接进行跳转,无法设置其他触发方式。( )
8. 在 WPS 演示文稿中,超链接只能指向网页,不能指向其他幻灯片或文件。( )
9. 在 WPS 演示文稿中,只能按照幻灯片的顺序进行放映。( )
10. 在 WPS 演示文稿中,无法设置幻灯片放映时的画笔工具。( )

四、填空题

1. 要设置动画效果为"单击时"触发,需要在动画窗格中右击动画效果,勾选_____。
2. WPS 演示文稿提供了多种动画效果,包括进入、强调、退出和_____。
3. 在动画效果的"计时"选项中,可以设置动画的持续时间、延迟时间和_____。
4. 切换效果中的"推进"效果可以设置为_____或垂直方向。
5. 在幻灯片切换效果中,可以设置切换时的_____和声音效果。
6. 在 WPS 演示文稿中,创建超链接需要选择菜单栏中的_____选项。
7. 若要为选中的文字添加超链接,需要单击"插入"菜单中的_____按钮。
8. 超链接创建后,文字下方会自动出现一条_____。
9. 放映幻灯片时,可以选择从头开始放映、从当前幻灯片开始放映或_____。
10. 在 WPS 演示文稿中,为幻灯片中的文本框添加动画效果后,可以通过_____来调整动画的播放顺序。

第 5 章　网络应用

5.1　网络基础

学习目标

- 了解网络的基础概念、功能及应用。
- 了解网络的组成、分类和发展。
- 了解数据通信系统的基本概念。

思政要素

- 引导学生正确使用网络技术，培养学生的社会责任感。
- 让学生感受计算机网络的魅力，坚定"走中国特色的网络强国之路"的信念。

知识梳理

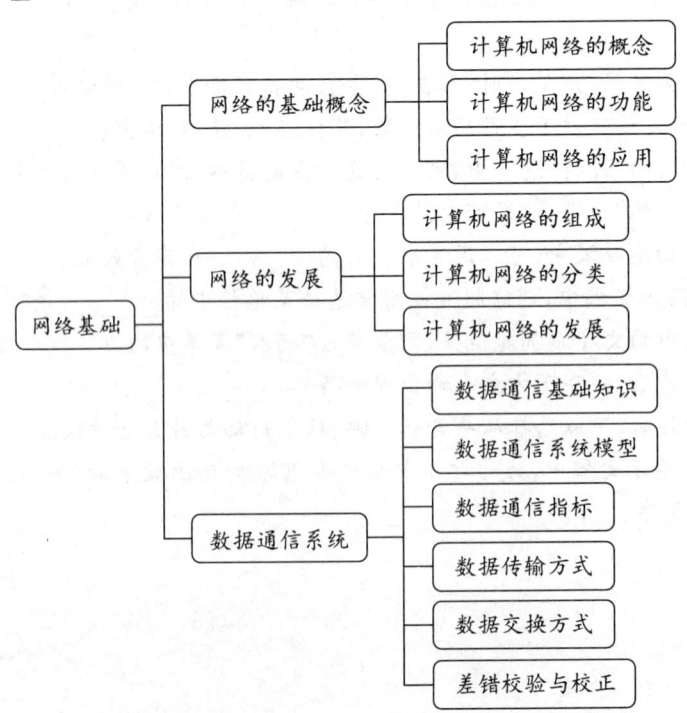

```
                                    ┌── 计算机网络的概念
                    ┌── 网络的基础概念 ──┼── 计算机网络的功能
                    │                   └── 计算机网络的应用
                    │
                    │                   ┌── 计算机网络的组成
        网络基础 ────┼── 网络的发展 ─────┼── 计算机网络的分类
                    │                   └── 计算机网络的发展
                    │
                    │                   ┌── 数据通信基础知识
                    │                   ├── 数据通信系统模型
                    │                   ├── 数据通信指标
                    └── 数据通信系统 ────┼── 数据传输方式
                                        ├── 数据交换方式
                                        └── 差错校验与校正
```

知识要点

5.1.1 网络的基础概念

1. 计算机网络的概念

计算机网络是指将分布在不同地理位置、具有独立功能的多台计算机系统、终端及其附属设备,利用通信线路和通信设备互相连接起来,在网络操作系统、网络通信协议和网络管理软件的管理协调下,实现资源共享、信息传递的计算机系统。计算机网络是计算机技术和通信技术相结合的产物。

2. 计算机网络的功能

计算机网络具有以下主要功能:
① 实现计算机系统的资源共享,资源共享可分为硬件资源共享、软件资源共享和数据资源共享(信息资源共享);
② 实现数据信息的快速传递;
③ 提高可靠性;
④ 提供均衡负载与分布式处理能力;
⑤ 集中处理;
⑥ 综合信息服务。

3. 计算机网络的应用

计算机网络的应用非常广泛,在各行各业都有具体的应用,如万维网(WWW)信息浏览、电子邮件(E-mail)、文件传输(FTP)、远程登录(Telnet)、网络论坛(BBS)、电子商务、远程教育、远程医疗等。

5.1.2 网络的发展

1. 计算机网络的组成

计算机网络系统由网络硬件系统和网络软件系统组成。
① 网络硬件系统:包括服务器、工作站及终端设备、传输介质、网卡、集线器、交换机、路由器等。
② 网络软件系统:包括网络操作系统、网络协议、设备驱动程序、各种网络应用软件等。

2. 计算机网络的分类

根据不同的划分标准,可以将计算机网络分为以下几种类型。
(1) 按覆盖范围分类

按覆盖范围分类,计算机网络可分为局域网、城域网和广域网。
① 局域网(local area network,LAN):局域网是覆盖范围最小的计算机网络,局域网地理范围一般在几米到10公里以内,如一个建筑物内、一个学校内、一个工厂的厂区内的计算

机组成的网络。

特点：覆盖的地理范围小，数据传输速率高，通信延迟时间短，误码率低，可靠性高，组网方便灵活。

② 城域网(metropolitan area network，MAN)：城域网地理范围可从几十公里到上百公里，可覆盖一个城市，它是一种介于局域网与广域网之间的高速网络。

特点：传输速率较高，用户投入小，安全性高。

③ 广域网(wide area network，WAN)：也称为远程网，广域网覆盖的地理范围从几十公里至几千公里，覆盖一个国家或横跨几个大洲，如国际互联网、我国的公用数字数据网(China DDN)、一线通(ISDN)和电话交换网(PSDN)等。

特点：覆盖的地理范围大，传输速率比较低，网络拓扑结构复杂。

(2) 按网络拓扑结构分类

按网络拓扑结构分类，计算机网络可分为星形拓扑结构、总线形拓扑结构、环形拓扑结构、树形拓扑结构、网状形拓扑结构，如图 5-1-1 所示。

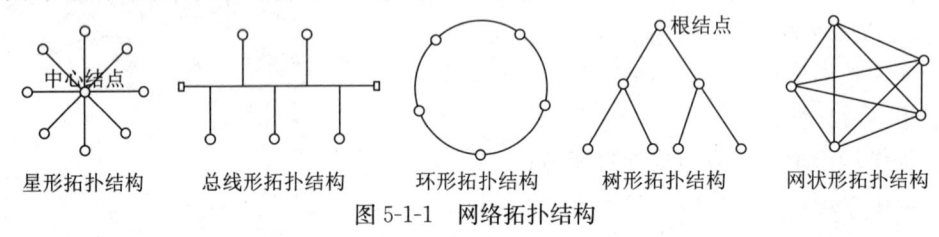

图 5-1-1　网络拓扑结构

① 星形拓扑结构：每个结点均以一条单独的线路与中央结点相连的网络结构。采用集中式控制策略。

特点：结构简单，各结点间相互独立，故障诊断和隔离容易，但线路太多，可靠性依赖于中心结点，中心结点是网络的瓶颈，一旦中心结点出现故障则全网瘫痪。

② 总线形拓扑结构：在一条总线上将所有的结点和其他共享设备连接起来的网络结构。采用分布式控制策略。

特点：结构简单灵活，易于布线，组网方便，可靠性较高，但容易阻塞，诊断困难。

③ 环形拓扑结构：各个结点通过环路接口连成一个环形网络结构。采用分散式控制策略。

特点：每个结点地位平等，信息单向传输，没有路径选择问题，所需电缆少，控制简单，适用于光纤，但整体可靠性差，任何结点故障均会导致环路不能正常工作，故障诊断困难，对结点的要求高。

④ 树形拓扑结构：是总线形拓扑结构的扩展，实在总线型网络上加上分支形成的网络结构。

特点：属于分层网，组网灵活，易于扩展，数据在传输中要经过多条链路，延时较大。信息首先发至根结点，再由根结点广播到整个网络中，对根结点的依赖性较大，根结点发生故障则全网不能正常工作。

⑤ 网状形拓扑结构：每个结点至少有两条链路与其他结点相连的网络结构。

特点：任何一条链路发生故障时，数据可由其他链路传输，具有较高的可靠性。但组网复杂，常用于广域网。

(3) 按传输介质分类

按传输介质分类,计算机网络可分为有线网和无线网。

① 有线网:采用双绞线、同轴电缆和光纤等有线传输介质连接计算机的网络。

② 无线网:采用微波、红外线、无线电波等电磁波作为传输介质连接计算机的网络。无线网络容易被干扰,稳定性较差。

(4) 按使用范围分类

按使用范围分类,计算机网络可分为公用网和专用网。

(5) 按通信方式分类

按通信方式分类,计算机网络可分为点对点传输网络和广播式传输网络。

① 点对点传输网络:采用分组存储转发与路由选择是它与广播式网络的重要区别之一。同一时刻可以有多台计算机并行发送数据。

② 广播式传输网络:所有结点仅使用一条通信信道,该信道由网络上的所有站点共享信道。同一时刻只能有一台计算机发送数据。

(6) 按网络控制方式分类

按网络控制方式分类,计算机网络可分为集中式和分布式。

(7) 按网络中计算机所处的地位划分

按网络中计算机所处的地位划分,计算机网络可分为对等网络和基于服务器的网络。

(8) 按逻辑功能划分

按逻辑功能划分,计算机网络可分为资源子网和通信子网。

① 资源子网:是指计算机网络中实现网络通信功能的设备及其软件的集合,主要负责全网的数据处理业务,向全网用户提供所需的网络资源和网络服务。

主要包括:主机、终端、终端控制器、联网外部设备、共享的打印机和其他设备以及软件资源和信息资源。

② 通信子网:是指网络中实现资源共享功能的设备及其软件的集合,由通信控制处理机、通信线路和其他通信设备组成,主要承担全网数据传输、转发、加工、转换等通信处理工作。

主要包括:中继器、集线器、交换机、网桥、路由器、网关等硬件设备及传输介质等。

3. 计算机网络的发展

计算机网络的发展可大致分为以下四个阶段。

(1) 面向终端的计算机网络阶段(20世纪50年代至60年代)

① 主要特点:以主机为中心,共享主机资源。

② 存在的问题:主机负荷较重、响应时间长、可靠性低、通信线路利用率低、若主机发生故障,则系统瘫痪。

(2) 计算机与计算机互联网络阶段(20世纪60年代至70年代)

① 主要特点:以分组交换网为中心,网络结构从"主机—终端"转为"主机—主机",可以实现计算机与计算机之间的通信,是以通信子网承担通信工作、资源共享为主要目的的计算机网络。典型代表网络是 ARPA Net(advanced research projects agency network,阿帕网)

② 存在的问题：各企业的网络体系结构及网络产品相对独立、没有统一标准、网络之间不能互联互通。

(3) 网络与网络互联阶段(20世纪80年代至90年代初期)

主要特点：网络体系结构标准化，出现OSI标准体系参考模型；局域网逐步从硬件上独立出来，出现了TCP/IP协议；实现了不同网络之间的互联和资源共享。

(4) 互联网与信息高速公路阶段(20世纪90年代之后)

主要特点：综合性、智能化、高速网络、全球化，典型代表是Internet。

5.1.3 数据通信系统

1. 数据通信基础知识

(1) 信息

信息是客观物质在人脑中的反映。

(2) 数据

数据是数字化的信息。数据是信息的载体，信息则是数据的内在含义或解释。数据分为模拟数据和数字数据。

① 模拟数据：模拟数据是指用来描述在某个区间内连续变化的数据。

② 数字数据：数字数据是模拟数据经过量化后得到的离散的值。

(3) 信号

信号是数据的具体物理表现，具有确定的物理描述。

① 数据是信息传送的形式，信息是数据表达的内涵。

② 根据特性参数的不同，信号分为模拟信号和数字信号。模拟信号是指时间上和数值上都是连续变化的信号；数字信号是离散的电脉冲信号，由"0"和"1"组成。

(4) 信道

信道是传输信息的通道，是传输信号的通道，分为物理信道和逻辑信道，还可以根据不同的标准进行划分。

① 按传输介质可分为有线信道和无线信道。

② 按传输信号的种类可分为模拟信道和数字信道。

③ 按使用权限可分为专用信道和公用信道。

2. 数据通信系统模型

(1) 通信方式

通信可分为模拟通信和数字通信。

① 模拟通信是指以模拟信号传输为基础的通信方式，它利用模拟信号来传递消息。

② 数字通信是指以数字信号传输为基础的通信方式，它利用数字信号来传递消息。

(2) 通信系统

根据通信系统传递信息使用的信号不同，通信系统可分为模拟通信系统和数字通信系统。

① 按传送模拟信号而设计的通信系统称为模拟通信系统。普通的电话、广播、电视等

都属于模拟通信系统。

② 按传送数字信号而设计的通信系统称为数字通信系统。计算机通信、数字电话、数字电视等都属于数字通信系统。

数据通信系统模型由数据终端设备(DTE)、数据通信设备(DCE)和传输介质组成。

3. 数据通信指标

(1) 数据传输速率

数据传输速率也称为比特率,指单位时间内所传送的二进制代码的有效位(bit)数,单位是位/秒(bps,b/s,bit/s)或千比特每秒(kbps)。

传输每1位数据所占的时间越小,则速率越高。

(2) 调制速率

调制速率也称为波特率、波形速率、码元速率、波形调制速率,表示在单位时间内信号波形的变换次数。其单位为波特(baud,Bd,B)。

采用曼彻斯特编码的数字信道,其数据传输速率为波特率的1/2。

(3) 误码率/误比特率

误码率/误比特率指数据通信系统在正常工作情况下信息传输的错误率,是衡量数据通信系统在正常工作情况下传输可靠性的指标。

① 误码率＝出错的码元数/传送的总码元数;

② 误比特率＝出错的比特数/传送的总比特数。

(4) 码元和码字

① 码元:是构成信息编码的最小单位。一个数字脉冲称为一个码元。在计算机网络中,1位二进制数字称为码元。

② 码字:7个码元组成的二进制数字序列称为码字。

(5) 吞吐量

吞吐量是指单位时间内整个网络能够处理的信息总量,单位是字节/秒或位/秒。

在单信道总线型网络中,吞吐量＝信道容量＊传输效率。

(6) 信道的传输延迟

信道的传输延迟是指信号在信道中传播,从信源端到达信宿端需要的时间。

信道的传播延迟与距离、传输介质类型、传播速率和网络技术有关。

(7) 信道容量

信道容量是指信道传输信息的最大能力,通常用信息传输速率来表示,单位为比特/秒,记作 bps 或 bit/s。

信道容量由信道的频带(带宽)、可使用的时间及能通过的信号功率和噪声功率决定。

信噪比,指通信系统中信号和噪声的功率之比。信噪比是没有单位的,但在实际中,常以"分贝"为单位。

(8) 带宽

带宽是指通信信道的宽度,即信道所能传送的信号频率宽度,代表信道传输信息的能力。

在模拟信道中,带宽指传输信道的最高频率和最低频率之差,单位为 Hz。在数字信道中,人们常用数据传输速率(比特率)表示信道的传输能力(带宽),即每秒传输的比特数,单位为 bps。

带宽决定了信道中能不失真地传输脉冲序列的最高速率,即信道容量。通常,信道带宽和信道容量具有正比关系,带宽越宽,信道容量越大。

度量通信系统性能的重要指标为有效性和可靠性,有效性通常用传输速率指标来衡量;可靠性通常用误码率指标来衡量。

4. 数据传输方式

数据传输方式是数据在信道上传送所采取的方式,有多种分类方式。

(1) 按数据传输方向分类

按数据传输方向分类,数据传输方式可分为单工通信、半双工通信和全双工通信。

① 单工通信(如图 5-1-2 所示):信息只能在一个方向上传送(单向),一端只能作为发送端发送数据,另一端只能作为接收端接收数据,只需要一条传输线路。如广播、电视节目的传送以及寻呼系统等。

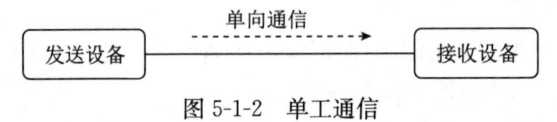

图 5-1-2 单工通信

② 半双工通信(如图 5-1-3 所示):允许数据在两个方向上传输(双向但不同时),但某一时刻,只允许数据在一个方向上传输,只需要一条传输线路。如航空和航海的无线电、对讲机和计算机与终端的通信等。

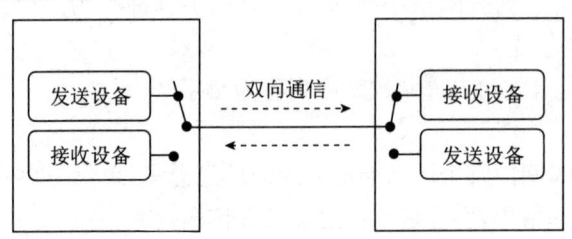

图 5-1-3 半双工通信

③ 全双工通信(如图 5-1-4 所示):允许数据同时在两个方面上传输,具有双向传送信息的能力(双向且同时),需要两条传输线路。如手机和计算机网络等。

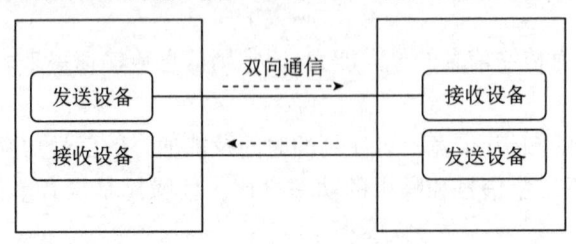

图 5-1-4 全双工通信

(2) 按数据传输顺序分类

按数据传输顺序分类,数据传输方式可分为并行通信和串行通信,如图 5-1-5 所示。

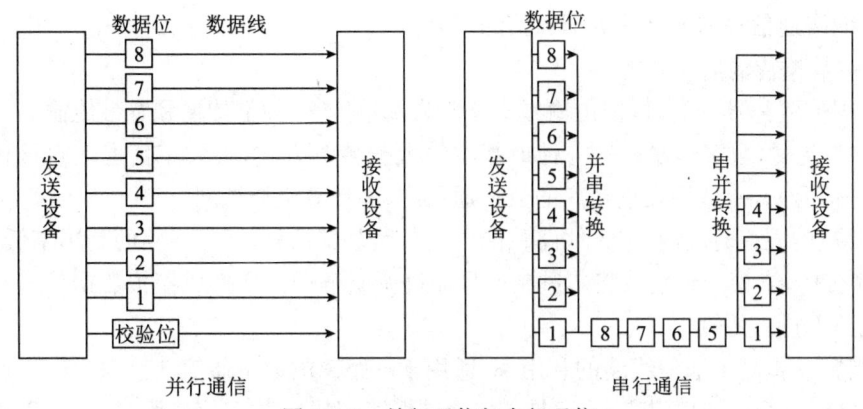

图 5-1-5　并行通信与串行通信

① 并行通信:利用多条传输线将一个数据的多个数据位同时传送,如计算机与打印机的通信。

特点:传输速度快,但通信线路复杂,成本较高,适用于短距离通信。

② 串行通信:利用一条传输线将数据一位位地顺序传送,如计算机的串口与调制解调器等设备的连接通信。

特点:虽然传输速度慢,但通信线路线路简单,成本较低,适用于长距离通信。

(3) 按数据传输方式分类

按数据传输方式分类,数据传输方式可分为同步传输方式和异步传输方式。

① 异步传输:又称为起止式传输方式。为了标识字节的开始和结尾,在每个字节的开始处和结尾,添加起始位和停止位,构成一个个"字符",如图 5-1-6 所示。

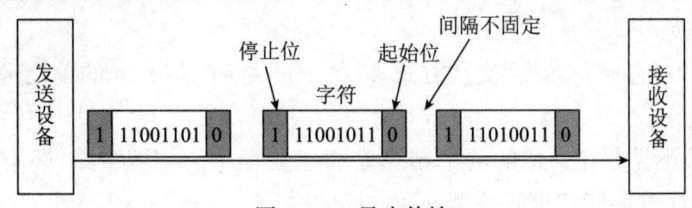

图 5-1-6　异步传输

特点:数据以字符为传输单位,且字符的发送时间是异步的。传输效率低,适用于键盘输入设备、简单的传感器数据传输等低速通信的场合。

② 同步传输:采用按位传输的同步技术,在数据块前面添加同步字符进行同步,并通过位填充或字符填充技术,保证同步字符不与数据块中的数据混淆,如图 5-1-7 所示。

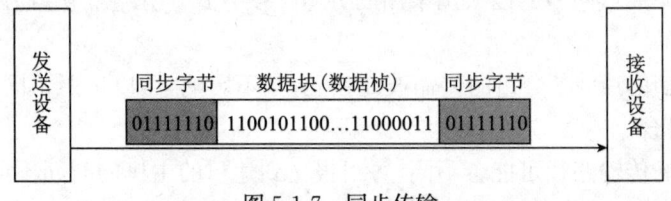

图 5-1-7　同步传输

特点:以报文或分组为单位进行传输。在串行数据码流中,各信号码元之间的相对位置都是固定的。同步传输方式主要用于计算机与计算机之间的通信、智能终端与主机之间的通信以及网络通信等需要高速数据通信的场合。

(4) 按数据传输信号分类

按数据传输信号分类,数据传输方式可分为基带传输、频带传输和宽带传输。

① 基带传输(数字传输):是一种最基本的数据传输方式,在数字信道上直接传输基带信号(数字信号)。一般用在近距离的数据通信中,如计算机局域网。

主要特点:同一时间内,一条线路只能传送一路基带信号,通信线路的利用率低。

② 频带传输(模拟传输):将二进制信号通过调制解调器变换成模拟数据信号在电话线等通信线路上进行传输。

主要特点:提高了通信线路的利用率,适用于远距离的数字通信。

③ 宽带传输:在同一信道上,宽带传输系统既可以进行数字信息服务,也可以进行模拟信息服务。

主要特点:一个宽带信道能划分为多个逻辑信道,数据传输速率高。

5. 数据交换方式

数据交换是指两个或多个数据终端设备(DTE)之间,为任意两个终端设备建立数据通信临时互联通路的过程。常见的数据交换技术有:电路交换、报文交换、分组交换和信元交换。

(1) 电路交换

电路交换是通信网中最早出现的一种交换方式。电路交换需要在两个工作站之间建立实际的物理连接。

① 电路交换包括建立电路、数据传输、释放电路三个阶段。

② 特点:实时性好、传输时延短、通信效、率高线路利用率低、常用于电话通信网。

(2) 报文交换

报文交换采取"存储—转发"交换方式,以整个报文为数据交换的单位进行发送,不建立专用链路。

① 报文交换不需要在通信的两个结点之间建立专用的物理线路,即不独占线路,多个用户的数据可以通过存储和排队共享一条线路。

② 特点:线路利用率较高,能够在网络上实现报文的差错控制和纠错处理,时延较长,不宜用于实时通信或交互式的应用场合。常用于电子邮件系统(E—mail)、公用电报网。

(3) 分组交换

分组交换是指在通信过程中,通信双方以分组为单位,使用"存储—转发"机制实现数据交互的通信方式。局域网中的以太网采用的分组交换方式。分组交换可分为数据报和虚电路两种方式。

① 数据报分组交换:各分组的传输彼此独立,互不影响,可以按照不同的路由机制到达目的地,再重新组合。

每一组报文的传输路径可能会不同;每组报文到达目的主机的时间不同;目的主机必须对所接收到的报文分组进行排序才能拼接出原来的信息。

优点:对于短报文数据,通信传输速率比较高;对网络故障的适应能力强。

缺点:传输时延较长,时延离散度大。

② 虚电路分组交换:在信息交换之前,先建立一个逻辑连接,然后所有分组沿该路径进行交换转发,通信结束后拆除该逻辑连接,分组按发送的顺序到达接收端。

优点:对于数据量较大的通信传输速率高,分组传输时延短,且不容易产生数据分组丢失。

缺点:对网络的依赖性较大。

(4) 信元交换

信元交换技术是指异步传输模式(asynchronous transfer mode,ATM),采用异步时分复用方式,是一种面向连接(虚连接)的交换技术,它采用小的固定长度的信息交换单元(信元)。信元的长度为53B,由48B的数据和5B的信元头构成。适用于局域网和广域网。

ATM 包括 ATM 物理层、ATM 层和 ATM 适配层三个功能层。一般用于对带宽要求高和对服务质量要求高的应用,以及广域网主干线等。

6. 差错校验与校正

通信系统中有噪声源的存在,可能存在差错,需要一定的检错和纠错方法。常见的检错方法有奇偶校验法和循环冗余校验法(cyclic redundancy check,CRC)。

(1) 奇偶校验

奇偶校验是一种最简单的检错方法。它是一种通过增加冗余位使码字中"1"的个数恒为奇数或偶数的编码方法。采用奇偶校验法,当出错个数为奇数时,可以检测出错误,当出错个数为偶数时则检测不出。

(2) 循环冗余码校验

循环冗余码校验是一种较为复杂的校验方法,又称多项式码。它是一种通过附加在信息位后面的冗余码一起发送到接收端,接收端收到的信息合按发送端形成循环冗余码同样的算法进行校验的方法。

知识测评

一、单选题

1. 世界上第一个计算机网络是(　　)。
   A. 因特网　　　　　　B. ARPA Net　　　C. NSFnet　　　　D. CERNET
2. (　　)是网络最主要的功能之一。
   A. 资源共享　　　　　B. 提高速度　　　C. 降低成本　　　D. 确保安全
3. "共享主机资源"处于计算机网络发展中的(　　)阶段。
   A. 面向终端的计算机网络　　　　　　　B. 计算机与计算机互联网络
   C. 网络与网络互联阶段　　　　　　　　D. 互联网与信息高速公路
4. 广域网的英文简称是(　　)。
   A. LAN　　　　　　　B. MAN　　　　　C. WAN　　　　　D. WLAN
5. 大型广域网采用的拓扑结构是(　　)。
   A. 星形　　　　　　　B. 环形　　　　　C. 总线形　　　　D. 网状形

6. 电子邮件体现出了计算机网络的( )的功能与作用。
   A. 数据通信　　　　　　　　　　　B. 资源共享
   C. 提高系统可靠性　　　　　　　　D. 分布式处理
7. 智能手机属于计算机网络硬件的( )。
   A. 终端设备　　　　　　　　　　　B. 网络连接设备
   C. 网络服务器　　　　　　　　　　D. 网络传输介质
8. 计算机网络的功能具有除( )以外的几个方面。
   A. 资源共享　　　　　　　　　　　B. 分布处理
   C. 信息传递　　　　　　　　　　　D. 决策支持
9. 计算机网络是计算机技术与( )相结合的产物。
   A. 电话　　　　B. 通信技术　　　　C. 线路　　　　D. 协议
10. 计算机网络共享的资源是( )。
    A. 路由器、交换机　　　　　　　　B. 域名、网络地址与MAC地址
    C. 计算机的文件与数据　　　　　　D. 计算机的软件、硬件与数据
11. 国际互联网于1969年诞生于美国，其最初的用途是( )。
    A. 教育培训　　B. 天文气象　　　　C. 军事战争　　D. 协同办公
12. 中心节点故障会造成整个系统瘫痪的拓扑结构是( )。
    A. 总线形　　　B. 环形　　　　　　C. 星形　　　　D. 网状形
13. 下列不属于网络应用的是( )。
    A. 携程旅游　　B. 系统附件画图　　C. 支付宝　　　D. 拼多多
14. 下列数据为数字数据的是( )。
    A. 声音　　　　　　　　　　　　　B. 电视机的亮度
    C. 计算机内的文件　　　　　　　　D. 市电电压值
15. 表示数据传输有效性的指标是( )。
    A. 信道容量　　B. 吞吐量　　　　　C. 误码率　　　D. 传输速率
16. 在串行传输中，所有数据字符的比( )。
    A. 在多根导线上同时传输
    B. 在同一根导线上同时传输
    C. 在传输介质上一次传输一位
    D. 以一组16位的形式在传输介质上传输
17. IP电话、电报和专线电话分别使用的数据交换技术是( )。
    A. 电路交换技术、报文交换技术和分组交换技术
    B. 分组交换技术、报文交换技术和电路交换技术
    C. 报文交换技术、分组交换技术和电路交换技术
    D. 电路交换技术、分组交换技术和报文交换技术
18. 在计算机通信中，数据交换形式包括分组交换和分组交换，前者比后者( )。
    A. 实时性好，线路利用率高　　　　B. 实时性差，线路利用率高

C. 实时性好,线路利用率低　　　　　　D. 实时性差,线路利用率低

19. 在同一个信道上的同一时刻,能够进行双向数据传送的通信方式是(　　)。

A. 单工　　　　　　　　　　　　　　B. 半双工

C. 全双工　　　　　　　　　　　　　D. 上述三种均不是

20. 关于数据、信息及数据处理,下列说法错误的是(　　)。

A. 信息不随它的数据形式变化而改变

B. 信息是数据载体和具体表现形式

C. 同样的信息可用多种不同形式的数据来表示

D. 数据处理是指将数据转换为信息的过程

二、多选题

1. 以下属于资源子网的是(　　)。

A. 计算机　　　B. 打印机　　　C. 路由器　　　D. 网络操作系统

E. 光纤

2. 以下属于网络具体应用的是(　　)。

A. 携程旅游　　B. 系统故障诊断　　C. 淘宝购物　　D. 远程培训

E. 磁盘碎片整理

3. 计算机网络的硬件主要包括(　　)。

A. 服务器　　　B. 传输介质　　　C. 连接设备　　　D. 网卡

E. 传真机

4. 计算机网络系统的组成包括(　　)。

A. 计算机系统　　B. 数据通信系统　　C. 广播系统　　D. 卫星电视系统

E. 网络操作系统

5. 局域网中常用的三种网络拓扑结构是(　　)。

A. 总线形　　　B. 网状形　　　C. 星形　　　D. 环形

E. 关系型

6. 任何单个结点(不含中央设备)故障不会引起全网故障的拓扑结构有(　　)。

A. 总线形　　　B. 环形　　　C. 网状形　　　D. 星形

E. 树形

7. 以下属于通信子网组成部分的有(　　)。

A. 网卡　　　B. 路由器　　　C. 中继器　　　D. 交换机

E. 通信线路

8. 属于单工传送方式的有(　　)。

A. 电视广播　　B. 对讲机　　C. 计算机网络　　D. 无线电台

E. 智能手机

9. 按照传输的信号分类,数据传输方式分为(　　)。

A. 同步传输　　B. 基带传输　　C. 宽带传输　　D. 异步传输

E. 频带传输

10. 以下说法中,不正确的有( )。

A. 信道分为数字信道和模拟信道
B. 信号的传输方式有基带传输和宽带传输
C. 在模拟信道上可以直接传输基带信号
D. 电话线上传输的是基带信号
E. 模拟信号可以直接被计算机接收

三、判断题

1. 计算机网络就是计算机的集合。( )
2. 总线形拓扑结构中若某个结点故障会引起全网故障,安全性能差。( )
3. 环形拓扑结构中,数据允许双向传输。( )
4. 在 LAN、WAN、MAN 三种网络中,误码率最低、可靠性最高的是 LAN。( )
5. 广域网和互联网一般都采用环形拓扑结构。( )
6. LAN 和 WAN 的主要区别是通信距离和传输速率。( )
7. 电路交换方式在通信时需要临时建立通信线路。( )
8. 在同一信道上既可以传输数字信号也能传输模拟信号的通信方式属于宽带传输。( )
9. 数据交换技术中数据报适合发送大批量数据交换。( )
10. 在信元交换方式中,一个信元由 48bit 的数据和 5bit 的信元头组成。( )

四、填空题

1. 从逻辑功能上来看,资源子网和_____组成计算机网络。
2. 网络资源有硬件资源、软件资源和_____资源。
3. 按照网络的传输介质分类,可以将计算机网络分为有线网络和_____。
4. 按照覆盖范围分类,_____网络覆盖范围较小,但传输效率较高。
5. 数据传输的同步技术有同步传输和_____两种方式。
6. 存储转发交换技术包括报文交换和_____。
7. _____是信息载体,可以是符号、文字、数字、音频、图像、视频等。
8. 某系统中,信道允许传输的数据最高频率为 3000Hz,最低频率为 300Hz,则信道带宽为_____Hz。
9. 在数据通信中将数字数据转换成模拟信号再进行传输的过程称为_____。
10. 信息传输速率的基本单位是_____。

5.2 网络体系结构

学习目标

- 理解协议的概念以及常用网络协议,如 TCP/IP、HTTP、FTP 等。
- 理解 TCP/IP 模型 4 层功能。

- 掌握IP地址的含义、分类和分配方法。
- 理解子网和子网掩码的概念。

思政要素

- 鼓励学生关注我国网络产业的发展趋势,培养学生为国家网络强国战略贡献力量的责任感和使命感,使学生明白网络技术发展对于国家发展的重要意义。
- 培养学生的创新精神,激发学生对网络技术发展的探索欲望,为网络技术的创新发展培养后备人才。

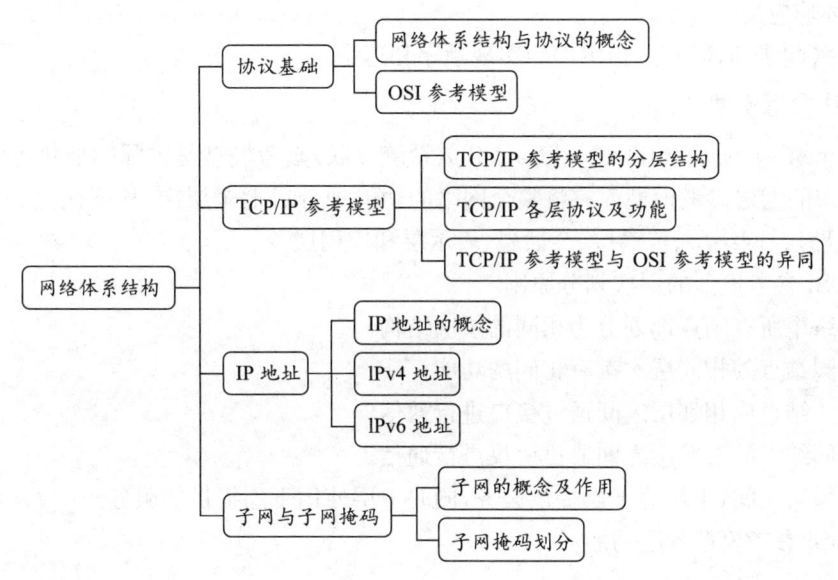

知识梳理

```
                 ┌─ 协议基础 ─┬─ 网络体系结构与协议的概念
                 │            └─ OSI 参考模型
                 │
                 │                    ┌─ TCP/IP 参考模型的分层结构
                 ├─ TCP/IP 参考模型 ──┼─ TCP/IP 各层协议及功能
  网络体系结构 ──┤                    └─ TCP/IP 参考模型与 OSI 参考模型的异同
                 │
                 │            ┌─ IP 地址的概念
                 ├─ IP 地址 ──┼─ IPv4 地址
                 │            └─ IPv6 地址
                 │
                 └─ 子网与子网掩码 ─┬─ 子网的概念及作用
                                    └─ 子网掩码划分
```

知识要点

5.2.1 协议基础

1. 网络体系结构与协议的概念

(1) 网络体系结构的概念

① 网络体系结构:是指计算机之间相互通信的层次,以及各层的协议和层次之间接口的集合,是对计算机网络及各个组成部分功能的精准定义。

② 层次:网络体系结构中的层次包括对等层和相邻层。

对等层(同等层):指不同结点的相同层次。对等层之间通过协议通信。

相邻层:同一结点的上下两层是相邻层。相邻层之间通过接口通信。

③ 实体与对等实体:

实体:是每一层中的活动元素。实体既可以是软件实体(如进程或程序),也可以是硬件实体(如智能输入/输出芯片)。

对等实体：指不同通信结点上的同一层实体。

④ 接口：同一系统内相邻层之间交换信息的连接点，也是相邻层的通信规则。

(2) 协议的概念

① 网络协议是为网络数据交换(通信)而制定的规则、约定与标准的集合。

② 协议是指某一层协议，准确地说它是为对等实体之间通信而制定的有关通信规则、约定的集合。

③ 网络协议三要素分为语法、语义和时序。

a. 语法：是指数据与控制信息的结构与格式，以及数据出现的顺序的意义。

b. 语义：用于协调与差错处理的控制信息(包括需要发出何种控制信息，完成何种动作及做出何种响应)。

c. 时序(同步、时间)：是指事件的实现顺序和速率。

2. OSI 参考模型

OSI(open systems interconnection，开放系统互联)参考模型是国际标准化组织 ISO 于 1981 年颁布的七层参考模型。它将整个网络的功能划分成七个层次，从下往上分别为物理层、数据链路层、网络层、传输层、会话层、表示层和应用层。

(1) OSI 参考模型的层次划分原则

① 网络中所有结点都划分为相同的层次结构。

② 不同结点的相同层次都有相同的功能。

③ 同一结点内相邻层之间通过接口进行通信。

④ 不同结点的对等层之间通过协议进行通信。

⑤ 相邻层之间，下层为上层提供服务，同时上层使用下层提供的服务。

(2) OSI 参考模型各层功能

① 物理层：

a. 主要功能：利用物理传输介质为数据链路层提供物理连接，以便透明地传送"比特"流。

b. 协议数据单元(PDU)：比特(bit)。

c. 特性：存在机械特性、电气特性、功能特性和规程特性四个特性。

d. 常用设备：有调制解调器、中继器、集线器等。

② 数据链路层：

a. 主要功能：通过在通信的实体之间建立数据链路连接，使有差错的物理线路变成无差错的数据链路，保证点对点之间可靠的数据传输。

b. 协议数据单元(PDU)：帧(Frame)。

c. 功能：局域网和广域网的功能模块分别对应物理层和数据链路层的功能。

d. 常见设备：有网卡、网桥、交换机等。

③ 网络层：

a. 主要功能：将数据从源端经过若干中间节点传送到目的端，从而向传输层提供最基本的端到端的数据传送服务。

  b. 关心的问题:网络层的传输单位是分组;逻辑地址寻址;路由功能;拥塞控制;流量控制。

  c. 服务:提供无连接的和面向连接的两种类型的服务,也称为数据报服务和虚电路服务。

  d. 协议数据单元:数据包或分组(packet)。

  e. 常见设备:有路由器、三层交换机等。

 ④ 传输层:

  a. 主要目的:向用户提供无差错、可靠的端到端服务,透明地传送报文,提供差错恢复和流量控制。

  b. 关心的主要问题:建立、维护和中断虚电路;传输差错校验和恢复;信息流量控制。

  c. 协议数据单元:数据段或报文(segment)。

 ⑤ 会话层:

 主要功能:实现建立、管理和终止应用程序进程之间的会话和数据交换。

 ⑥ 表示层:

 主要功能:保证一个系统应用层发出的信息能被另一个系统的应用层读出。如有必要,表示层可以用一种通用的数据表示格式在多种数据表示格式之间进行转换,它包括数据格式变换、数据加密与解密、数据压缩与恢复等功能。

 ⑦ 应用层:

 主要功能:为用户的应用程序提供网络服务,直接面向用户,是计算机网络与用户之间的接口。

(3) 数据传输的过程

① 数据从发送端的最高层开始,自上而下逐层封装。

② 到达发送端的最底层,再经过物理介质到达目的端。

③ 目的端将接收到的数据自下而上逐层拆封。

④ 由最高层将数据交给目标进程。

不同结点之间通信时,物理媒体上进行实通信,其余对等实体间进行虚通信。

5.2.2 TCP/IP 参考模型

 TCP/IP 参考模型是在 ARPA Net 的基础上逐渐形成的,是事实上的工业标准,而 ISO/OSI 参考模型一直没有投入使用,只是理论上的网络标准。

1. TCP/IP 参考模型的分层结构

 TCP/IP 参考模型体系结构采用分层结构,对应开放系统互连 OSI 参考模型的层次结构,可分为四层:网络接口层、网际层、传输层和应用层,如表 5-2-1 所示。

表 5-2-1　TCP/IP 参考模型与 OSI 参考模型的层次对应关系

TCP/IP 参考模型	OSI 参考模型
应用层	应用层
应用层	表示层
应用层	会话层
传输层	传输层
网际层	网络层
网络接口层	数据链路层
网络接口层	物理层

2. TCP/IP 各层协议及功能

TCP/IP 参考模型各层协议如表 5-2-2 所示。

表 5-2-2　TCP/IP 参考模型各层协议

TCP/IP 参考层次结构	常用协议
应用层	HTTP、FTP、TFTP、Telnet、SMTP、POP3、DNS、DHCP 等
传输层	TCP、UDP
网际层	IP、ARP、RARP、ICMP、IGMP
网络接口层	/

（1）网络接口层

网络接口层负责管理设备和网络之间的数据交换。

TCP/IP 参考模型并没有真正定义这一部分的功能，只是指出在这一层上必须具有物理层和数据链路层的功能。

（2）网际层

网际层负责管理不同设备之间的数据交换，主要解决主机到主机的通信问题。网际层相当于 OSI 参考模型网络层的无连接网络服务。

网际层常用的协议有 IP、ARP、RARP、ICMP、IGMP 等。

① IP（网际协议）：提供不可靠的、无连接的数据包传递服务。其作用是实现网络互联，使参与互联的性能各异的网络看起来好像是一个统一的网络。

② ARP（地址解析协议）：根据 IP 地址获取物理地址的协议。

③ RARP（反向地址解析协议）：根据物理地址获取 IP 地址的协议。

④ ICMP（Internet 控制报文协议）：用于在 IP 主机、路由器之间传递控制消息。ICMP 协议是一种面向无连接的协议。

⑤ IGMP（Internet 组管理协议）：组播协议，运行在主机和组播路由器之间。

（3）传输层

传输层负责应用进程之间的端到端通信，使发送方主机和接收方主机上的对等实体可以进行会话。

传输层常用的协议有 TCP 和 UDP 等。

① TCP(传输控制协议)：是一种可靠的、面向连接的数据传输协议，提供双向的，即全双工的连接。TCP 协议建立连接要经过三次握手；撤销连接要四次握手。

② UDP(用户数据报协议)：提供不可靠的、面向无连接服务的协议。主要用于不要求按分组顺序到达的数据传输。

(4) 应用层

应用层为各种应用程序提供所使用的协议，为用户提供所需要的各种服务。

应用层常用的协议有 HTTP、FTP、TFTP、Telnet、SMTP、POP3、DNS 和 DHCP 等。

① HTTP(超文本传输协议)：用于从 WWW 服务器传输超文本文件到本地浏览器。它规定了在浏览器和服务器之间请求和响应的格式和规则。HTTP 使用 TCP 协议 80 端口。

② FTP(文件传输协议)：用来实现主机之间的文件传送，采用客户机/服务器(C/S)工作模式。FTP 匿名访问用户是 anonymous。客户机访问有三种类型：传统的 FTP 命令行、浏览器和 FTP 下载工具。FTP 使用 TCP 协议 21 端口。

③ TFTP(简单文件传输协议)：用来在客户机与服务器之间进行简单文件传输的协议。TFTP 基于 UDP 协议。

④ Telnet(远程登录协议)：通过 TCP 连接可登录(注册)到远程主机上，使本地机暂时成为远程主机的一个仿真终端。Telnet 使用 TCP 协议 23 端口。

⑤ SMTP(简单邮件传输协议)：用于实现 Internet 中电子邮件的传送功能。SMTP 使用 TCP 协议 25 端口。

⑥ POP3(邮局协议)：应用层协议，把邮件从电子邮箱中传输到本地计算机的协议。POP3 使用 TCP 协议 110 端口。

⑦ DNS(域名系统)：用于域名到 IP 地址的相互转换。DNS 既可以使用 TCP 协议，也可以使用 UDP 协议。

⑧ DHCP(动态主机配置协议)：应用层协议，用于实现动态获取 IP 地址，为客户端自动分配 IP 配置信息。DHCP 基于 UDP 协议。

3. TCP/IP 参考模型与 OSI 参考模型的异同

(1) 共同点

① 两者都采用了层次模型的结构。

② 两者都能够提供面向连接和无连接两种通信服务机制。

(2) 不同点

① TCP/IP 参考模型是四层模型，OSI 参考模型是七层模型。

② TCP/IP 协议是在网络发展的实践中不断发展完善起来的，依据这个协议簇的 TCP/IP 模型则建立在已有的协议基础之上，协议和模型相当吻合。OSI 参考模型的建立并不侧重于任何特定的协议。

③ 实际市场应用不同，OSI 参考模型只是理论上的模型，而 TCP/IP 已经成为"实际上的国际标准"。

④ TCP/IP 参考模型建立之初就遇到网络管理问题并加以解决，所以 TCP/IP 协议具

有较强的网络管理功能。OSI 参考模型在后来才考虑到这个问题。

⑤ OSI 参考模型定义并规范了服务、接口和协议的概念,使它们相互不混淆。TCP/IP 协议在这方面分不清。

5.2.3 IP 地址

1. IP 地址的概念

IP 地址是用来唯一标识因特网上计算机的逻辑地址。分为 IPv4 地址和 IPv6 地址。

2. IPv4 地址

(1) IP 地址的表示

IP 地址由 32 位二进制数组成,分为 4 个字节。通常采用"点分十进制"表示方式,段间点"."分隔。每个十进制整数的范围是 0~255。

(2) IP 地址的结构

IP 地址由网络号和主机号组成。

① 网络号:表示机器所在的网络,用于标识一个网络。

② 主机号:表示网络中主机的编号,用于标识和区别网络中的每台主机。

(3) IP 地址的分类

根据网络规模不同,IP 地址可分为 A、B、C、D、E 五类。

常用的是 A、B、C 类地址,D 类为组播地址,E 类为扩展备用地址,如表 5-2-3 所示。

表 5-2-3 IP 地址的分类

类型	标识	第一个字节地址范围	网络号位数	主机号位数	最大可指派网络数	允许最大主机数
A	0	1~126	8	24	126(2^7-2)	16777214($2^{24}-2$)
B	10	128~191	16	16	16384(2^{14})	65534($2^{16}-2$)
C	110	192~223	24	8	2097152(2^{21})	254(2^8-2)
D	1110	224~239	组播地址			
E	11110	240~247	备用地址			

注:允许的最大主机数为 2^n-2(n 为主机号位数,减去的 2 个地址,一个为网络地址,另一个为广播地址)。

(4) 特殊的 IP 地址

① 0.0.0.0:表示任意网络。

② 环回(测试)地址:以 127 开头的地址,测试 TCP/IP 协议安装是否正确,用于测试本地网络是否正常。

③ 网络地址:由一个有效的网络号和全 0 的主机号组成。指网络本身。

④ 直接(定向)广播地址:由一个有效的网络号和全 1 的主机号组成,表示网络中的所有主机。

⑤ 有限广播地址:255.255.255.255,表示全网广播地址(本地网络广播)。

⑥ 本地(私网)地址:本地内部网络使用,不能在 Internet 上使用。主要包括以下几个网段:

A 类:10.0.0.0~10.255.255.255。
B 类:172.16.0.0~172.31.255.255。
C 类:192.168.0.0~192.168.255.255。

3. IPv6 地址

IPv6 采用 128 位(二进制)地址,16 位为一组,一共是 8 组,每组用十六进制表。IPv6 解决了 IPv4 地址资源不足的问题。

(1) 基本表现形式

IPv6 地址由 8 个字节组成,每个字节有 4 个十六进制数,用冒号":"分隔。

(2) 压缩形式

① 每一个字节中左侧的 0 可以被忽略省略。

例如:001F:1000:01AD:1010:010A:1010:0000:10DC,可表示为:1F:1000:1AD:1010:10A:1010:0:10DC。

② 如果基本表现形式连续的地址段为 0,可以将格式中连续的 0 段用双冒号"::"表示,在一个 IPv6 地址中,只能出现一次双冒号。

例如:201A:0000:0000:0000:680D:8EEA:2114:051A,可表示为:201A::680D:8EEA:2114:051A。

(3) IPv6 地址的组成

128 位的 IPv6 地址由 64 位的网络地址和 64 位的主机地址组成。其中,64 位的网络地址又分为 48 位的全球网络标识符和 16 位的本地子网标识符。IPv6 地址结构如图 5-2-1 所示。

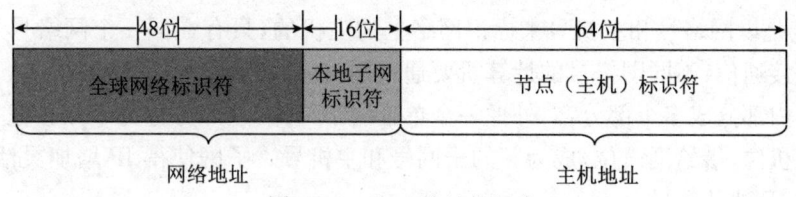

图 5-2-1 IPv6 地址的组成

(3) 定义地址类型

IPv6 定义了单播地址(unicast address)、组播地址(multicast address)和任播地址(anycast address)三种。和 IPv4 相比,取消了广播地址,增加了任播地址。

① 单播地址:目前常用的单播地址有未指定地址、环回地址、全球单播地址、本地链路地址、唯一本地地址。

a. 未指定地址:0:0:0:0:0:0:0:0/128 或者 ::/128,相当于 IPv4 的 0.0.0.0。

b. 环回地址:0:0:0:0:0:0:0:1/128 或者 ::1/128,相当于 IPv4 的 127.0.0.1。

c. 全球单播地址:是带有全球单播前缀的 IPv6 地址,相当于 IPv4 的公网地址。

d. 本地链路地址:FE80::/10,IPv6 中的应用范围受限制的地址类型,只能在连接到同一本地链路的节点之间使用。

e. 唯一本地地址：FC00::/7，IPv6 中的应用范围受限制的地址类型，只能在一个站点内使用，相当于 IPv4 中的私网地址。

注：目前实际广泛应用的是"FD"开头的这部分地址。

② 组播地址：FF00::/8，与 IPv4 相同，用来标识一组接口，一般这些接口属于不同的节点。一个节点可能属于多个组播组，发往组播地址的报文被组播地址标识的所有接口接收。

③ 任播地址：从单播地址空间中划分出来的一组地址类型，用于标识一组通常属于不同节点的网络接口。当一个数据包的目的地址为任播地址时，该数据包会被发送给其中路由意义上最近的一个网络接口。任播地址只能分配给路由器。

（4）IPv4 到 IPv6 的过渡技术

① 双协议栈技术：网络中的设备（如主机、路由器等）同时运行 IPv4 和 IPv6 两种协议栈。通信时，设备能根据目标地址所属协议类型，自动选用对应的协议栈来收发数据，方便在 IPv4 和 IPv6 网络并存环境下使用。

② 隧道技术：IPv4 向 IPv6 过渡的初期最易于采用的技术。把 IPv6 数据包封装在 IPv4 数据包里，让其能在 IPv4 网络中传输，经过的边界设备进行封装与解封装操作，使 IPv6 网络间能跨越 IPv4 网络实现通信。

③ 网络地址转换－协议转换技术（NAT-PT）：在 IPv4 和 IPv6 网络边界处设置 NAT-PT 设备，将来自 IPv6 网络数据包的相关信息按规则转换为 IPv4 格式，反之亦然，起到类似"翻译"的作用，让不同协议网络的设备能相互通信。

5.2.4 子网与子网掩码

1. 子网的概念及作用

IP 地址是以网络号和主机号来标识网络上的主机的，只有在同一个网络号下的计算机之间才能直接通信，不同网络号的计算机要通过网关才能互通。

将网络内部分成多个部分，对外像一个单独网络一样，这部分称为子网。把主机地址中的一部分主机位，借给网络位，成为新的子网号和主机号。子网使得 IP 增加灵活性，但是会减少有效的 IP 地址数量。

子网的结构是利用原来 IP 地址的主机号进行子网的划分，形成"网络号＋子网号＋主机号"的三层结构，如图 5-2-2 所示。

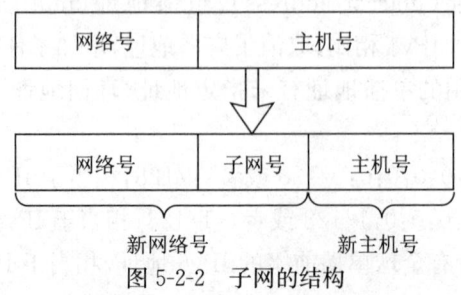

图 5-2-2　子网的结构

2. 子网掩码划分

（1）子网掩码表示方式

子网掩码的表示方式是对应IP地址的网络部分用1表示，主机部分用0表示，常用的书写格式：IP地址/网络号位数。默认的子网掩码表示如表5-2-4所示。

表 5-2-4　默认子网掩码的表示

类别	子网掩码（二进制）	子网掩码（十进制）	子网掩码（斜线标记法）
A类	11111111.00000000.00000000.00000000	255.0.0.0	/8
B类	11111111.11111111.00000000.00000000	255.255.0.0	/16
C类	11111111.11111111.11111111.00000000	255.255.255.0	/24

注：子网掩码斜线标记法中，斜线后面的数字为子网掩码中1的个数。

（2）网络地址、主机地址、广播地址、可用主机数的计算

① 网络地址：子网掩码与IP地址按位进行"与"运算得到，如果网络号相同则为本地网络，可以直接访问；如果网络号不同则为远程网络，需要通过网关进行数据转发。

② 主机地址：子网掩码取反后与IP地址按位进行"与"运算得到。

③ 广播地址：网络号＋主机号全为1的地址。

④ 可用主机数：IP地址与子网掩码进行按位与运算时，若子网掩码为0所对应的位数为 n，则可用主机数为 2^n-2。

（3）子网掩码划分

将一个网络划分为几个子网，若借用主机号位数 n 作子网用，即 n 为子网号的位数，m 为借位后主机号的位数，则：

① 可划分子网数计算公式：

可划分子网数＝2^n

② 可容纳主机数计算公式：

可容纳主机数＝2^m-2

③ 子网地址：网络号＋子网号＋全0的主机号所构成的地址。

④ 广播地址：子网中主机号全为1的地址。

知识测评

一、单选题

1. 具有不同信息表示标准的两个系统通信时，数据表示格式的转换在OSI参考模型中的（　　）层实现。

　　A. 表示　　　　B. 传输　　　　C. 会话　　　　D. 应用

2. 在OSI参考模型中负责路径选择、流量控制的是（　　）。

　　A. 应用层　　　B. 网络层　　　C. 表示层　　　D. 链接层

3. 下列选项中属于TCP/IP体系结构中网络层协议的是（　　）。

　　A. POP3　　　　B. SNMP　　　　C. IP　　　　　D. UDP

4. 用户登录QQ和微信,需要用到的协议是(   )。
   A. HTTP   B. FTP   C. TELNET   D. SMTP

5. IP地址160.25.38.140/16的网络号和主机号分别是(   )。
   A. 160 和 25.38.140   B. 160.25 和 38.140
   C. 160.25.38 和 140   D. 160.25.38.140 和 160.25.38.140

6. C类IP地址,每个网络下主机数最多有(   )。
   A. 127 台   B. 254 台   C. 512 台   D. 256 台

7. IPv4地址是一个32位的二进制数,它的表示方法通常采用点分(   )。
   A. 二进制数表示   B. 八进制数表示
   C. 十进制数表示   D. 十六进制数表示

8. 用作回送(测试)的IP地址是(   )。
   A. 212.0.0.0   B. 158.0.0.0
   C. 20.0.0.0   D. 127.0.0.1

9. 152.168.255.255代表的是(   )。
   A. 主机地址   B. 网络地址
   C. 组播地址   D. 广播地址

10. 在OSI参考模型中,负责为用户提供可靠的端到端服务的是(   )。
    A. 网络层   B. 传输层   C. 会话层   D. 表示层

11. ARP协议的作用是(   )。
    A. 将域名解析为IP地址   B. 将计算机名即系为MAC地址
    C. 将主机名解析为IP地址   D. 将IP地址解析为MAC地址

12. 以下与IP地址192.168.25.1处于同一个网络的IP地址是(   )。
    A. 168.198.25.1   B. 192.168.22.1
    C. 1.25.168.198   D. 192.168.25.2

13. 以下关于TCP协议的说法中不正确的是(   )。
    A. TCP称为传输控制协议   B. TCP协议工作在传输层
    C. TCP负责数据包的校验、差错处理   D. TCP负责对数据包编码、编址

14. 在TCP/IP模型中,数据从应用层到网际接口层所经历的传输格式分别是(   )。
    A. 报文或字节流—IP数据报—网络帧—传输协议分组
    B. IP数据报—报文或字节流—网络帧—传输协议分组
    C. 传输协议分组—IP数据报—报文或字节流—网络帧
    D. 报文或字节流—传输协议分组—IP数据报—网络帧

15. 下列协议可以给网络中计算机动态分配IP地址的是(   )。
    A. DHCP   B. SNMP   C. PPP   D. UDP

16. 以下关于TCP/IP协议的描述中,不正确的是(   )。
    A. TCP/IP协议属于应用层
    B. IP协议提供无连接、不可靠的服务

C. TCP 协议提供可靠的面向连接的端到端服务
D. UDP 协议提供简单的无连接服务

17. 在网络协议要素中,规定用户数据格式的是( )。
A. 语法　　　　　B. 语义　　　　　C. 时序　　　　　D. 接口

18. 在 TCP/IP 协议簇中,( )协议属于网际层的无连接协议。
A. IP　　　　　　　　　　　　　　B. SMTP
C. UDP　　　　　　　　　　　　　D. TCP

19. Telnet 通过 TCP/IP 协议在客户机和远程登录服务器之间建立一个( )连接。
A. UDP　　　　　　　　　　　　　B. ARP
C. TCP　　　　　　　　　　　　　D. RARP

20. 以下关于 DNS 的描述中,不正确的是( )。
A. DNS 通常直接由相关应用层协议使用
B. DNS 的主要功能是进行主机名到 IP 地址的转换
C. DNS 可以使用 TCP 或 UDP,但端口号都是 53
D. 当某主要的 DNS 服务器出现故障时,则主机无法使用网络

二、多选题

1. 在 ISO/OSI 参考模型中,以下叙述正确的有( )。
A. 相邻层间进行信息交换时必须遵守的规则称为接口
B. 同层对等实体间进行信息交换时必须遵守的规则称为协议
C. 相邻层间进行信息交换时使用的一组操作原语称为服务
D. 所有的计算机网络都必须用到 OSI 参考模型的 7 层协议
E. 传输层的主要功能是提供端到端的信息传送服务

2. 以下属于 TCP/IP 模型协议层的有( )。
A. 链路层　　　　B. 网络接口层　　　C. 传输层　　　　D. 网络层
E. 应用层

3. 在 OSI 参考模型的 7 层协议中,属于通信子网的有( )。
A. 应用层　　　　B. 物理层　　　　C. 数据链接层　　D. 表示层
E. 网络层

4. 以下 IP 地址中不能用于上网的有( )。
A. 168.1.0.0　　　B. 127.0.0.1　　　C. 172.16.0.1　　　D. 202.160.1.255
E. 211.273.10.120

5. 以下关于子网掩码的描述中,合理的有( )。
A. 利用子网掩码可以判断两台主机是否在同一子网中
B. 子网掩码代表 Internet 上每台主机的唯一标识
C. 子网掩码将某个 IP 地址划分成网络地址和主机地址两个部分
D. 子网掩码不能单独存在,它必须结合 IP 地址一起使用
E. 可变长子网掩码可用于将网络划分为几个更小的子网

6. 下面选项中是数据链路层的主要功能的有（　　）。

A. 提供对物理层的控制

B. 差错控制

C. 流量控制

D. 决定传输报文的最佳路由

E. 提供端到端的可靠的传输

7. IP 协议（　　）。

A. 是传输层协议

B. 和 TCP 协议一样，都是面向连接的协议

C. 是网际层协议

D. 面向无连接的协议，可能会使数据丢失

E. 对数据包进行相应的寻址和路由

8. 以下 IP 地址中，表示广播地址的有（　　）。

A. 172.16.1.255　　　　　　B. 172.16.255.255

C. 192.168.200.255　　　　D. 192.168.255.255

E. 10.100.255.255

9. 以下属于私有 IP 地址的有（　　）。

A. 172.32.255.255　　　　　B. 192.168.100.255

C. 19.100.100.10　　　　　D. 10.1.1.1

E. 200.10.10.10

10. 下列关于 IPv4 地址的描述正确的是（　　）。

A. 由二进制数组成

B. 采用点分十进制数表示

C. 包含网络号与主机号

D. 分为 A、B、C、D、E 五类

E. 同一子网中两台设备可以共用一个 IP 地址

三、判断题

1. 计算机网络体系结构是层次和协议的集合。（　　）

2. 在 OSI 参考模型中，物理层负责完成相邻两个结点间比特流的传输。（　　）

3. 通过 IP 协议实现网络与网络之间的互联。（　　）

4. IP 地址共有 5 类，每类地址用户都能使用。（　　）

5. Internet 的应用最成熟的模型是 ISO 参考模型。（　　）

6. 要访问 Internet 一定要安装 TCP/IP 协议。（　　）

7. ARP 用于实现从主机名到 IP 地址的转换。（　　）

8. TCP/IP 是 Internet 的核心，利用 TCP/IP 协议可以方便把实现多个网络的无缝连接。（　　）

9. 计算机网络体系结构的层次分得越多越细则网络系统越容易实现。（　　）

10. IP 地址 192.168.10.100/24,其中 24 代表的是子网掩码。（　　）

四、填空题

1. 有个 IP 地址是 200.150.240.2/24,其对应的主机号是_____。

2. 物理地址是物理层和_____层使用的地址,IP 地址是网络层及以上各层使用的地址。

3. Internet 体系结构的主协议是_____。

4. 某公司内部网络通过子网划分,给行政楼分配的 IP 地址块是 192.168.15.0/27,该 IP 地址块每个子网最多能给_____台计算机提供 IP 地址。

5. 网络协议由语义、_____和时序三个要素组成。

6. 如果我们需要自动为客户机分配 IP 地址,可以使用的协议是_____。

7. IP 地址是由主机地址和_____组成的。

8. 负责将 IP 地址划分为网络号与主机号的是_____。

9. ISO/OSI 参考模型从低到高依次是物理层、数据链路层、网络层、_____、会话层、表示层和应用层。

10. FTP 服务的默认端口号是_____。

五、综合题

1. 某单位需要依据正在使用的 C 类网络地址 200.180.18.0,进行内部网络的子网划分,把划分后的子网给单位中的 A、B、C、D 这 4 个部门使用,每个部门有 60 台计算机,请确定各部门的网络地址及各部门的主机地址范围(注:各部门的网络地址按照 A~D 的顺序分配)。

2. 已知 IP 地址是 192.168.50.180,子网掩码是 255.255.255.224,求子网位数,子网地址、主机地址、广播地址和每个子网容纳的主机数。

3. 已知十进制 IP 地址是 100.128.123.21,请根据下面要求完成相应回答。

(1) 该 IP 地址对应的二进制形式是什么？用十六进制数表示是多少？

(2) 该 IP 属于哪一类地址？

(3) 该类地址最大网络数和每个网络中的最大主机数分别是多少？

5.3　网络设备与配置

学习目标

- 了解常见网络设备(服务器、调制解调器)的类型和功能。
- 理解交换机的功能以及基本应用。
- 掌握 VLAN 子网划分的原理及方法。
- 理解路由器的功能以及基本应用。

思政要素

- 引入我国在网络设备制造、网络技术研发等领域的先进成果,激发学生的民族自豪感和爱国情怀。
- 强调网络设备在国家信息基础设施中的关键作用,培养学生的安全意识。

知识梳理

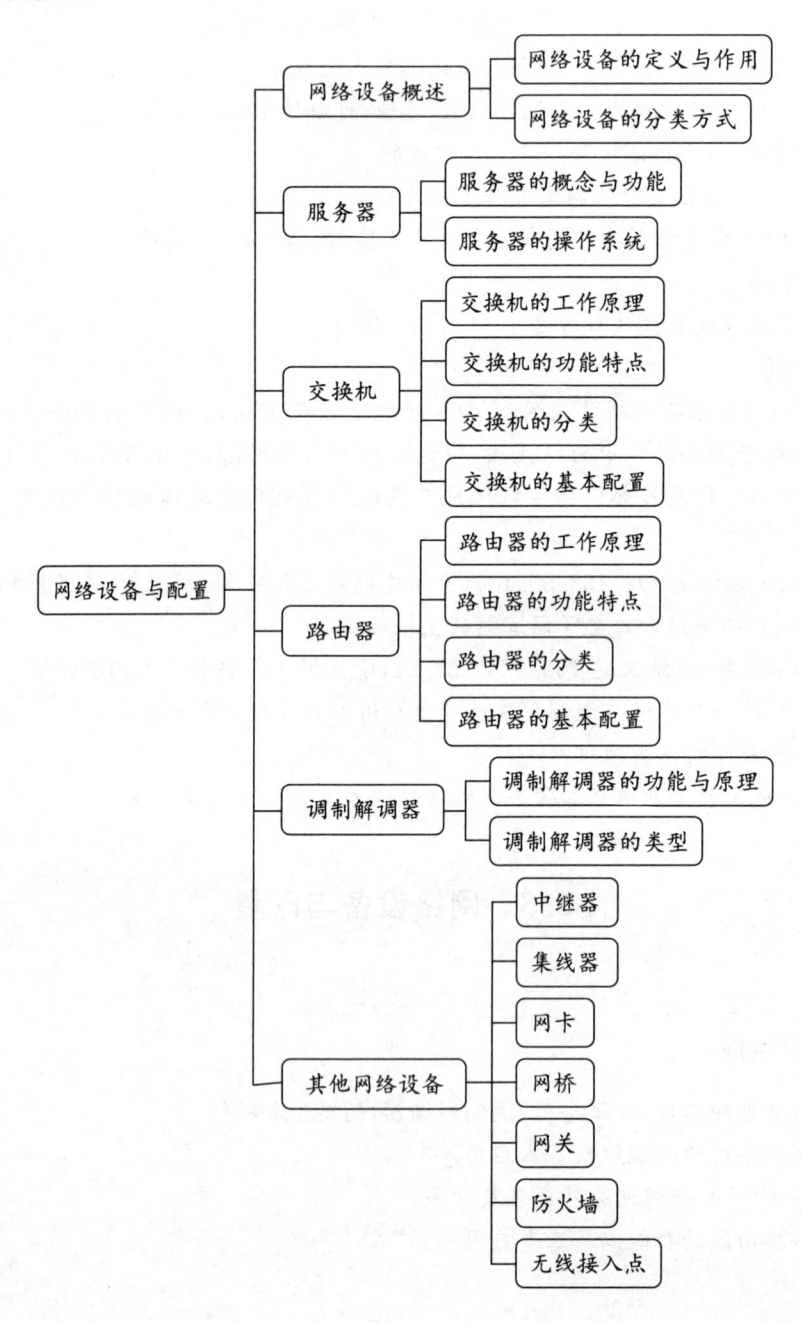

网络设备与配置
- 网络设备概述
  - 网络设备的定义与作用
  - 网络设备的分类方式
- 服务器
  - 服务器的概念与功能
  - 服务器的操作系统
- 交换机
  - 交换机的工作原理
  - 交换机的功能特点
  - 交换机的分类
  - 交换机的基本配置
- 路由器
  - 路由器的工作原理
  - 路由器的功能特点
  - 路由器的分类
  - 路由器的基本配置
- 调制解调器
  - 调制解调器的功能与原理
  - 调制解调器的类型
- 其他网络设备
  - 中继器
  - 集线器
  - 网卡
  - 网桥
  - 网关
  - 防火墙
  - 无线接入点

知识要点

5.3.1 网络设备概述

1. 网络设备的定义与作用

网络设备是计算机网络中用于连接计算机、服务器及其他网络设备,实现数据传输、共享、处理和网络管理等功能的硬件设备。

不同的网络设备在网络中承担着不同的角色。它们协同工作,使网络正常运行。如果没有网络设备,计算机就只能孤立地工作,无法实现信息的交换和共享。

2. 网络设备的分类方式

(1) 按功能划分

① 通信设备:主要负责数据的发送和接收,将计算机的数字信号转换为适合网络传输的形式。如调制解调器、网卡等。

② 网络连接设备:构建网络拓扑结构的关键,用于连接不同的网络节点。如中继器、集线器、网桥、交换机、路由器等。

③ 网络服务设备:网络服务设备为网络用户提供各种服务。如服务器。

④ 网络安全设备:保障网络的安全性,防止非法访问。如防火墙。

(2) 按网络层次划分

① 物理层设备:主要处理物理信号的传输和放大。如调制解调器、中继器、集线器等。

② 数据链路层设备:负责处理帧的转发和 MAC 地址的识别。如网卡、网桥、交换机等。

③ 网络层设备:进行 IP 地址的寻址和路由选择。如路由器。

④ 高层设备:负责网络应用和服务。如服务器、网关等。

5.3.2 服务器

1. 服务器的概念与功能

(1) 服务器的概念

服务器是网络中的核心设备。它是一种高性能计算机,专门为网络中的其他计算机(客户端)提供各种服务。

(2) 常见的服务器类型及主要功能

① 文件服务器:提供集中式的文件存储和管理功能。它允许用户在网络中的不同计算机上访问、存储和共享文件。文件服务器通常具有大容量的硬盘存储,并且可以设置用户权限,以确保文件的安全性和保密性。

② 数据库服务器:专门用于处理数据库相关的操作。它运行数据库管理系统(如 MySQL、Oracle 等),负责存储、管理和检索大量的结构化数据。数据库服务器能够同时处理多个客户端的数据库请求,保证数据的一致性和完整性。

③ Web 服务器：主要用于发布网页内容，是互联网应用的基础。它接收来自客户端浏览器的 HTTP 请求，并根据请求的内容返回相应的网页文件（如 HTML、CSS、JavaScript 等）。常见的 Web 服务器软件有 Apache、Nginx 等。

2. 服务器的操作系统

服务器上安装的操作系统为网络操作系统，常见的网络操作系统有 Windows Server、UNIX、NetWare 和 Linux 等。

① Windows Server：是微软公司推出的服务器操作系统，具有良好的用户界面和易用性，适合于企业网络环境。它提供了丰富的服务器功能，如文件服务、打印服务、活动目录服务等。

② UNIX：UNIX 最早是指由美国贝尔实验室开发的一种分时操作系统的基础上发展起来的网络操作系统。UNIX 是多用户、多任务的实时操作系统，现有的 UNIX 网络操作系统是将 TCP/IP 协议运行于 UNIX 操作系统上。

③ NetWare：NetWare 是 Novell 公司推出的网络操作系统，是多任务、多用户的网络操作系统。支持多种拓扑结构，具有较强的容错能力。Netware 是基于基本模块设计思想的开放式系统结构。

④ Linux：1991 年芬兰的一位研究生提供的自由免费的类 UNIX 操作系统。Linux 是一种开源的、免费的、多用户、多任务、支持多线程的操作系统。

5.3.3 交换机

交换机（switch）是一种基于 MAC（medium access control，介质访问控制）地址识别，能完成封装、转发数据帧功能的网络设备，工作在 OSI 参考模型的数据链路层，是交换机局域网的核心设备。交换机除了能够连接同种类型的网络之外，还可以在不同类型的网络（如以太网和快速以太网）之间起到互连作用。

1. 交换机的工作原理

交换机根据所接收帧的源 MAC 地址构造转发表，根据所接收帧的目的地址进行过滤和转发操作，相当于一个多端口的网桥，可以在同一时刻进行多个端口之间的数据传输，每一端口都可视为独立的网段，连接在其上的网络设备独自享有全部的带宽。

交换机可以用于划分数据链路层广播，即冲突域；但不能划分网络层广播，即广播域。即通过交换机的过滤和转发，可以有效地减少冲突域。

2. 交换机的功能特点

（1）交换机的功能

① 地址学习：将每一个端口相连设备的 MAC 地址同相应端口映射起来，构成 MAC 地址表存放在交换机的缓存中。

② 转发/过滤：当一个数据帧的目的地址在 MAC 地址表中映射时，它被转发到连接目的地结点端口，而不是所有端口。如果交换机收到的数据帧中的目的 MAC 地址不在 MAC 地址表中，则向所有端口转发。另外，广播帧和组播帧也向所有的端口转发。

③ 消除回路：通过生成树协议避免回路的产生，同时允许存在后备路径。

(2) 交换机的功能特点

① 端口扩展:交换机最基本的功能之一就是提供多个端口,以满足网络中多个设备连接的需求。

② 提高网络带宽:交换机的每个端口都有独立的带宽,即使多个设备同时通过交换机进行通信,每个设备都能在享受到足额的带宽。另外,交换机支持全双工通信模式,设备可以同时进行数据的发送和接收,进一步提升了网络的带宽利用率。

③ 分割冲突域:交换机通过其工作原理,可以将网络分割成多个冲突域,每个端口就是一个独立的冲突域,从而有效地减少了冲突的发生,提高了网络的可靠性和性能。这使得网络在多设备同时工作的情况下依然能够保持稳定,为企业办公、学校教学等环境中的网络应用提供了可靠的保障。

3. 交换机的分类

从网络覆盖范围划分,可分为广域网交换机和局域网交换机。局域网交换机常见的分类有:

① 按组网的网络拓扑结构层次:可分为接入层交换机、汇聚层交换机和核心层交换机。

② 按交换机工作的协议层次:可分为二层交换机、三层交换机和四层交换机。

③ 从规模与应用:可分为企业级交换机、部门级交换机和工作组交换机。

④ 根据交换机所支持的局域网类型及传输速度:可分为以太网交换机、ATM 交换机、FDDI 交换机和令牌环交换机。以太网交换机根据传输速度又分为快速以太网交换机、千兆以太网交换机和万兆以太网交换机。

⑤ 按交换机的可管理性:可分为可管理型交换机和不可管理型交换机。

4. 交换机的基本配置

(1) 配置方法

① 通过 Console 端口连接并配置:

a. 将配置线分别与计算机、交换机连接;

b. 利用计算机的"超级终端"程序与交换机建立连接。

注:设置异步串行口的连接参数,波特率为 9600,数据位为 8,奇偶校验为无,停止位为 1,数据流控制为无。

② Telnet 方式。

③ Web 页面方式。

(2) 交换机 IOS 及配置文件

① 交换机 IOS:交换机 IOS 存储在交换机的闪存中,可升级。升级 IOS 的方法:

a. 直接复制新版 IOS 到闪存中,替换老版本 IOS;

b. 利用 Cisco 设备的 AUX 接口来升级 IOS。

查看当前交换机 IOS 的版本及相关信息的命令:在特权模式下输入 show flash。

② 配置文件:配置文件是交换机的核心,若出错则导致 IOS 无法启动或运行不稳定。

a. 配置文件的分类:根据配置文件保存的位置分为启动配置文件和运行配置文件。启动配置文件保存在 NVRAM(非易失性随机存取存储器)中,运行配置文件保存在

RAM 中。

  b. 配置文件的读取过程：交换机在启动时，首先从 NVRAM 中读取配置文件到 RAM 中，生成一个配置文件的副本，然后利用 RAM 中的配置文件副本初始化交换机。

  c. 配置文件的保存

copy running-config startup-config：将运行配置文件保存到启动配置文件；

write：保存交换机配置信息。

  d. 显示当前配置信息：show running-config。

  e. 显示开机时运行的配置信息：show startup-config。

  f. 清空交换机配置：erase startup-config。

（3）交换机的命令模式

交换机的命令模式主要有用户模式、特权模式和全局配置模式等。

  ① 用户模式：交换机开机后直接进入用户模式，在该模式下只能查询交换机的一些基础信息，如版本号等。命令提示符：Switch＞。

  ② 特权模式：在用户模式下输入 enable 命令可进入特权模式。在该模式下可以查看交换机的配置信息和调试信息等。命令提示符：Switch＃。

  ③ 全局配置模式：在特权模式下输入 configure terminal 命令进入。模式主要进行全局参数的配置。命令提示符：Switch(config)＃。

（4）交换机的基本命令

  ① enable：进入特权模式。

  ② configure terminal：进入全局模式。

  ③ exit：退回上一模式。

  ④ end：从全局配置模式或各种子模式回到特权模式。快捷键"Ctrl"＋"Z"。

  ⑤ boot：重启。

  ⑥ reload：重新加载。

  ⑦ show：查看当前系统的基本信息。

  a. show version：查看系统硬件的配置、软件版本号等；

  b. show running-config：查看当前正在运行的配置信息；

  c. show interfaces：查看所有接口的配置信息；

  d. show interface [接口号]：查看某个接口的配置信息；

  e. show interfaces status：查看所有接口的状态信息；

  f. show ip：查看交换机的 IP 地址信息；

  g. show mac-address-table：查看 MAC 地址表。

（5）交换机的基本配置

  ① 配置交换机的系统信息。

  a. Switch(config)＃hostname 名称：更改交换机提示符。

  b. Switch(config)＃enable password 密码：设置 enable 密码，明文。

  c. Switch(config)＃enable secret 密码：设置 enable 密码，密文。

d. 配置交换机 Console 口令：

Switch(config)♯line console 0：进入控制台口；

Switch(config)♯password 密码；

Switch(config)♯login。

e. 配置 Telnet 远程登录交换机：

Switch(config)♯line vty 0 4：进入到 vty 模式下开启 telnet 功能；

Switch(config)♯password 密码；

Switch(config)♯login。

② 交换机端口配置：

端口配置是交换机应用配置基础，一般交换机出厂时其端口默认配置为关闭状态，需要先开启端口才能使用该端口。

a. Switch(config)♯interface fastethernet x/y：进入接口模式，x 代表模块号，y 代表端口号；

b. Switch(config-if)♯no shutdown：打开端口；

c. Switch(config-if)♯duplex full：设置交换机端口的通信方式为全双工；

d. Switch(config-if)♯duplex half：设置交换机端口的通信方式为半双工；

e. Switch(config-if)♯duplex auto：设置交换机端口的通信方式为自适应；

f. Switch(config-if)♯speed 数字：设置端口速率。

(6) 交换机 VLAN 配置

① VLAN(虚拟局域网)：是一种通过将局域网的设备从逻辑上划分成若干个网段从而实现虚拟工作组的技术。

② VLAN 的优点：

a. 限制广播域；

b. 增强局域网的安全性；

c. 灵活构建虚拟工作组。

③ VLAN 的划分：划分 VLAN 的主要作用是隔离广播域。常用的划分方法有：

a. 基于端口划分 VLAN：这是最常用和最简单的 VLAN 划分方法。网络管理员根据交换机的端口来划分 VLAN。当设备连接到端口时，就自动属于该端口所属的 VLAN。

b. 基于 MAC 地址划分 VLAN：这种方法是根据设备的 MAC 地址来划分 VLAN。网络管理员在交换机上配置 MAC 地址与 VLAN 的对应关系。无论该设备连接到交换机的哪个端口，交换机都会根据其 MAC 地址将其划分到对应的 VLAN 中。

c. 基于 IP 地址划分 VLAN：根据设备的 IP 地址来划分 VLAN。交换机通过识别设备的 IP 地址，并根据预先配置的 IP 地址范围与 VLAN 的对应关系进行划分。

d. 基于协议划分 VLAN：根据设备所使用的网络协议来划分 VLAN。交换机通过识别数据帧中的协议类型来进行划分。

④ 基于端口划分 VLAN 的基本配置。

a. 配置 VLAN 的 ID 和名字：

Switch(config)#vlan vlan-id：配置 VLAN 的 ID。

Switch(config-vlan)#name 名字：指定 VLAN 的名字。

b. 为端口制定 VLAN：

进入单个端口模式：Switch(config)#interface fastethernet x/y：x 代表模块号，y 代表端口号。

进入多个连续端口模式：Switch(config)#interface range fastethernet x/y-z：x 代表模块号，y-z 代表 y 至 z 连续的端口模式。

Switch(config-if)#switchport access vlan vlan-id：为 VLAN 分配端口。

c. 设置 IP 地址：

Switch(config)#interface vlan vlan-id：进入指定 vlan-id。

Switch(config-if)#ip address IP 地址 子网掩码：设置 IP 地址。

Switch(config-if)#no shutdown

d. 查看 VLAN 配置：Switch#show vlan：显示所有 VLAN 的配置信息。

e. 删除 VLAN：

Switch(config)#no vlan vlan-id：删除指定的 vlan。

Switch(config-if)#no switchport access vlan：进入端口后，将端口自 VLAN 中删除。

⑤ 不同 VLAN 间的通信：划分 VLAN 后，不同 VLAN 之间不能直接进行二层通信。如果要实现不同 VLAN 间通信，可通过如下方法：

a. 使用三层交换机 SVI 技术；

b. 在路由器上使用单臂路由技术。

(7) 交换机命令的使用技巧

① 使用"?"命令可以获得命令帮助信息；

② 使用"Tab"按键可以补足命令中的单词；

③ 使用命令简写可以快速输入命令；

④ 使用键盘上的方向键可以调出历史命令提高命令输入速度；

⑤ 在大部分的命令前面加上一个"no＋空格"，可以实现命令的删除功能。

5.3.4 路由器

路由器(router)用来连接因特网中的局域网和广域网，它可以根据信道的情况自动选择和设定路由，以最佳路径、按先后顺序发送数据包。路由器通常用于连接两个不种的网络，使之相互通信。

1. 路由器的工作原理

路由器收到数据包时，根据其目的 IP 地址在路由表中查找通往目的网络的最佳路径，若找到目的网络，就从指示的下一跳 IP 地址或接口将数据包转发出去，若没有目的网络但有默认路由，则从默认路由指示的下一跳 IP 地址或接口将数据包转发出去，否则路由器将数据包丢弃。

2. 路由器的功能特点

(1) 路由器的功能

路由器的功能主要有:连接不同的网络;选择信息传送的最佳路径,即路由选择;路由器可以作为网关,共享上网。

(2) 路由器的功能特点

① 网络互联:路由器能够连接不同类型的网络,无论是局域网(LAN)还是广域网(WAN)。这种网络互联功能使得不同地理位置、不同类型的网络能够成为一个统一的整体,扩大了网络的覆盖范围和应用场景。

② IP 地址分配:路由器可以充当 DHCP(dynamic host configuration protocol,动态主机配置协议)服务器,为网络中的设备动态分配 IP 地址。当一个新的设备接入网络时,它可以向路由器发送 DHCP 请求,路由器收到请求后,从预先配置的 IP 地址池中选取一个可用的 IP 地址,并将相关的网络配置信息(如子网掩码、默认网关等)一起分配给设备。这大大简化了网络管理的复杂度,尤其是在大型网络中,不需要手动为每个设备配置 IP 地址。

③ 网络安全:路由器在网络安全方面发挥着重要作用。它可以通过访问控制列表(access control list,ACL)来实现对网络流量的过滤。管理员可以设置规则,允许或禁止特定 IP 地址、端口号或协议的数据包通过路由器。此外,路由器还支持一些高级的安全功能,如虚拟专用网络(VPN)技术。通过 VPN,远程用户可以安全地连接到企业内部网络,就像在本地网络中一样进行操作,保证数据传输的保密性和完整性。

3. 路由器的分类

① 按路由器功能的实现方式分为软件路由器和硬件路由器;
② 按适用的网络环境分为电信级路由器、企业级路由器和家用路由器;
③ 按所处网络级别分为核心级路由器、汇聚级路由器和接入级路由器。

4. 路由器的基本配置

(1) 管理方式

① 通过 Console 口配置;
② 通过 Telnet 方式配置;
③ 通过 Web 页面方式配置。

(2) 路由器的命令模式

路由器的命令模式主要有用户模式、特权模式、全局配置模式等。

① 用户模式:命令提示符:Router>;
② 特权模式:用户模式下输入命令 enable 进入特权模式,命令提示符:Router#;
③ 全局配置模式:特权模式下输入命令 configure terminal 进入,命令提示符 Router(config)#。

(3) 路由器的基本命令

① enable:进入特权模式;
② configure terminal:进入全局模式;

③ exit：退回上一模式；

④ end：从全局配置模式或各种子模式回到特权模式，快捷键"Ctrl"+"Z"。

（4）路由器的基本配置

路由器端口 IP 地址的配置方式：

① Router(config)♯interface {type} x/y：进入路由器端口，type 为端口类型，x 代表模块号，y 代表端口号；

② Router(config-if)♯ip address IP 地址 子网掩码：设置 IP 地址；

③ Router(config-if)♯no shutdown。

（5）路由选择

① 直连网络与非直连网络：通过网络设备自身接口连接的网络是直连网络，除此以外的所有网络都可以认为是非直连网络。

② 路由表：路由表是在路由器中维护路由条目的集合。路由器使用路由选择协议，根据实际网络的连接情况和性能，建立路由表形成路由选择和转发的基础。建立路由表的途径有：

a. 直连路由：路由器自动添加的与自己直接连接的网络路由；

b. 静态路由：网络管理员手动添加的路由；

c. 动态路由：根据不同的动态路由协议在网络上广播或接受路由信息，通过路由器之间不间断的数据交换，动态地更新和维护路由表，并随时向邻近其他路由广播。

③ 路由选择：分为静态路由与动态路由。

a. 静态路由：静态路由是由网络管理员手动配置的路由信息。它明确地指定了数据包从源网络到目的网络的传输路径，包括目的网络地址、子网掩码、下一跳路由器的 IP 地址（数据包应该转发到的下一个路由器的 IP 地址）以及出站接口（数据包从路由器的哪个接口发送出去）等信息。

b. 动态路由：动态路由是指路由器能够自动建立和维护路由表的方式。它通过动态路由协议来实现，动态路由协议允许路由器之间相互交换路由信息。网络中的路由器就可以动态地学习到整个网络的拓扑结构和路由信息。

④ 静态路由配置：

a. 静态路由配置方法：Router(config)♯ip route 非直连网络 子网掩码 {下一跳 IP 地址 | 设备网络接口}；

b. 默认路由：静态路由中的一种特殊路由，是当路由器在目的网络没有明确列在路由表上时所使用的路由；

Router(config)♯ip route 0.0.0.0 0.0.0.0 {下一跳 IP 地址 | 设备网络接口}。

⑤ 动态路由配置：

a. RIP(raster image processor)动态路由：RIP 是一种距离矢量型动态路由协议，它通过计算跳数（路由器的数量）来确定到达目的网络的最佳路径。最大跳数限制为 15，超过这个跳数的网络被认为不可达。适用于小型网络环境。常用配置命令如下：

Router(config)♯router rip：进入 RIP 配置模式；

Router(config-router)♯version 版本号：可选命令，RIP 版本号有 1 和 2 两种，一般选择

2，RIPv2 支持可变子网掩码；

  Router(config-router)♯network 直连网络：宣告与路由器直接相连的网络。

  b. OSPF(open shortest path first)动态路由：OSPF 是一种链路状态型动态路由协议。它通过收集网络中各个链路的状态信息(如链路带宽、延迟、开销等)来构建一个完整的网络拓扑图，然后使用最短路径优先算法计算出到达每个目的网络的最短路径，以此来更新路由表。与 RIP 动态路由相比更适用于中大型网络。常用配置命令如下：

  Router(config)♯router ospf 进程号：启动 OSPF 路由进程，并指定一个进程号；

  Router(config-router)♯network 直连网络 反掩码 area 区域号：宣告与路由器直接相连的网络，使其参与 OSPF 路由计算。

  c. 查看配置信息和路由器路由表信息：

  startup-config：特权模式下的命令，查看配置信息；

  show ip route：特权模式下的命令，查看路由表信息。

5.3.5 调制解调器

  调制解调器(modem)是指在往铜线或电话拨号连接的传输中，使用载波编码数字信号的设备。Modem 属于物理层设备，可以双向通信。

1. 调制解调器的功能与原理

  ① 功能：调制和解调，实现模拟信号与数字信号的转换。

  ② 工作原理：在发送端，将计算机串行口产生的数字信号调制成可以通过电话线传输的模拟信号；在接收端，调制解调器把模拟信号转换成相应的数字信号再输入计算机。

2. 调制解调器的类型

  ① 按接入技术分类：可分为 ADSL 调制解调器、VDSL 调制解调器、电缆调制解调器(cable modem)和光纤调制解调器(光猫)。

  ② 按功能特点分类：可分为内置式调制解调器和外置式调制解调器。

  ③ 按传输模式分类：可分为同步调制解调器和异步调制解调器。

5.3.6 其他网络设备

1. 中继器

  中继器 RP(repeater)是工作在物理层的网络设备，其主要功能是对信号进行再生和放大，延长网络的传输距离。常用于总线型网络。在以太网标准中只允许 5 个网段，最多使用 4 个中继器，3 个终端。

  中继器连接起来的两端必须采用相同的介质访问控制协议。

2. 集线器

  集线器(hub)是一种共享式网络连接设备，工作在物理层，其主要功能是对接收到的信号进行再生整形放大，以扩大网络的传输距离，同时把所有结点集中在以它为中心的结点上，采用 CSMA/CD 访问方式。

所有连接到集线器的设备都处于同一个冲突域和广播域中。

3. 网卡

网卡(network interface card，NIC)又称为网络接口卡或网络适配器，是数据链路层的设备，它提供接入 LAN 的电缆接头，每一台接入 LAN 的工作站和服务器，都必须使用一个网卡连入网络。

(1) 主要功能

网卡的主要功能有数据的封装与解封、链路管理(CSMA/CD)和编码与译码。

(2) 物理地址(MAC 地址)

① 由 48 位二进制数组成，前 24 位为企业标识，后 24 位是企业给网卡的编号。通常用 12 位十六进制来表示。

② 查看 MAC 地址的命令：ipconfig /all，同时还可以查看主机名、IP 地址、子网掩码、网关、DNS 服务器地址、DHCP 服务器地址。

③ 在网络上的每一块网卡都必须拥有一个独一无二的 MAC 地址。

(3) 网卡的分类

① 按总线类型分类：ISA 总线型网卡、PCI 总线型网卡和 PCMCIA 网卡。

② 按接口分类：RJ45 网卡、BNC 接口网卡、AUI 接口网卡、光纤网卡和无线网卡等。

③ 按网络类型分类：以太网卡、令牌环网卡和 ATM 网卡。

4. 网桥

网桥(bridge)是数据链路层设备，用于连接两个或多个局域网网段。它可以过滤和转发帧，实现网络之间的通信，同时又能在一定程度上隔离不同网段的流量。

① 主要功能：根据目标的 MAC 地址阻止或转发数据(转发过滤)，隔离冲突域。

② 工作原理：网桥根据 MAC 地址表进行数据转发，将网络流量限制在需要的网段内，避免不必要的广播和数据传输，提高网络的效率和安全性。

5. 网关

网关(gateway)是工作在传输层及以上的设备，是实现高层互连的主要设备，用于连接不同网络协议、数据格式或体系结构的网络。其主要功能是实现协议转换和数据转发，使不同网络之间能够通信。

网关可以实现不同协议的网络间的互联，包括不同网络操作系统的网络间的互联，也可以实现局域网与远程网间的互联。

6. 防火墙

防火墙(firewall)是一种位于内部网络与外部网络之间的网络安全设备，它就像一道坚固的屏障，用于阻止非法网络访问，保护内部网络安全。

① 主要功能：隔离、阻挡攻击(防黑客)、入侵检测、访问权限控制、过滤及屏蔽垃圾信息等。

② 分类：

a. 根据防火墙工作方式不同，可分为包过滤防火墙、应用网关防火墙、代理防火墙和状态监测防火墙；

　　b. 根据实现方式,可分为硬件防火墙和软件防火墙；

　　c. 根据应用,可分为网络级防火墙和个人防火墙。

7. 无线接入点

无线接入点(wireless access points,WAP)是创建无线网络的关键设备,它允许无线客户端(如笔记本电脑、智能手机、平板电脑等)接入有线网络,实现无线网络覆盖。在家庭、学校、企业、公共场所(如咖啡馆、机场等)都有广泛应用。无线接入点的基本设置：

① 设置无线网络名称(SSID)：SSID是无线网络的标识,用户在搜索无线网络时看到的名称就是SSID。管理员可以根据需要设置一个独特且容易识别的SSID。

② 加密方式：为了保障无线网络的安全性,需要设置加密方式。常见的加密方式有WEP、WPA、WPA2、WPA3等。其中,WPA2和WPA3是目前较为安全的加密方式。通过设置加密密钥,只有知道密钥的设备才能连接到无线网络。

知识测评

一、单选题

1. 以下不是网络操作系统的是(　　)。
  A. Windows Server 2008　　　　　　B. Linux
  C. UNIX　　　　　　　　　　　　　D. Windows 10

2. Linux操作系统最大的特点是(　　)。
  A. 操作便利　　B. 硬件要求低　　C. 源代码开放　　D. 图形化界面

3. 在由一下网络设备所构建的网络中广播域与冲突域相同的是(　　)。
  A. 交换机与集线器　　　　　　　　B. 交换机与路由器
  C. 仅交换机　　　　　　　　　　　D. 集线器与路由器

4. 必须网络管理员手动配置的是(　　)。
  A. 静态路由　　B. 直连路由　　C. 动态路由　　D. 间接路由

5. 能实现数—模转换和模—数转换的设备的是(　　)。
  A. Modem　　　B. 中继器　　　C. 集线器　　　D. 路由器

6. 下列MAC地址正确的是(　　)。
  A. 00-16-5C-4A-44-2H　　　　　　B. 65-10-96-42-32
  C. 00-10-4C-5A-54-AC　　　　　　D. 22-35-10-4A

7. 路由器最主要的功能是(　　)。
  A. 路由选择　　B. 过滤　　　　C. 提高速度　　D. 流量控制

8. 在路由表中设置一条默认路由,目标地址应为(　　)。
  A. 127.0.0.0　　B. 0.0.0.0　　　C. 1.0.0.0　　　D. 127.0.0.1

9. 下列关于交换机的描述错误的是(　　)。
  A. 交换机上所有端口共享同一带宽　　B. 交换机上所有端口都具有独立带宽

C. 三层交换机具有路由功能　　　　　D. 交换机使用 CSMA/CD 介质控制方法

10. 下列有关 VLAN 的说法正确的是(　　)。

A. 一个 VLAN 组成一个广播域　　　　B. 一个 VLAN 是一个冲突域

C. 各个 VLAN 之间不能通信　　　　　D. VLAN 之间必须通过服务器交换信息

11. 下列交换机命令中,(　　)为端口指定 VLAN。

A. Switch(config-if)#vlan-menbership static

B. Switch(config-if)#vlan database

C. Switch(config-if)#switchport mode access

D. Switch(config-if)#switchport access vlan 10

12. VLAN 划分的方法不包括(　　)。

A. 基于端口　　　　　　　　　　　　B. 基于 MAC 地址

C. 基于协议　　　　　　　　　　　　D. 基于物理位置

13. 路由器可以实现不同子网间通信,它是(　　)的互联设备。

A. 应用层　　　B. 传输层　　　C. 网络层　　　D. 物理层

14. 校园网架设中,作为本校园与外界的连接器,应采用(　　)。

A. 中继器　　　B. 网桥　　　　C. 网关　　　　D. 路由器

15. 下面配置默认路由的命令中,正确的是(　　)。

A. ip route 0.0.0.0 0.0.0.0 192.168.10.55

B. ip route 0.0.0.0 255.255.255.255 210.48.35.22

C. ip route 255.255.255.255 0.0.0.0 211.80.65.10

D. ip route 172.17.20.50 255.255.0.0 172.16.18.10

16. 一台 24 口 100Mbps 的以太网交换机的总带宽是(　　)。

A. 5Mbps　　　B. 24Mbps　　　C. 100Mbps　　　D. 2400Mbps

17. 具有路由器的功能和交换机性能的设备是(　　)。

A. 集线器　　　B. 网桥　　　　C. 二层交换机　　　D. 三层交换机

18. 小明家有台式计算机、智能手机和平板电脑等设备,需共享一根外网线上网,下列能满足需求的设备是(　　)。

A. 集线器　　　B. 交换机　　　C. 调制解调器　　　D. 无线路由器

19. Windows Server 2008 属于(　　)的操作系统。

A. 单用户、单任务　　　　　　　　　B. 单用户、多任务

C. 多用户、单任务　　　　　　　　　D. 多用户、多任务

20. 下列网络设备中,能够有效隔离广播域的是(　　)。

A. 中继器　　　B. 路由器　　　C. 交换机　　　D. 透明网桥

二、多选题

1. 网络中具有判断网络地址和选择路径功能的设备有(　　)。

A. 路由器　　　B. 集线器　　　C. 三层交换机　　　D. 网关

E. 二层交换

2. 以下关于MAC地址的说法中,不正确的有(   )。
   A. MAC地址具有全球唯一性
   B. MAC地址由32位二进制数组成
   C. MAC地址由12个16进制数组成
   D. MAC地址即物理地址,也叫硬件地址
   E. MAC地址为逻辑地址
3. 下列属于正确的MAC地址的有(   )。
   A. 40-1A-60-80-25
   B. 00-AC-4C-64-50
   C. 1F-01-4D-50-B5-E6
   D. 11-22-70-6F-3E-5G
   E. 10-00-2C-60-50-DE
4. 下列关于网络防火墙功能的描述中正确的有(   )。
   A. 提高网速
   B. 网络安全的屏障
   C. 隔离互联网和内部网络
   D. 抵御网络攻击
   E. 防止火势蔓延
5. 下列关于路由器和二层交换机的异同描述正确的有(   )。
   A. 两者工作层次不同
   B. 两者数据转发所依据的对象不同
   C. 两者都可以分割广播域
   D. 路由器提供了防火墙功能
   E. 交换机提供路由选择功能
6. 路由器的功能包括(   )。
   A. 安全性与防火墙
   B. 第二层的特殊服务
   C. 隔离广播
   D. 路径选择
   E. 流量控制
7. 以下属于动态路由协议功能的有(   )。
   A. 维护路由信息
   B. 计算最佳路径
   C. 避免暴露网络信息
   D. 发现网络
   E. 选择由管理员指定的路径
8. 以下属于网卡功能的有(   )。
   A. 数据缓存
   B. 路由选择
   C. 数据的封装与解封
   D. 数据编码与译码
   E. 控制数据收发
9. 下列关于交换机命令说明正确的有(   )。
   A. Switch#write 保存配置信息
   B. Switch#show vtp 查看vtp配置信息
   C. Switch#show run 查看当前配置信息
   D. Switch#show vlan 查看vlan配置信息
   E. Switch#show interface 查看端口信息
10. 以下属于交换机的功能的有(   )。
    A. 地址学习
    B. 路由转发
    C. 信号过滤
    D. 消除回路
    E. 流量控制

三、判断题

1. 计算机联网通信时将数字信号转换成模拟信号称为解调。（ ）
2. 中继器在网络中可以放大信号，扩大传输距离。（ ）
3. 网桥工作在 OSI 体系的传输层。（ ）
4. 在同一局域网中，两个不同子网的计算机可以直接通信。（ ）
5. 在计算机网络中，路由器可以实现局域网与广域网的连接。（ ）
6. 交换机工作在 OSI 参考模型的传输层。（ ）
7. 集线器相当于多端口中继器，对信号放大并整形再转发，扩充了信号传输距离。（ ）
8. vlan 20 name renshi 命令可以创建 vlan20，并命名为 renshi。（ ）
9. 集线器在工作时需要分配 IP 地址。（ ）
10. 路由器在选择路由时不仅要考虑目的站 IP 地址，而且还要考虑目的站的物理地址。（ ）

四、填空题

1. 常用于配置交换机的接口是_____。
2. 交换机根据组网的网络拓扑结构可以分为接入层交换机、汇聚层交换机和_____。
3. 为交换机更改名称的命令应在_____模式下执行。
4. 路由器比三层交换机的交换性能_____。（填"弱"或"强"）
5. 交换机是基于_____地址来实现数据转发的。
6. HUB 的中文名称是_____。
7. 路由器最主要的功能是_____。
8. 集线器与第二层交换机存在的弱点是容易引起_____。
9. 路由表包括静态路由表和_____。
10. 常见的网络操作系统有 Windows Server 系列、_____、Linux、Netware 等。

五、综合题

1. 请根据如下相应中文解释，写出思科路由器配置命令。

中文解释	思科交换机配置命令
进入特权模式	Router＞(1)
进入全局配置模式	Router＃(2)
进入 FastEthernet0/0 端口	Router(config)＃interface fastethernet0/0
设置 FastEthernet0/0 端口的 IP 地址为 192.168.100.1，子网掩码为 255.255.255.0	Router(config-if)＃(3)
启用端口	Router(config-if)＃(4)
返回到特权模式	Router(config-if)＃(5)

(1)_____;(2)_____;(3)_____;(4)_____;(5)_____。

2. 下图为网络拓扑结构,为使两台计算机间互通,需要对路由器进行设置。下面是设置路由器 R1 的部分命令,请分别写出对应命令的作用。

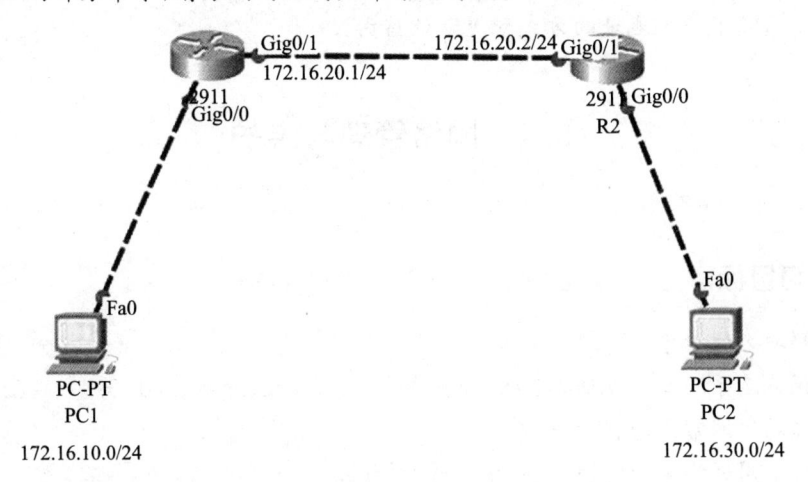

Router>enable(1)
Router#configure terminal(2)
Router(config)#hostname R1(3)
R1(config)#interfacegigabitethernet0/0
R1(config-if)#ip address172.16.30.1 255.255.255.0(4)
R1(config-if)#no shutdown
R1(config-if)#exit
R1(config)#ip route 172.16.30.0 255.255.0.0 172.16.20.2(5)
(1)_____;(2)_____;(3)_____;(4)_____;(5)_____。

3. 下图是一个由两个路由器组成的网络,通过 RIP 动态路由连通 PC1(200.1.1.2/24) 和 PC2(200.1.3.2/24),请根据要求写出对应的配置命令。

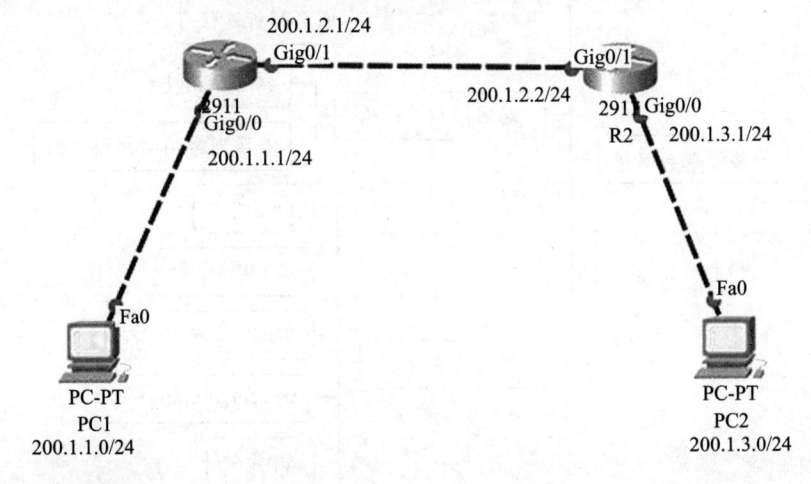

(1) 进入特权模式:_____;
(2) R1 配置 Gi0/1 的 IP 地址:_____;

(3) 开启端口：_____；

(4) 退出端口到全局配置模式：_____；

(5) R1通过下一跳地址的方式配置默认路由：_____。

5.4 网络管理与维护

学习目标

- 理解域名的概念。
- 掌握域名系统及常见域名，如.com、.cn、.net、.org、.gov、.edu等。
- 掌握局域网常用的拓扑结构。
- 掌握常用网络命令（ping、ipconfig等）的使用。

思政要素

- 强调域名注册、使用和管理的法律法规，培养学生的法治观念和网络法律意识。
- 培养学生在集体环境中相互协作、共同维护网络良好运行的意识，体现团队合作精神和社会责任。

知识梳理

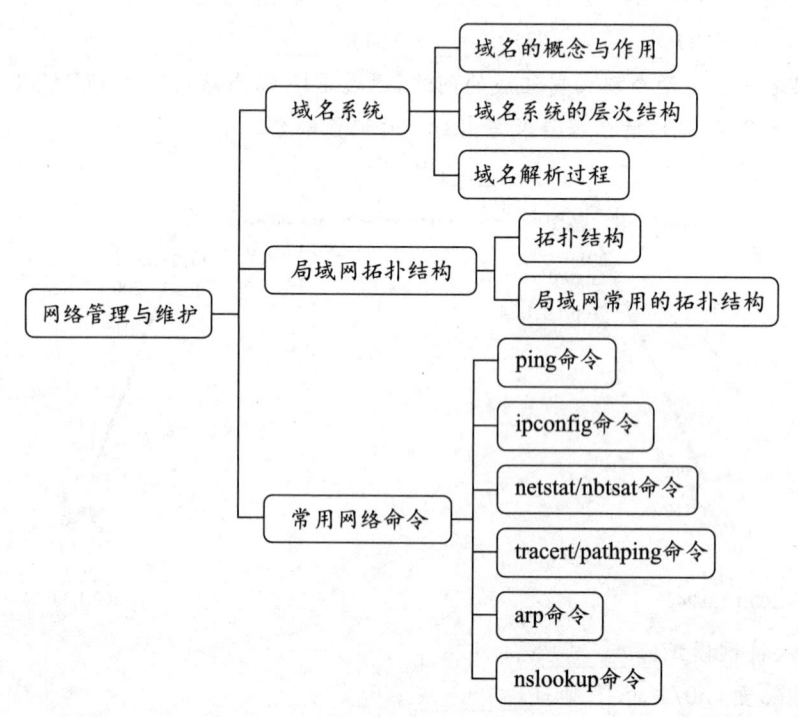

```
网络管理与维护 ┬─ 域名系统 ┬─ 域名的概念与作用
              │            ├─ 域名系统的层次结构
              │            └─ 域名解析过程
              │
              ├─ 局域网拓扑结构 ┬─ 拓扑结构
              │                └─ 局域网常用的拓扑结构
              │
              └─ 常用网络命令 ┬─ ping命令
                              ├─ ipconfig命令
                              ├─ netstat/nbtsat命令
                              ├─ tracert/pathping命令
                              ├─ arp命令
                              └─ nslookup命令
```

知识要点

5.4.1 域名系统

1. 域名的概念与作用

（1）域名（domain name）的概念

域名是互联网上某一台计算机或计算机组的名称，它以一种易于人类记忆的方式来表示。域名由一串用点分隔的字符组成，这些字符可以包含字母、数字和连字符（-），但不能以连字符开头或结尾。域名遵循先注册先使用的原则，其特点是独一无二，不可重复。

（2）域名系统（domain name system, DNS）的作用

主要实现域名与 IP 地址之间的转换，以解决 IP 地址难以记忆的问题。

（3）统一资源定位符（uniform resource locater, URL）

在 Internet，每一个文件都有自己的位置，即统一资源定位符。HTML 的超链接使用 URL 来定位信息资源所在的位置。

① 标准的 URL 格式：协议://主机域名或 IP 地址[:端口号]/路径名/文件名。

② 协议即端口号，如表 5-4-1 所示。

表 5-4-1 URL 协议类型及对应端口号

协议	服务	传输协议	默认端口号
http	WWW 服务	HTTP	80
telnet	远程登录服务	Telnet	23
ftp	文件传输服务	FTP	21
mailto	电子邮件服务	SMTP	25
news	网络新闻服务	NNTP	119

2. 域名系统的层次结构

（1）域名的构成

DNS 采用树型层次结构，由根域、顶级域、子域（可选）和主机名称构成。各级之间用下圆点"."分隔。

① 根域：用下圆点"."表示，实际使用可以省略。全球有 13 台根域服务器，由 InterNIC（国际互联网络中心）管理。

② 顶级域：可分为两种类型，一种是 2 个英文缩写，表示国家或地区代码如表 5-4-2 所示；另一种是 3 个英文缩写，表示组织结构的通用顶级域，如表 5-4-3 所示。

表 5-4-2 国家或地区代码

地区代码	国家或地区	地区代码	国家或地区
cn	中国	jp	日本
au	澳大利亚	kr	韩国

续表

地区代码	国家或地区	地区代码	国家或地区
tw	中国台湾	mo	中国澳门
hk	中国香港	uk	英国

表 5-4-3　通用顶级域

域名代码	意义
com	商业组织
edu	教育机构
gov	政府部门
mil	军事部门
net	网络服务机构
org	非营利机构
arpa	临时 ARPA(未用)
int	国际组织

③ 子域:除了根域和顶级域之外,其他域都称为子域。

④ 主机名:域名中最左边的域,常见的主机名称有 www. ftp 等。

(2) DNS 的层次结构

DNS 的层次结构为:主机名. 三级域名. 二级域名. 顶级域。

(3) 中文域名

中文域名是含有中文的新一代域名,也是符合国际标准的一种域名体系,使用上和英文域名相似。目前我国域名体系中共设置了"中国""公司""网络"三个中文顶级域名,在这三个顶级域名下都可以申请注册中文域名。

3. 域名解析过程

(1) DNS 名称的解析方法

DNS 域名系统也称为域名解析系统。域名解析工作是由 DNS 服务器(域名解析服务器)完成。将域名映射为 IP 地址的过程称为域名解析。它分为正向解析和反向解析,正向解析是从域名到 IP 地址的解析,反向解析是从 IP 地址到域名的解析。

(2) DNS 的工作原理

① 客户机提出域名解析请求,将该请求发送给本地的域名服务器;

② 当本地的域名服务器收到请求后,先查询本地的缓存,如果有该记录项,则本地的域名服务器直接把查询的结果发送给客户机;

③ 如果本地的缓存中没有该记录,则本地域名服务器直接把请求发给根域名服务器,然后根域名服务器再返回给本地域名服务器一个所查询域(根的子域)的主域名服务器的地址;

④ 本地服务器再向③所返回的域名服务器发送请求,然后接受请求的服务器查询自己的缓存,如果没有该记录,则返回相关的下级的域名服务器的地址;

⑤ 重复④直到找到正确的记录;

⑥ 本地域名服务器把返回的结果保存到缓存,以备下一次使用,同时将结果返回给客户机。

(3) DNS 的查询模式

DNS 的查询模式分为递归查询和迭代查询两种。

① 递归查询:DNS 服务器接收到客户机请求,必须使用一个准确的查询结果回复客户机。如果 DNS 服务器在本地没有存储查询的 DNS 信息,那么该服务器会询问其他服务器,并将返回的查询结果提交给客户机。

② 迭代查询:DNS 所在服务器若没有可以响应的结果,会向客户机提供其他能够解析查询请求的 DNS 服务器地址。当客户机发送查询请求时,DNS 服务器并不直接回复查询结果,而是告诉客户机另一台 DNS 服务器地址,客户机再向这台 DNS 服务器提交请求。重复循环,直到返回查询的结果为止。

(4) Windows Server 2008 下 DNS 服务器的搭建

① 安装 DNS 服务器:选择"开始"—"管理工具"—"服务器管理器"命令,打开"服务器管理器"窗口,右击左边列表框中的"角色"选项,选择"添加角色"命令,打开"添加角色向导"对话框,勾选"DNS 服务器"复选框,单击"下一步"按钮确认选择安装的服务种类和设置,单击"安装"即可。

② 配置 DNS 区域:创建区域分为创建正向查找区域和反向查找区域。其中,反向查找区域完成 IP 地址到域名的解析。

DNS 区域类型有主要区域、辅助区域和存根区域三种。

a. 创建正向区域(正向查找区域完成域名到 IP 地址的解析):在"DNS 管理器"窗口右击"正向查找区域",在弹出的快捷菜单中选择"新建区域命令",打开"新建区域向导"对话框,根据向导提示操作,选择"主要区域",然后输入新域名,创建区域文件,设置允许动态更新类型即可完成创建。

b. 创建反向区域:在"DNS 管理器"窗口中右击"反向查找区域",在弹出的快捷菜单中选择"新建区域命令",打开"新建区域向导"对话框,根据向导提示操作,选择"主要区域",然后打开"反向查找区域名称"界面选择"IPv4 反向查找区域",输入网络 ID 或反向查找区域名称,然后创建区域文件,设置允许动态更新类型即可完成创建。

③ 创建资源记录:DNS 服务器需要根据区域中的资源记录提供该区域的名称解析。DNS 资源记录类型如下:

a. A 记录:Address 记录是用来指定主机名(或域名)对应的 IP 地址记录。通俗来说 A 记录就是服务器的 IP 地址。

b. NS 记录:NS 记录是域名服务器记录,用来指定该域名由哪个 DNS 服务器来进行解析。

c. MX 记录:MX 记录是邮件交换记录,它指向一个邮件服务器。

d. CNAME 记录:CNAME 别名记录,允许将多个名字映射到同一台服务器。

e. PTR 值:用于将一个 IP 地址映射到对应的域名,也可以看成是 A 记录的反向,即 IP 地址的反向解析。

5.4.2 局域网拓扑结构

1. 拓扑结构

① 在局域网中,由于使用的中央设备不同,局域网的物理拓扑结构和逻辑拓扑结构不同。

　　a. 物理拓扑结构:常见有总线形、星形、环形、树形和网状形。这些类型是基于物理设备连接方式划分的。

　　b. 逻辑拓扑结构:常见为总线形、环形和星形。逻辑拓扑结构类型主要是根据数据传输的逻辑方式划分的。

② 在传输结构上,不同的拓扑结构采用不同的传输结构。

　　a. 点对点传输结构:星形、环形(广域环网)、树形、网状形。

　　b. 广播式传输结构:总线形、树形、环形(局域环网)、无线通信与卫星通信形。

2. 局域网常用的拓扑结构

网络的拓扑结构对网络的可靠性、宽带利用、延迟性、可扩展性、成本等方面都有影响。局域网常用的拓扑结构有星形拓扑结构、总线形拓扑结构和环形拓扑结构。

5.4.3 常用网络命令

1. ping 命令

(1) 功能

通过发送 ICMP 包来验证与另一台 TCP/IP 计算机的 IP 级连接,是用于检测网络连接性、可到达性和名称解析等问题的主要 TCP/IP 命令。

(2) 格式

ping [选项] [目标主机 IP 地址或域名],常用的选项有:

① -t:系统不停地运行 ping 这个命令,直到按下"Ctrl"+"C"组合键为止;

② -a:解析主机的 NetBIOS 主机名,一般是在运用 ping 命令后的第一行就显示出来;

③ -n count:定义用来测试所发出的测试包(ECHO)的个数,默认值为 4;

④ -l length:发送包含由 length 指定的数据量的 ECHO 数据包,默认为 32 字节,最大值为 65527。

2. ipconfig 命令

(1) 功能

查看计算机 IP 地址配置信息。

(2) 格式

① ipconfig:显示本机 TCP/IP 配置信息;

② ipconfig /all:显示本机 TCP/IP 配置的详细信息;

③ ipconfig /renew:DHCP 客户端手工向服务器刷新请求,本地计算机便设法与 DHCP

服务器取得联系,并租用一个 IP 地址;

④ ipconfig /release:DHCP 客户端手工释放 IP 地址;

⑤ ipconfig /displaydns:显示系统中已经缓存的 DNS 域名;

⑥ ipconfig /flushdns:进行 DNS 缓存刷新。

3. netstat/nbtstat 命令

netstat 和 nbtstat 两个命令都是网络协议统计命令,可以统计网络信息。

(1) netstat 命令

① 功能:查看网络连接(TCP、UDP)及监听端口,显示路由表信息,提供网络接口统计数据。

② 格式:netstat [-选项] [间隔时间],常用的选项有:

a. -a:显示所有连接和监听端口;

b. -n:以数字形式显示地址和端口号;

c. -r:显示路由表;

d. -p:指定协议显示连接,如 netstat -p TCP。

(2) nbtstat 命令

① 功能:查看 NetBIOS 名称解析相关信息,检查 NetBIOS 连接状态。

② 格式:nbtstat [-选项] [间隔时间],常用选项有:

a. -a:显示指定远程计算机的 NetBIOS 名称表;

b. -c:显示本地 NetBIOS 名称缓存;

c. -s:显示 NetBIOS 会话信息。

4. tracert/pathping 命令

(1) tracert 命令

① 功能:跟踪数据包从本地计算机到目标主机所经过的网络路径,显示路径中每一跳路由器的 IP 地址及往返时间。

② 格式:tracert [IP 地址/域名]。

(2) pathping 命令

① 功能:结合了 ping 和 tracert 的功能,是路由跟踪工具,显示目标主机经过的路由。

② 格式:pathping [IP 地址/域名]。

5. arp 命令

(1) 功能

用于确定对应 IP 地址的网卡物理地址,能够查看本地计算机或另一台计算机的 ARP 高速缓存中的当前内容。

(2) 格式

① arp -a:显示高速缓存中的所有 ARP 表信息;

② arp -a ip:显示对应 IP 接口的相关 ARP 缓存信息;

③ arp -s ip 物理地址:静态绑定 IP 和物理地址。

6. nslookup 命令

（1）功能

查询任何一台机器的 IP 地址及其对应的域名，通常需要一台域名服务器来提供域名解析。

（2）格式

nslookup 可以单独使用，或是使用命令：nslookup IP 地址或域名。

知识测评

一、单选题

1. 以下命令的功能是刷新 DNS 缓存的是（　　）。

   A. ipconfig/release　　　　　　B. ipconfig/renew

   C. ipconfig/all　　　　　　　　D. ipconfig/flushdns

2. 以下命令可以查看域名解析是否正常的是（　　）。

   A. nslookup　　B. ping　　C. ipconfig　　D. tracert

3. 在 DNS 中，以下名（　　）记录是用来指定主机名（或域名）对应的 IP 地址记录。

   A. A　　B. CNAME　　C. MX　　D. PTR

4. www.fujian.gov.cn 是 Internet 上一个典型的域名，它表示的是（　　）。

   A. 政府部门　　　　　　　　　B. 教育机构

   C. 商业组织　　　　　　　　　D. 单位或个人

5. 下列关于在 Internet 中的域名说法正确的是（　　）。

   A. 域名表示不同的地域

   B. Internet 上特定的主机

   C. Internet 上不同风格的网站

   D. 域名同 IP 地址一样，都是自左向右越来越大

6. ping 命令的参数 -t 是指（　　）。

   A. 指定发送数据的大小　　　　B. 指定发送报文的数量

   C. 将 IP 地址解析为计算机名　　D. 不断地向指定的计算机发送报文

7. Web 网站服务器所使用的 IP 地址是 192.168.50.12，TCP 端口号为 8080。访问该网站输入正确的是（　　）。

   A. http://192.168.50.12　　　　B. ftp://192.168.50.12

   C. http://192.168.50.12:8080　　D. ftp://192.168.50.12:8080

8. 域名和 IP 地址之间的关系是（　　）。

   A. 一个域名可以对应多个 IP 地址　　B. 一个 IP 地址可以对应多个域名

   C. 域名与 IP 地址没有关系　　　　　D. 一一对应

9. 如果文件"sam.exe"存储在一个名为"sa.edu.cn"的 FTP 服务器上，那么下载该文件用的 URL 为（　　）。

   A. http://sa.edu.cn/sam.exe　　B. telnet://sa.edu.cn/sam.exe

C. rtsp://sa.edu.cn/sam.exe   D. ftp://sa.edu.cn/sam.exe

10. ping 命令的作用是(   )。
A. 测试网络配置   B. 测试网络性能
C. 统计网络信息   D. 测试网络连通性

11. ipconfig/all 命令的作用是(   )。
A. 查看所有的 TCP/IP 配置   B. 释放地址
C. 获取地址   D. 发现 DHCP 服务器

12. WWW 上每一个网页都有一个独立的地址,这些地址统称为(   )。
A. IP 地址   B. 域名系统
C. 统一资源定位符   D. E-mail 地址

13. 在 IE 浏览器中输入 IP 地址 182.50.123.65,可以浏览到某网站,但是当输入该网站名 www.xind.com 时却发现无法访问,可能的原因是(   )。
A. 该网络未能提供域名服务管理   B. 该网络在物理层有问题
C. 本机的 IP 地址设置有问题   D. 本网段交换机的设置有问题

14. "www.abc.com.cn"是一个(   )域名中的主机。
A. 顶级   B. 一级   C. 二级   D. 三级

15. 域名地址与 IP 地址转换的协议是(   )。
A. SMTP   B. HTTP   C. DHCP   D. DNS

16. mail.cernet.edu.cn 是 Internet 上一台计算机的(   )。
A. IP 地址   B. 域名   C. 名称   D. 地址

17. URL 的组成是(   )。
A. 协议、域名、路径和文件名
B. 协议、WWW、HTML 和文件名
C. 协议、文件名
D. Web 服务器和浏览器

18. ping 命令中,将 IP 地址格式表示的主机的网络地址解析为计算机名的参数是(   )。
A. -n   B. -t   C. -a   D. -l

19. 以下命令中能对整个网络使用状况做详细了解,进行实时入侵检测的是(   )。
A. netstat   B. route   C. tracert   D. arp

20. 以下命令中能跟踪 IP 数据包所经过的路径,以便了解网络阻塞发生在哪个环节的是(   )。
A. ping   B. netstat   C. tracert   D. ipconfig

二、多选题

1. URL 的内容包括(   )。
A. 传输协议   B. 存放该资源的服务器名称或 IP 地址
C. 资源在该服务器上的路径   D. 该资源的文件名
E. 该传输协议的端口号

2. DNS 服务器和客户机设置完毕后,(　　)命令可以测试其设置是否正确。

A. ping
B. telnet
C. ipconfig
D. nslookup
E. route

3. 以下命令可以测试本地主机与另一台主机的连接状态的是(　　)。

A. ping
B. nslookup
C. ipconfig
D. nbstat
E. tracert

4. ipconfig /all 命令可以获取到本机的(　　)。

A. IP 地址
B. 子网掩码
C. 网关
D. DNS
E. MAC 地址

5. 以下属于正确的 URL 路径的有(　　)。

A. http://www.sjtu.js.cn
B. http:\\www.sjtu.js.cn
C. ftp://ftp.pku.edu
D. http://162.105.129.103/jyzy
E. mailto:liping@sina.com

6. 以下命令中可以获取某域名的 IP 地址的有(　　)。

A. ping
B. nslookup
C. ipconfig
D. nbstat
E. tracert

7. 以下有关通用域名与对应的机构的说法中,正确的有(　　)。

A. org 代表非营利性组织
B. net 代表网络机构
C. com 代表商业组织
D. edu 代表政府机构
E. mil 代表军事机构

8. 以下是在网络管理中可能会用到的工具或命令有(　　)。

A. netstat
B. nbtstat
C. pathping
D. tracert
E. arp

9. 以下命令都是通过发送 ICMP 数据包来检测与目标连通性的是(　　)。

A. ping
B. nslookup
C. ipconfig
D. ipconfig/all
E. tracert

10. 域名的组成部分通常包括(　　)。

A. 主机名
B. 顶级域名
C. 二级域名
D. 三级域名
E. 协议名

三、判断题

1. 计算机网络的性能与它的拓扑结构无关,与它的组成设备性能有关。(　　)
2. 域名代码"int"代表政府机构。(　　)
3. 域名地址一般都通俗易懂,大多采用英文名称的缩写来命名。(　　)

4. 在Internet上,可以有两个相同的域名存在。(　　)

5. ipconfig /release 功能是释放IP地址。(　　)

6. 在浏览器地址栏中输入中文域名"新华网.中国",可以访问新华网。(　　)

7. 使用ping命令可以解决所有的网络线路问题。(　　)

8. Internet上域名专指一台服务器的名字。(　　)

9. 查询百度域名及其所对应的IP地址,则可在调出的DOS窗口下输入"nslookup www.baidu.com"。(　　)

10. 域名系统(DNS)的解析过程是从权威域名服务器开始的。(　　)

四、填空题

1. 本机发送6个10字节的数据包给www.abc.com,测试网络连接情况,则在调出的DOS窗口下应该输入_____。

2. 如果在DHCP用户端手工释放IP地址,在调出的DOS窗口下应该输入_____。

3. 网址"https://www.sina.com.cn"的顶级域名是_____。

4. DNS域名查询分为递归查询和_____。

5. IE浏览器默认使用的协议是_____。

6. 域名"X.Y.W.Z",其中最高级域名部分是_____。

7. 因特网上一个服务器或一个网络系统的名字被称为_____。

8. 域名系统(DNS)采用_____结构来实现域名解析。

9. ping命令使用_____协议来发送和接收数据包,以检测网络连通性。

10. 用于显示计算机网络连接的详细信息,包括连接状态、协议、本地和远程地址等内容的命令是_____。

五、综合题

1. 某台计算机上执行ipconfig命令截图如下图,写出这台计算机的MAC地址、IP地址、子网掩码、所在网络的网关和DNS服务器地址。

2. 如图所示，回答以下问题：

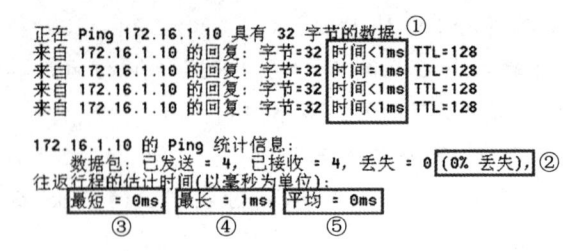

```
正在 Ping 172.16.1.10 具有 32 字节的数据：①
来自 172.16.1.10 的回复：字节=32 时间<1ms TTL=128
来自 172.16.1.10 的回复：字节=32 时间<1ms TTL=128
来自 172.16.1.10 的回复：字节=32 时间<1ms TTL=128
来自 172.16.1.10 的回复：字节=32 时间<1ms TTL=128

172.16.1.10 的 Ping 统计信息：
    数据包：已发送 = 4，已接收 = 4，丢失 = 0 (0% 丢失)，②
往返行程的估计时间(以毫秒为单位)：
    最短 = 0ms，最长 = 1ms，平均 = 0ms
         ③          ④          ⑤
```

（1）图中是运行_____命令显示的结果。

（2）填写图中①~⑤的含义：

①_____；②_____；③_____；④_____；⑤_____。

3. 某用户通过浏览器访问 www.abc.edu.cn/index.htm，请简述其域名解析的过程。

5.5 网络协作

学习目标

- 了解协同编辑软件、视频会议平台、网络协作平台的功能、特点和权限等信息。
- 熟悉借助网络工具多人协作完成任务，如腾讯文档、金山文档、有道云协作等。

思政要素

- 引导学生理解团队协作的意义，培养学生在团队工作中的责任感，树立正确的工作态度和价值观。
- 引导学生认识我国在信息技术领域的发展成就，增强学生对国家科技实力发展的信心。

知识梳理

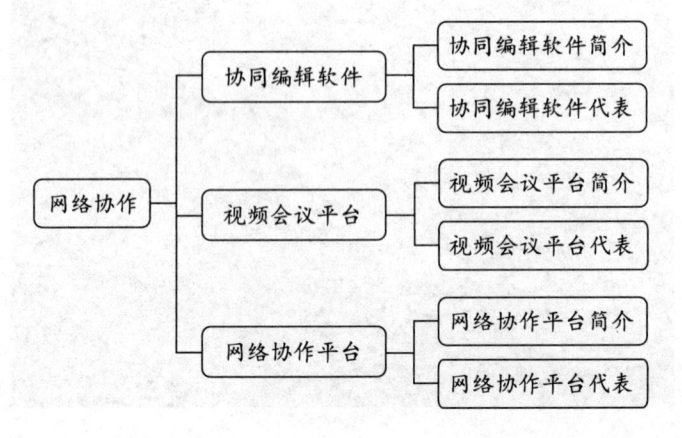

```
                    ┌─ 协同编辑软件 ─┬─ 协同编辑软件简介
                    │                └─ 协同编辑软件代表
                    │
        网络协作 ───┼─ 视频会议平台 ─┬─ 视频会议平台简介
                    │                └─ 视频会议平台代表
                    │
                    └─ 网络协作平台 ─┬─ 网络协作平台简介
                                     └─ 网络协作平台代表
```

知识要点

5.5.1 协同编辑软件

1. 协同编辑软件简介

协同编辑软件是一种借助网络,支持多个用户同时对文档、表格、演示文稿等类型的文件进行编辑的应用程序。它能够实时更新和显示每个用户的编辑内容,确保所有用户看到的都是最新版本,避免了因多人修改而产生的版本混乱问题,有效提高了团队协作编辑文件的效率。

(1) 功能

① 实时协作编辑:多个用户可同时对同一文档进行编辑,编辑内容即时更新显示,如多人共同创作项目策划书、学术论文等。

② 编辑功能丰富:涵盖基本文字处理(字体、字号、颜色、加粗、斜体等设置)、段落格式调整(缩进、行距、对齐方式)、插入元素(图片、表格、图表、超链接、公式)、文档结构调整(分节、分页、目录生成)等功能,满足不同类型文档的编辑需求。

③ 版本管理:记录文档的修改历史,用户可查看历史版本,对比版本间的差异,还能在需要时恢复到特定版本,有效避免误操作导致的内容丢失。

④ 协作沟通功能:在文档内可进行评论、批注,成员间可互相@提醒,方便对文档内容进行讨论和交流修改意见。

(2) 特点

① 高效协同:大大缩短了文档创作周期,提高团队协作效率,成员无须等待依次编辑,可同时开展工作。

② 保持文档一致性:通过实时更新和版本管理,确保所有成员看到的是最新且一致的文档内容,避免因版本不同造成的混乱。

③ 支持多种文档类型:可处理多种格式的文档,包括但不限于.docx、.xlsx、.pptx、.txt等常见格式,方便在不同业务场景下使用。

(3) 权限

协同编辑软件采用多种权限设置灵活组合,包括:只读(仅查看文档内容)、可编辑(可对文档进行修改)、评论(可添加评论但不能修改文档正文)、管理(可设置文档权限、邀请成员等)等不同级别权限,可根据团队成员角色和职责分配。

2. 协同编辑软件代表

(1) 腾讯文档

① 功能:

a. 便捷登录与分享:支持 QQ、微信等多种腾讯系账号登录,方便快捷。分享方式多样,可生成链接、二维码,能设置分享权限(公开、私密、指定人员),可分享到 QQ、微信、微博等社交平台,便于文档传播与共享。

b. 智能辅助功能:具备一键翻译功能,可快速翻译文档中的文本内容;有图片 OCR 文字提取功能,方便从图片中获取文字信息;还有表格智能处理功能,如数据自动填充、公式自动计算等,提高文档处理效率。

　　c. 多场景模板:提供丰富的模板资源,涵盖办公(报告、计划、总结)、教育(作业、试卷、教案)、生活(旅行计划、购物清单)等多个领域,用户可基于模板快速创建文档。

　② 特点:

　　a. 跨平台使用:可在电脑、手机、平板等多种设备上使用,且数据实时同步,用户可随时随地编辑文档。

　　b. 云存储安全可靠:文档存储在云端,腾讯提供了安全的数据存储机制,保障文档数据安全。

　　c. 免费版功能实用:免费版本能满足大多数个人和小型团队的日常使用需求,如简单的文档编辑、分享和协作等。

　(2) 金山文档

　① 功能:

　　a. 与 WPS 深度融合:与 WPS 软件无缝对接,可直接打开和编辑 WPS 创建的 Office 文件,能完整保留原文件的格式、样式、宏等元素。同时,可利用 WPS 的部分高级功能,如公式编辑、专业排版功能。

　　b. 强大的表单功能:用于创建各种类型的表单,如调查问卷、报名表格、考试试卷等。可设置多种题型(选择题、填空题、简答题、判断题)、答案选项、分值、是否必填、逻辑跳转等规则,方便数据收集和分析。

　　c. 远程会议与文档协作联动:在远程会议过程中,可方便地共享文档进行演示和讲解。会议参与者能实时看到文档内容的变化,同时支持多人在线音视频交流、会议录制、实时聊天,实现会议与文档协作的高效结合。

　② 特点:

　　a. 处理大型文件能力强:对 Office 文件的兼容性好,支持处理较大文件(如 1GB 以内的大型表格或演示文稿),在处理复杂文档结构和大量数据时表现出色。

　　b. 日程管理实用:具有日程管理功能,可创建个人或团队日程,设置提醒时间、重复周期、优先级等参数,方便用户安排工作和生活,且日程信息可在团队成员间共享,便于协调工作安排。

5.5.2　视频会议平台

1. 视频会议平台简介

　　视频会议平台是利用网络通信技术,实现多地用户之间通过音频、视频实时传输,以及屏幕共享、文件共享、互动交流等功能,模拟面对面会议场景的软件系统。它打破了地域限制,让人们可以在不同地点进行高效的沟通、会议、培训等活动,广泛应用于企业、教育机构、政府部门等组织。

　(1) 功能

　① 高质量音视频通信:提供清晰、流畅的音频和视频传输,减少延迟、杂音、画面卡顿等

问题,确保参会者之间能够正常交流,如在跨国公司的全球会议、远程医疗会诊中都需要高质量的音视频效果。

② 多人交互功能:支持多个参会者同时加入会议,人数上限可根据平台不同而有所变化,满足不同规模的会议需求。可实现多人同时发言、互动讨论,模拟线下会议场景等。

③ 屏幕共享与演示:主持人或特定参会者可将自己的电脑屏幕内容(包括文档、PPT、软件操作界面、视频等)共享给其他参会者,便于演示讲解、展示数据和操作过程,增强沟通效果。

④ 会议录制与回放:能够录制整个会议过程,包括音视频和屏幕共享内容,生成会议记录文件。参会者可在会后进行回放观看,用于复习会议内容;未参会人员可用于了解会议情况,也可作为资料存档。

⑤ 辅助功能:如聊天窗口、参会人员列表管理、举手发言功能、虚拟背景设置(部分平台)、实时字幕(部分平台)等,提升会议体验。

(2) 特点

① 便捷性:参会者无须复杂的硬件设备,通过电脑、手机、平板等常见设备,使用简单的操作即可加入会议,降低了使用门槛。

② 实时性:实现了实时的远程沟通,无论参会者身处何地,都能在同一时间进行交流和讨论,节省了时间和差旅成本。

③ 适应性强:能适应不同网络环境,根据网络带宽自动调整音视频质量,保证会议的稳定性和流畅性。

(3) 权限

① 主持人权限:主持人拥有最高权限,可控制会议的开始、结束、邀请成员、管理参会者权限(如禁言、移除)、开启或关闭屏幕共享、录制会议等操作。

② 参会者权限:普通参会者通常具有发言、观看屏幕共享、参与聊天等基本权限,部分平台可由主持人进一步细分权限,如设置某些参会者只能观看不能发言。

2. 视频会议平台代表

下面以腾讯会议为代表介绍视频会议平台的功能和特点。

(1) 功能

① 快速入会:支持通过会议链接、会议号、微信小程序等多种方式快速加入会议,无须烦琐的注册和登录过程(如果使用微信登录则更加便捷)。

② 稳定性能:依托腾讯强大的技术实力,在大量用户同时使用的情况下,仍能保持稳定的音视频质量和会议服务,不易出现掉线、崩溃等问题。

③ 企业级功能集成:可与腾讯企业微信等企业办公应用集成,方便企业内部会议管理,如与企业日程同步、使用企业通讯录邀请参会者等。

④ 安全保障:采用多重加密技术保障会议内容的安全,防止信息泄露,保护企业和用户隐私,同时提供会议密码、等候室等功能进一步加强安全防护。

(2) 特点

① 用户体验好:界面简洁、操作方便,新用户容易上手。同时,提供了丰富的设备兼容

性,无论是电脑端还是移动端,都能获得良好的使用体验。

② 功能更新及时:腾讯持续对腾讯会议进行功能升级和优化,不断推出新功能以满足用户在不同场景下的需求,如智能降噪、虚拟背景自定义功能等。

5.5.3 网络协作平台

1. 网络协作平台简介

网络协作平台是一种集成了多种功能(如文件共享、即时通信、任务管理、日程安排等),为团队或组织成员提供全面协作服务的软件系统。它通过整合这些功能,打破了成员之间在沟通、协作和信息管理等方面的障碍,提高了团队协作的效率,促进项目或任务的顺利推进,广泛应用于企业管理、项目研发、教育教学等领域。

(1) 功能

① 综合功能集成:将即时通信、文件存储与共享、协同编辑、任务管理、视频会议等多种功能整合在一起,形成一站式协作解决方案。例如,团队成员可以在平台内即时沟通项目进展,共享项目文件,共同编辑文档,分配和跟踪任务,必要时召开视频会议。

② 即时通信功能强大:支持发送文字、语音、图片、表情、文件等多种类型的消息,可创建群组聊天和一对一私聊。消息具有已读回执、撤回、置顶、免打扰等功能,方便用户管理信息。同时,支持搜索聊天记录,便于快速查找历史信息。

③ 文件管理与共享:提供文件存储仓库,用户可上传、下载、删除、移动、重命名文件。文件共享可设置不同权限,如公开、团队内部共享、指定成员共享等,还可设置文件的编辑、查看权限。具备文件版本管理功能,可查看文件的历史版本,并恢复到指定版本。

④ 任务管理清晰:可创建任务,指定负责人、参与人、任务截止日期、优先级、任务描述等信息。以列表、看板等形式展示任务进度,方便团队成员了解任务状态。支持任务提醒(按时间、按进度),确保任务按时完成。

⑤ 团队管理功能:可创建团队,添加、删除、修改团队成员信息,设置成员角色(如队长、队员)和权限(如管理团队、参与协作、仅查看)。部分平台可查看团队成员的历史操作记录,便于管理和监督团队工作。

(2) 特点

① 提高协作效率:通过整合多种功能,减少了用户在不同软件之间切换的时间成本,使协作流程更加顺畅,提高整体工作效率。

② 数据集中管理:所有协作相关的数据(聊天记录、文件、任务等)都集中存储在平台上,方便团队成员获取和使用,避免数据分散导致的丢失或不一致等问题。

③ 个性化定制:部分平台允许团队根据自身需求进行一定程度的个性化设置,如界面风格、工作流程、权限模板等,以适应不同团队的工作习惯和业务要求。

(3) 权限

① 团队角色权限:根据不同的团队角色(如创建者、管理员、普通成员)赋予不同层次的权限,例如管理员可进行全面的团队设置、成员管理、文件和任务管理,普通成员则根据授权

参与协作相关的操作。

② 功能模块权限：针对不同功能模块（如即时通信、文件管理、任务管理）也可设置单独的权限，例如某些成员只能查看文件，不能修改或删除；某些成员只能接收任务通知，不能创建或分配任务等。

2. 网络协作平台代表

下面以有道云协作介绍网络协作平台的功能和特点。

（1）功能

① 多平台支持与同步：支持电脑端（Windows、Mac）、移动端（iOS、Android）、网页端等多种平台使用，并且各个平台之间数据实时同步。用户可以在不同设备上无缝切换工作，如在电脑上编辑文档，在手机上查看聊天消息和任务提醒。

② 丰富的文档编辑功能：在线文档编辑功能强大，支持常见的文本编辑操作，同时可插入图片、表格、代码块、数学公式等多种元素。文档支持多人实时协作编辑，实时显示其他成员的编辑光标位置和操作，完善编辑冲突处理机制。

③ 文件分类管理便捷：通过创建文件夹和添加标签两种方式对文件进行分类管理，用户可以根据项目、文件类型、时间等维度对文件进行归类，方便快速查找和管理文件。

④ 团队协作功能深化：在团队协作方面，除了基本的成员添加、角色设置和权限管理外，还有团队公告功能，方便发布团队通知和重要信息；团队动态功能可记录团队成员的操作历史，如文件上传、任务完成等，增加团队透明度。

（2）特点

① 安全性能高：有道云协作采用了多种安全技术保障数据安全，如数据加密存储和传输、用户认证机制、访问控制等。对于企业和对数据安全要求较高的团队来说，这是重要的保障。

② 教育和知识管理应用突出：在教育领域，有道云协作可作为教师和学生的协作平台，用于教学资料共享、作业布置和批改、小组项目协作等。同时在个人知识管理方面，其丰富的功能也可帮助用户整理笔记、资料，实现知识的积累和共享。

知识测评

一、单选题

1. 以下不是常见的网络协作平台的是（　　）。
   A. 腾讯文档　　　　B. Photoshop　　　C. 有道云协作　　D. 金山文档
2. 协同编辑软件的主要目的是（　　）。
   A. 让用户独自完成复杂文档编辑　　　　B. 方便多个用户同时编辑一个文档
   C. 快速生成文档模板　　　　　　　　　D. 进行文档格式转换
3. 在网络协作中，以下功能主要用于团队成员沟通交流的是（　　）。
   A. 多人同时编辑　　　　　　　　　　　B. 即时通信
   C. 文件共享　　　　　　　　　　　　　D. 版本管理

4. 腾讯文档支持并与腾讯公司自身的社交平台关联最紧密的登录方式是（　　）。
   A. 手机号登录　　　　　　　　　　B. 邮箱登录
   C. QQ 登录　　　　　　　　　　　 D. 第三方平台授权登录

5. 最能体现金山文档表单功能数据收集优势的场景是（　　）。
   A. 个人日记记录　　　　　　　　　B. 小型团队的内部会议记录
   C. 大规模市场调研　　　　　　　　D. 艺术家创作灵感收集

6. 有道云协作中，设置成员权限的主要作用是（　　）。
   A. 区分成员的工作能力　　　　　　B. 保障文件安全和协作秩序
   C. 确定成员的工资等级　　　　　　D. 让成员只能在特定时间工作

7. 视频会议平台的核心功能是（　　）。
   A. 播放视频文件　　　　　　　　　B. 实现多人远程实时音视频交流
   C. 录制会议过程用于后期编辑　　　D. 展示会议文档

8. 在协同编辑软件中，如果多个用户同时修改文档的同一部分，好的协同编辑软件通常会（　　）。
   A. 自动保存所有修改，导致文档内容混乱　B. 只保存最后一个用户的修改
   C. 通过提示或自动处理来避免冲突　　　　D. 禁止用户同时编辑同一部分

9. 网络协作平台在企业项目管理中的一个重要作用是（　　）。
   A. 替代项目经理进行决策　　　　　B. 方便团队成员协作完成项目任务
   C. 自动生成项目方案　　　　　　　D. 直接完成项目任务

10. 以下网络协作平台功能对于分布在不同时区的团队成员最有帮助的是（　　）。
    A. 日程共享　　　　　　　　　　　B. 本地文件存储
    C. 自动翻译功能　　　　　　　　　D. 在线绘图功能

11. 网络协作中，以下工具更侧重于实时沟通和快速决策的是（　　）。
    A. 邮件　　　　　　　　　　　　　B. 即时通信软件
    C. 论坛　　　　　　　　　　　　　D. 博客

12. 协同编辑软件中，若要查看文档的历史修改记录，主要依靠（　　）功能。
    A. 编辑权限管理　　B. 版本历史　　C. 文档加密　　D. 格式转换

13. 以下不是腾讯文档的特点的是（　　）。
    A. 只能单人使用　　　　　　　　　B. 可通过多种方式分享
    C. 有丰富的模板　　　　　　　　　D. 支持多人协作

14. 金山文档在进行多人协作编辑大型项目文档时，以下优势更明显的是（　　）。
    A. 自动排版功能　　　　　　　　　B. 与本地软件无缝对接
    C. 实时保存和自动同步功能　　　　D. 文档加密功能

15. 有道云协作中，团队成员在协作群里提到某个成员时，可以使用（　　）功能。
    A. 私聊　　　　　B. @成员　　　　C. 语音呼叫　　　D. 发送邮件

16. 视频会议平台中，为了让参会者更好地理解内容，常使用（　　）功能。
    A. 聊天功能　　　B. 投票功能　　　C. 屏幕共享　　　D. 美颜功能

17. 在网络协作平台中,以下功能有助于提高团队成员对任务的关注度的是(　　)。
　　A. 任务提醒　　　　　　　　　　　B. 文件搜索
　　C. 成员分组　　　　　　　　　　　D. 文档评论
18. 协同编辑软件对于多人协作的最大价值在于(　　)。
　　A. 统一文档格式　　　　　　　　　B. 减少文件存储空间
　　C. 提高编辑效率和沟通效果　　　　D. 自动生成文档内容
19. 腾讯文档在共享文档时,如果只想让部分成员可编辑,需要设置(　　)。
　　A. 通用权限　　　　　　　　　　　B. 公共权限
　　C. 特定人员权限　　　　　　　　　D. 临时权限
20. 金山文档的模板功能可以帮助用户(　　)。
　　A. 快速创建符合需求的文档　　　　B. 分析文档数据
　　C. 加密文档内容　　　　　　　　　D. 转换文档格式

二、多选题

1. 网络协作的优点包括(　　)。
　　A. 打破地域限制　　　　　　　　　B. 提高资源利用效率
　　C. 增强团队凝聚力　　　　　　　　D. 便于信息管理和共享
　　E. 降低沟通成本
2. 在网络协作中,文件共享功能的好处有(　　)。
　　A. 提高团队成员获取信息的效率　　B. 保证文件版本的一致性
　　C. 方便团队成员共同修改文件　　　D. 节省文件存储空间
　　E. 增强文件的安全性
3. 腾讯文档在移动设备上使用时具有的便利功能有(　　)。
　　A. 触摸操作优化　　　　　　　　　B. 可利用移动设备特性快速分享
　　C. 与电脑端数据同步　　　　　　　D. 自动适应不同屏幕尺寸
　　E. 离线使用部分功能
4. 金山文档在网络协作中的优势体现在(　　)。
　　A. 与Office文档的兼容性　　　　　B. 强大的表单和远程会议功能
　　C. 多设备同步编辑　　　　　　　　D. 丰富的模板资源
　　E. 无须网络连接即可使用
5. 有道云协作的团队管理功能包括(　　)。
　　A. 创建团队　　　　　　　　　　　B. 添加成员
　　C. 设置成员角色　　　　　　　　　D. 设置成员权限
　　E. 查看成员操作记录
6. 视频会议平台在企业跨国协作中发挥重要作用,其具备的功能有(　　)。
　　A. 多语言实时翻译　　　　　　　　B. 适应不同网络环境
　　C. 参会人员权限管理　　　　　　　D. 会议纪要自动生成
　　E. 与企业办公系统集成

7. 协同编辑软件在处理文档冲突时可能采取的方式有（　　）。
   A. 实时显示其他用户的编辑操作　　　B. 自动保存不同版本供用户选择
   C. 对同时编辑的区域进行提示　　　　D. 根据用户权限决定谁的修改有效
   E. 暂停所有用户的编辑操作
8. 协同编辑软件的权限管理功能可以包括（　　）。
   A. 只读权限　　B. 编辑权限　　C. 评论权限　　D. 打印权限
   E. 分享权限
9. 腾讯文档在教育场景下的优势体现在（　　）。
   A. 方便教师与家长沟通　　　　　　B. 支持多种学科作业布置和批改
   C. 提供教育资源共享平台　　　　　D. 可进行在线授课
   E. 促进学生小组协作学习
10. 金山文档在保障数据安全方面采取的措施有（　　）。
    A. 数据加密传输　　B. 数据加密存储　　C. 用户身份验证　　D. 访问控制
    E. 数据备份与恢复

三、判断题

1. 网络协作平台都需要用户具备专业的网络知识才能使用。（　　）
2. 协同编辑软件只能用于编辑文本类文档。（　　）
3. 腾讯文档的免费版本没有任何使用限制。（　　）
4. 金山文档在多设备同步时会覆盖用户在某些设备上未保存的修改。（　　）
5. 有道云协作中，团队成员的权限一旦确定就不能再更改。（　　）
6. 视频会议平台上的所有参会者都可以随意操作共享的屏幕内容。（　　）
7. 在网络协作中，文件共享的文件数量没有限制。（　　）
8. 网络协作平台只能在局域网环境下使用。（　　）
9. 腾讯文档用于企业办公时，不能与企业内部的其他系统集成。（　　）
10. 所有视频会议平台都必须使用专门的硬件设备才能运行。（　　）

四、填空题

1. 网络协作是利用_____将不同地点的人连接起来进行协作的工作模式。
2. 在腾讯文档中，通过_____功能可以实现一键翻译文档内容。
3. 金山文档与_____软件结合紧密，可方便用户处理 Office 文件。
4. 视频会议平台为了保证音视频质量，常采用_____技术来处理音视频数据。
5. 在协同编辑软件中，_____功能可以记录文档的修改历史，方便用户回溯。
6. 网络协作平台在_____项目开发中的应用可以提高效率，加快项目进度。
7. 有道云协作可用于创建_____，组织成员进行协作。
8. 在网络协作中，文件共享可提高团队成员获取信息的_____，保证文件版本的一致性。
9. 视频会议平台的_____功能可以让参会者看到主持人展示的文档或演示文稿。
10. 协同编辑软件的_____功能有助于找回误修改的内容。

第 6 章　Python 程序设计基础

6.1　程序设计概述

学习目标

- 理解程序设计的基本概念。
- 熟悉程序设计语言的分类并了解其特点和适用场景。
- 了解程序设计语言的发展历程。
- 理解算法的概念,能够分析和设计简单的算法来解决实际问题。
- 理解程序框图。

思政要素

- 介绍我国在程序设计领域取得的成就,增强学生的文化自信,激发学生为国家科技发展努力学习的热情。
- 程序设计需要严谨、精确,培养学生在面对问题时保持认真、细致的态度。

知识梳理

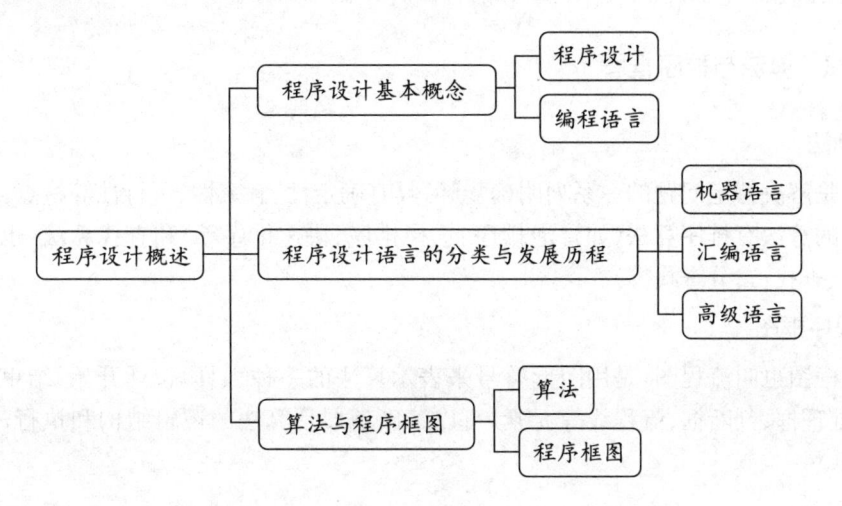

```
                          ┌─ 程序设计基本概念 ─┬─ 程序设计
                          │                    └─ 编程语言
                          │                              ┌─ 机器语言
程序设计概述 ─────────────┼─ 程序设计语言的分类与发展历程 ─┼─ 汇编语言
                          │                              └─ 高级语言
                          │                    ┌─ 算法
                          └─ 算法与程序框图 ────┤
                                               └─ 程序框图
```

知识要点

6.1.1 程序设计基本概念

1. 程序设计

程序设计是指使用特定的编程语言,遵循一定的规则和方法,编写代码以实现特定的功能或解决特定的问题的过程。

2. 编程语言

编程语言是人与计算机之间交流的工具,具有特定的语法和语义规则。

6.1.2 程序设计语言的分类与发展历程

程序设计语言经历了从机器语言、汇编语言到高级语言的发展过程。

1. 机器语言

由二进制代码(0 和 1)组成,直接对应于计算机硬件的操作,是计算机能够直接识别和执行的语言,但编写和阅读非常困难,属于低级语言。

2. 汇编语言

使用助记符来表示机器指令,比机器语言更接近人类语言,但仍然与计算机硬件紧密相关,编写和阅读仍然比较复杂,也属于低级语言。

3. 高级语言

接近人类自然语言和数学表达式,具有较高的可读性、可维护性、可移植性。与计算机硬件关系不大,可以在不同的计算机系统上运行而不需要或者只需要进行少量修改。

按照执行方式还可分为编译型语言和解释型语言。编译型语言在执行前需要经过编译器编译成机器语言,如 C、C++、Pascal 等语言。解释型语言则是在运行时由解释器逐行解释执行,如 Python、JavaScript、Ruby 等语言。

6.1.3 算法与程序框图

1. 算法

算法是解决特定问题的一系列明确步骤,具有确定性、有穷性、可行性等特点。

常见的算法有排序算法(如冒泡排序、选择排序、快速排序等)和查找算法(也叫搜索算法,如线性查找、二分查找等)。

2. 程序框图

程序框图也叫流程图,是用图形符号来表示算法的一种工具,包括开始/结束框、输入/输出框、处理框、判断框、流程线等元素,可以清晰地展示算法的逻辑结构和执行流程(如表 6-1-1 所示)。

表 6-1-1　流程图常用符号

图形	名称	功能
	开始/结束框	算法的开始或结束
	输入/输出框	输入输出的内容
	处理框	计算与赋值
	判断框	条件判断
	流程线	算法的流向

知识测评

1. 单选题

1. 以下不属于程序设计语言的是(　　)。
   A. 自然语言　　　　B. 机器语言　　　　C. 汇编语言　　　　D. 高级语言
2. 不需要了解计算机内部构造的语言是(　　)。
   A. 机器语言　　　　B. 汇编语言　　　　C. 操作系统　　　　D. 高级语言
3. 以下不是程序设计的关键要素的是(　　)。
   A. 算法设计　　　　　　　　　　　　　B. 数据结构
   C. 编程语言的版本　　　　　　　　　　D. 界面设计
4. 在程序设计中,代码的可读性指的是(　　)。
   A. 代码能够被计算机快速执行　　　　　B. 代码容易被人类理解和阅读
   C. 代码的长度越短越好　　　　　　　　D. 代码的功能越强大越好
5. 程序设计的基本步骤不包括(　　)。
   A. 需求分析　　　　B. 代码编写　　　　C. 硬件组装　　　　D. 测试与调试
6. 以下关于程序设计语言的说法错误的是(　　)。
   A. 不同的编程语言有不同的语法和语义
   B. 编程语言越高级,开发效率越高
   C. 机器语言是最容易学习和使用的编程语言
   D. 高级语言需要经过编译或解释才能被计算机执行
7. 机器语言是由(　　)组成的。
   A. 二进制代码　　　B. 字母和数字　　　C. 自然语言　　　　D. 图形符号

8. 汇编语言与机器语言相比,其优点是(　　)。
A. 执行速度更快　　　　　　　　B. 更容易被计算机理解
C. 更接近人类自然语言　　　　　D. 占用内存更少

9. 高级语言的特点是(　　)。
A. 接近人类自然语言和数学表达式
B. 只能在特定的操作系统上运行
C. 执行效率比机器语言高
D. 不需要经过编译或解释就能被计算机执行

10. 解释型语言的特点是(　　)。
A. 执行速度快　　　　　　　　　B. 代码保密性好
C. 可以逐行解释执行　　　　　　D. 占用内存少

11. 程序设计语言的发展历程是(　　)。
A. 机器语言—汇编语言—高级语言　　B. 高级语言—汇编语言—机器语言
C. 汇编语言—机器语言—高级语言　　D. 机器语言—高级语言—汇编语言

12. 面向对象编程语言的特点是(　　)。
A. 以函数为中心进行编程　　　　B. 强调数据和操作的分离
C. 具有封装、继承和多态等特性　D. 代码执行效率高

13. 以下不是程序设计语言发展的趋势的是(　　)。
A. 更加智能化　　　　　　　　　B. 更加复杂
C. 更加高效　　　　　　　　　　D. 更加易于学习和使用

14. 程序设计语言的分类主要有(　　)。
A. 机器语言、汇编语言和高级语言　　B. 面向对象语言和面向过程语言
C. 编译型语言和解释型语言　　　　　D. 以上都是

15. 算法的基本特征不包括(　　)。
A. 确定性　　　B. 有穷性　　　C. 可行性　　　D. 无限性

16. 程序框图中的开始/结束框用(　　)表示。
A. 椭圆形　　　B. 矩形　　　　C. 菱形　　　　D. 平行四边形

17. 程序框图中的判断框用(　　)表示。
A. 圆形　　　　B. 矩形　　　　C. 菱形　　　　D. 平行四边形

18. 算法和程序的关系是(　　)。
A. 算法是程序的一部分
B. 程序是算法的一部分
C. 算法和程序是完全不同的概念
D. 算法是解决问题的方法,程序是用编程语言实现算法

19. 用二进制数0和1作为指令的语言是(　　)。
A. 高级语言　　　　　　　　　　B. Basic语言
C. 机器语言　　　　　　　　　　D. 汇编语言

20. 计算机硬件能直接执行的只有( )。
A. 符号语言　　　　B. 机器语言　　　　C. 高级语言　　　　D. 汇编语言

二、多选题

1. 以下关于程序设计语言基本概念的说法正确的有( )。
A. 指令是计算机执行某种操作的命令
B. 程序是为实现特定目标或解决特定问题而用计算机语言编写的命令序列
C. 数据是程序处理的对象
D. 代码风格不影响程序的功能和运行效率

2. 计算机不能直接识别的语言有( )。
A. 汇编语言　　　　　　　　　　　B. 机器语言
C. Python 语言　　　　　　　　　　D. 高级语言

3. 以下关于程序设计语言中的函数的说法正确的有( )。
A. 函数是一段可以重复使用的代码
B. 函数可以有参数,用于接收外部传入的数据
C. 函数可以有返回值,用于将计算结果返回给调用者
D. 所有函数都必须有返回值

4. 程序设计语言按照执行方式可以分为( )。
A. 编译型语言,如 C 语言　　　　　B. 解释型语言,如 Python 语言
C. 脚本语言,如 JavaScript 语言　　D. 标记语言,如 HTML 语言

5. 下列属于第一代程序设计语言的特点的有( )。
A. 机器语言,直接用二进制代码表示指令
B. 编程效率极低
C. 执行速度快
D. 依赖特定的计算机硬件

6. 第二代程序设计语言(汇编语言)的优点包括( )。
A. 比机器语言更易理解和编写　　　B. 使用助记符来表示指令
C. 可以直接被计算机识别　　　　　D. 有较好的可移植性

7. 以下关于高级程序设计语言的说法正确的有( )。
A. 接近自然语言和数学语言
B. 编程效率高
C. 不依赖于特定的计算机硬件
D. 需要编译器或解释器将其转换为机器语言才能执行

8. 算法的基本特征包括( )。
A. 有穷性,算法在执行有限的步骤之后必须终止
B. 确定性,算法的每一步骤必须有确切的定义
C. 可行性,算法的每一步骤都可以通过已经实现的基本运算执行有限次来实现
D. 输入和输出,算法可以有零个或多个输入,有一个或多个输出

9. 下列属于算法描述方式的有( )。
A. 自然语言　　　　B. 程序框图　　　　C. 伪代码　　　　D. 编程语言

10. 程序框图的基本元素包括( )。
A. 起止框,表示算法的开始和结束
B. 输入、输出框,用于表示数据的输入和输出
C. 处理框,用于赋值、计算等处理操作
D. 判断框,用于根据条件进行判断并决定程序的流向

三、判断题

1. 在程序设计中,指令和语句是完全相同的概念。( )。
2. 数据类型决定了变量在内存中占用的空间大小和存储方式。( )。
3. 变量在定义时可以不指定数据类型。( )。
4. 程序中的注释部分会被编译器或解释器执行。( )。
5. 在程序设计中,局部变量的作用域仅限于定义它的函数内部。( )。
6. 代码复用是指在一个程序中多次使用相同的代码段,函数是实现代码复用的一种方式。( )。
7. 第一代程序设计语言(机器语言)编写的程序可移植性很强。( )。
8. 高级程序设计语言出现后,汇编语言就没有任何用途了。( )。
9. 程序设计语言的发展是为了让编程更加高效、程序更易维护和功能更强大。( )。
10. 一个算法可以没有输入,但必须有输出。( )。

四、填空题

1. 计算机程序是由一系列的_____组成的,用于告诉计算机执行特定的任务。
2. Python是一种面向_____的高级语言。
3. _____语言是计算机唯一可以识别并直接执行的语言。
4. 程序中的_____是对代码功能的解释说明,不会被执行。
5. 变量的_____是指变量在程序中可以被访问和使用的范围。
6. 程序设计语言按照执行方式分为编译型语言和_____语言。
7. 第一代程序设计语言是_____语言,它使用二进制代码编写程序。
8. 汇编语言使用_____来表示机器指令,比机器语言更易于理解和编写。
9. 算法的基本特征包括有穷性、确定性、可行性、_____和输出。
10. 程序框图的基本元素包括起止框、输入输出框、处理框和_____。

五、综合题

1. 请分别列举出一种编译型语言和一种解释型语言,并简要说明它们的执行过程有何不同。
2. 用程序框图描述一个判断一个数是否为偶数的算法,并将其转换为自然语言描述。

6.2　Python 语言概述

学习目标

- 了解 Python 程序设计语言的特点。
- 掌握 Python 编程工具(IDLE)的安装和环境配置。
- 掌握应用 PyCharm 开发 Python 程序的方法。

思政要素

- 让学生看到 Python 在推动科技进步中的重要作用,鼓励学生勇于创新,敢于尝试新的技术和方法,培养创新思维和开拓精神。
- 随着技术的不断发展,Python 开发环境也在不断更新。这要求学生具备持续学习的精神,紧跟时代步伐,不断提升自己的知识和技能。

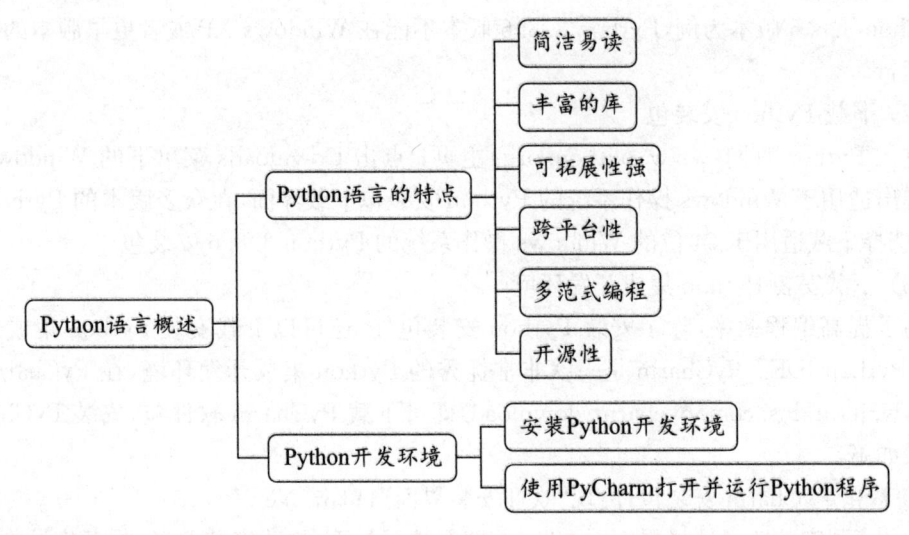

知识梳理

```
                          ┌─ 简洁易读
                          ├─ 丰富的库
                          ├─ 可拓展性强
           ┌─ Python语言的特点 ─┤
           │              ├─ 跨平台性
           │              ├─ 多范式编程
Python语言概述─┤              └─ 开源性
           │
           │              ┌─ 安装Python开发环境
           └─ Python开发环境 ─┤
                          └─ 使用PyCharm打开并运行Python程序
```

知识要点

6.2.1　Python 语言的特点

1. 简洁易读

语法简洁,代码量相对较少,具有清晰的结构和良好的缩进规则,提高代码可读性。

2. 丰富的库

拥有大量的标准库和第三方库,涵盖众多领域,可以快速实现各种功能,减少开发时间。

3. 可扩展性强

可以通过 C、C++等语言编写扩展模块,方便与其他语言进行集成。

4. 跨平台性

可以在不同的操作系统上运行,具有良好的兼容性。

5. 多范式编程

支持面向对象编程,提高代码的可维护性和可扩展性。

6. 开源性

用户可以自由地进行修改并发布该软件的拷贝,用户在使用过程中不需要支付任何费用,也不存在版权问题。

6.2.2 Python 开发环境

1. 安装 Python 开发环境

(1) 查看计算机操作系统版本

首先要查看需要安装 Python 软件的这台电脑的操作系统版本是否适合安装 Python。以 Python 3.8.6 版本为例,Python 3.8.6 版本不能在 Windows XP 或者更早版本的操作系统上运行。

(2) 下载 Python 安装包

进入 Python 官网(www.python.org)主页,点击 Downloads 菜单下的 Windows 选项后会弹出适用于 Windows 操作系统的 Python 安装包下载界面,在众多版本的 Python 安装包中,选择下载适用于 64 位的 Windows 操作系统的 Python 3.8.6 安装包。

(3) 下载安装 Python 集成开发环境

为了提高编程效率,除了安装 Python 安装包外,还可以下载安装 Python 集成开发环境,即 Python IDE。PyCharm 是一款非常优秀的 Python 集成开发环境,在 PyCharm 的官网(www.jetbrains.com/pycharm/download)即可下载 PyCharm 软件包,安装 PyCharm 主要步骤如下:

① 双击 PyCharm 安装包,出现"欢迎安装界面",单击"Next"。

② 出现"安装路径选择界面",在"安装路径选择界面"更改安装路径,推荐安装在 D 盘,如果 C 盘容量大的话,也可以不改,确定好安装位置后单击"Next"。

③ 出现"安装选项界面"时勾选所需要的选项,确认好选项后,单击"Next"。如果有把"Add launders dr to the PATH"选项选上,PyCharm 安装完成后需要重新启动。

2. 使用 PyCharm 打开并运行 Python 程序

PyCharm 是目前主流的 Python 集成开发环境之一,功能强大,适合专业开发。下面以"判断奇偶数.py"程序为例,介绍 PyCharm 的使用(如图 6-2-1 所示)。

① 打开 Python 程序文件:双击 Python 程序文件"判断奇偶数.py";
② 编辑 Python 代码:在代码编辑窗口中输入程序代码;
③ 运行程序:点击工具栏上的运行按钮,或使用快捷键"shift"+"F10";
④ 调试代码:在代码行号旁边点击设置断点,点击工具栏上的调试按钮,或使用快捷键"shift"+"F9"。

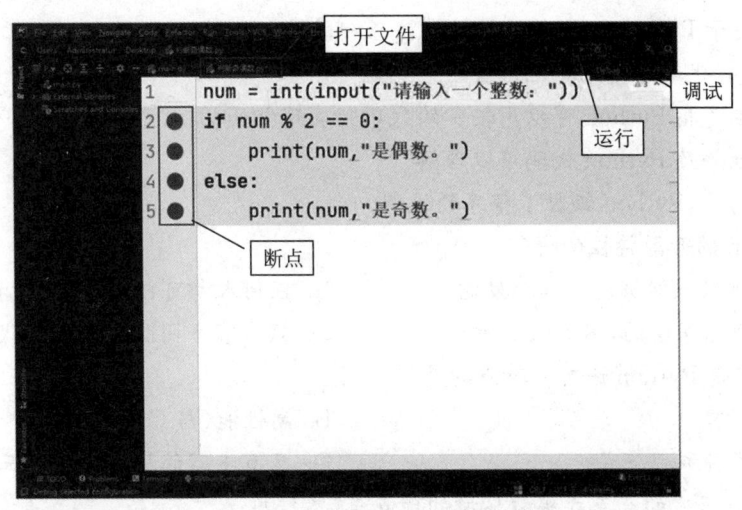

图 6-2-1　PyCharm 的使用示例

知识测评

一、单选题

1. Python 语言的主要特点之一是(　　)。
   A. 代码必须编译后才能运行　　　　B. 语法复杂,学习难度高
   C. 具有简洁、易读的语法　　　　　D. 只适用于特定操作系统

2. 与其他编程语言相比,Python 的代码风格更注重(　　)。
   A. 大量使用括号来体现代码层次
   B. 简洁性和可读性
   C. 严格的代码缩进格式,且缩进只用于美观
   D. 复杂的语法结构来提高效率

3. Python 语言是一种(　　)语言。
   A. 纯编译型　　　　　　　　　　　B. 纯解释型
   C. 既可以编译也可以解释　　　　　D. 机器语言

4. 以下体现了 Python 的可移植性特点的选项是(　　)。
   A. Python 程序可以在不同的操作系统上运行,只需少量修改或无须修改
   B. Python 程序只能在安装了特定编译器的系统上运行
   C. Python 程序必须针对每个操作系统重新编写
   D. Python 程序只能在一种操作系统上运行

5. Python语言的动态类型系统意味着(　　)。
A. 变量在定义时必须指定数据类型,且不能改变
B. 变量的数据类型在运行时确定,并且可以改变
C. 只有整数和字符串类型的变量可以动态改变类型
D. 变量的数据类型由编译器决定

6. 下列关于Python语言简洁性的说法正确的是(　　)。
A. Python代码总是比其他语言的代码短
B. 简洁性是指Python可以用较少的代码行实现相同的功能
C. 简洁性导致Python代码难以理解
D. 为了简洁,Python牺牲了程序的性能

7. Python的开源特性使得(　　)。
A. 只有少数人能够修改和分发它　　B. 任何人都可以查看、修改和分发源代码
C. 源代码是保密的,不能被查看　　D. 只有官方团队可以更新代码

8. 以下不是Python语言的特点的是(　　)。
A. 面向对象　　　　　　　　　　B. 高性能(与C++相当)
C. 支持多种编程范式　　　　　　D. 具有丰富的标准库和第三方库

9. Python语言的交互式编程环境的优点是(　　)。
A. 只能用于执行大型程序　　　　B. 方便快速测试代码片段和查看结果
C. 不需要学习任何语法就能使用　　D. 只能用于调试复杂的算法

10. 用高级语言编写的程序成为(　　)。
A. 源程序　　　　B. 编译程序　　　　C. 可执行程序　　　　D. 编辑程序

11. Python在以下领域应用广泛的是(　　)。
A. 系统软件开发(如操作系统)　　B. 人工智能和机器学习
C. 硬件电路设计　　　　　　　　D. 游戏图形渲染

12. 以下不属于高级程序设计语言的是(　　)。
A. WinRAR　　　　B. C++　　　　C. VB　　　　D. Java

13. 李明用Python语言设计了一个"猜数字游戏"源程序,其文件名可能是(　　)。
A. csz.c　　　　B. csz.pas　　　　C. csz.py　　　　D. csz.thon

14. 用二进制数0和1作为指令的语言是(　　)。
A. 机器语言　　　　B. 汇编语言　　　　C. 自然语言　　　　D. 高级语言

15. Python语言中运行一个程序的快捷键是(　　)。
A. "Ctrl"+"R"　　　　B. "F2"　　　　C. "F10"　　　　D. "F5"

16. 以下选项是常用的Python集成开发环境(IDE)的是(　　)。
A. PyCharm　　　　　　　　　　B. Adobe Photoshop
C. WinRAR　　　　　　　　　　D. PowerPoint

17. 在Python开发环境中,解释器的作用是(　　)。
A. 只是美化代码的外观　　　　　B. 将Python代码转换为机器语言并执行

C. 检查代码中的语法错误,但不执行代码   D. 管理代码的版本

18. 以下方式可以安装 Python 的是(　　)。

A. 从官方网站下载安装包并安装

B. 只能通过操作系统自带的软件商店安装

C. 不需要安装,所有系统都自带 Python

D. 从第三方非官方渠道随意下载安装

19. 当在 Python 开发环境中出现语法错误时,通常会(　　)。

A. 程序继续正常运行,忽略错误

B. 解释器会提示错误信息,指出错误位置和类型

C. 自动修复错误并继续运行

D. 只在运行大型程序时才显示错误信息

20. 在 Python 开发环境中,调试工具的主要作用是(　　)。

A. 加速代码的执行速度

B. 帮助程序员找到代码中的错误(如逻辑错误)

C. 改变代码的功能

D. 自动编写测试用例

二、多选题

1. 以下属于 Python 语言特点的有(　　)。

A. 语法简洁   B. 代码需要编译后才能运行

C. 具有动态类型系统   D. 面向对象编程

2. 以下对 Python 语言的描述,正确的有(　　)。

A. 它是一种简单、免费、开源的语言

B. Python 语言程序不易阅读

C. Python 语言程序移植性较好,便于与他人分享代码

D. 它是一种面向对象的解释型程序设计语言

3. 以下是高级语言的特点的有(　　)。

A. 高级语言接近自然语言   B. 高级语言程序容易阅读、修改和维护

C. 计算机能直接执行高级语言程序   D. 通用性好,不再依赖特定硬件系统

4. Python 作为面向对象编程语言,具有(　　)等面向对象的特性。

A. 封装   B. 继承   C. 多态   D. 重载

5. 下列是 Python 的应用领域的有(　　)。

A. 人工智能   B. 网络爬虫

C. 游戏开发   D. 数据库管理

6. 在人工智能领域,Python 的优势包括(　　)。

A. 有丰富的机器学习库,如 TensorFlow、PyTorch

B. 语法简单,便于实现复杂的算法

C. 高效的数值计算能力,适合处理大数据

D. 社区支持强大,便于交流学习

7. 以下关于 Python 基础知识的说法,正确的有(　　)。

A. 支持用中文做标识符

B. Python 标识符不区分字母的大小写

C. Python 命令提示符是">>>"

D. 命令中用到的标点符号只能是英文字符

8. 在游戏开发中,Python 可用于(　　)。

A. 游戏逻辑编程　　　B. 游戏界面设计　　　C. 开发游戏服务器　　D. 制作游戏音效

9. 下列选项中属于算法特征的是(　　)。

A. 确定性　　　　　B. 无穷性　　　　　C. 输入项　　　　　D. 输出项

10. 以下属于 Python 开发环境的组成部分的是(　　)。

A. 解释器　　　　　　　　　　　　　B. 文本编辑器或集成开发环境(IDE)

C. 调试工具　　　　　　　　　　　　D. 版本控制系统

三、判断题

1. 一个算法可以没有输入项。(　　)

2. Python 语言的语法简洁,代码易读性高。(　　)

3. 在 Python 中,变量在定义时必须指定数据类型。(　　)

4. 先有高级语言,后来才有汇编语言。(　　)

5. 面向对象编程是 Python 语言的一个重要特点。(　　)

6. Python、C、Java 都属于高级语言。(　　)

7. Python 的标识符区分大小写。(　　)

8. Python 变量名只能由字母和数字组成。(　　)

9. Python 可以连接到多种数据库进行数据操作。(　　)

10. 调试工具在 Python 开发中只能用于查找语法错误。(　　)

四、填空题

1. 与编译型语言不同,Python 是一种_____型语言,代码可以直接运行。

2. Python 的动态类型系统允许_____变量在运行时确定。

3. 面向对象编程的三大特性是封装、继承和_____,Python 都支持这些特性。

4. Python 解释器的主要作用是将 Python 代码转换为_____语言并执行。

5. _____语言是一种低级语言,是机器语言的符号化。

6. _____语言面向过程或对象,近似于自然语言。

7. _____是指系统内部编制并封装好的一段程序。

8. Python 使用_____符号来注释单行语句。

9. 乘法运算的运算符是_____。

10. 求余数运算的运算符是_____。

五、综合题

1. 请简述 Python 语言的特点,并举例说明其在实际编程中的优势。

6.3　Python 语言基本语法

学习目标

- 了解 Python 的代码格式。
- 了解变量的定义和使用方法。
- 了解常用的数据类型。
- 掌握常用运算符的用法。
- 掌握输入输出语句的使用方法。

思政要素

- 严谨规范的代码格式体现了做事认真负责、注重细节的态度,正如在生活和工作中遵守规则、保持良好的秩序是构建和谐社会的基础。
- 良好的代码格式有助于团队合作,培养学生的团队协作精神和沟通能力,强调集体中相互配合、共同进步的重要性。

知识梳理

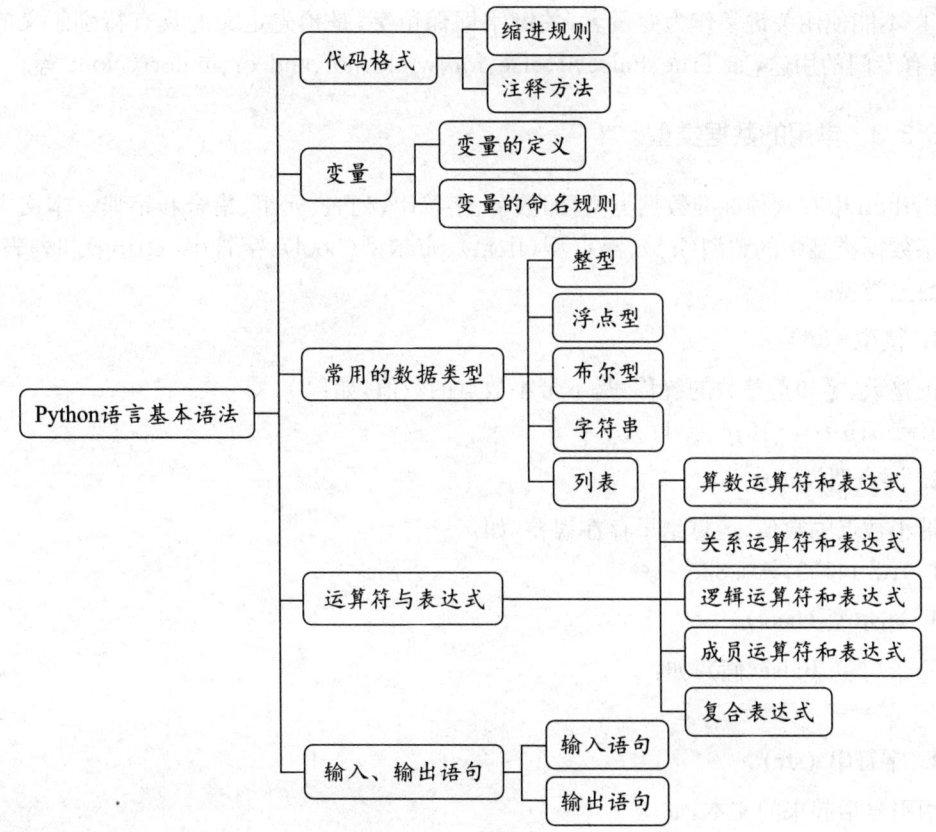

```
                              ┌── 缩进规则
                  ┌── 代码格式─┤
                  │           └── 注释方法
                  │
                  │           ┌── 变量的定义
                  ├── 变量 ───┤
                  │           └── 变量的命名规则
                  │
                  │                     ┌── 整型
                  │                     ├── 浮点型
Python语言基本语法 ┼── 常用的数据类型 ──┼── 布尔型
                  │                     ├── 字符串
                  │                     └── 列表
                  │                         ┌── 算数运算符和表达式
                  │                         ├── 关系运算符和表达式
                  ├── 运算符与表达式 ───────┼── 逻辑运算符和表达式
                  │                         ├── 成员运算符和表达式
                  │                         └── 复合表达式
                  │
                  │                      ┌── 输入语句
                  └── 输入、输出语句 ────┤
                                         └── 输出语句
```

177

知识要点

6.3.1 代码格式

1. 缩进规则

Python 依靠缩进来区分代码块,一般使用四个空格缩进。

2. 注释方法

单行注释使用"#",多行注释头尾使用三个英文半角单引号"′′′"或三个双引号"″″″"。

6.3.2 变量

1. 变量的定义

变量指运行中值会发生变化的量。

2. 变量命名规则

① 只能由字母、数字、下划线组成,不能包含空格或其他特殊字符;

② 必须以字母或下划线开头,首字符不能为数字;

③ 区分大小写;

④ 不能使用关键字作为变量名,关键字即保留字,是预先定义的具有特别意义的标识符,具有专门的用途,如 True、False、if、else、for、while、not、and、or、import、None 等。

6.3.3 常用的数据类型

Python 中有六种标准数据类型,即数字、字符串、列表、元组、集合和字典。本文主要介绍数字数据类型中的整型(int)、浮点型(float)、布尔型(bool)、字符串(string)和列表(list)五种数据类型。

1. 整型 (int)

正整数、零和负整数的统称,是不带小数点的数值,如:

$a = 5; b = -10; c = 123; d = 0$

2. 浮点型(float)

带小数点的数值,运算结果存在误差,如:

$1.0; 3.14159; -0.33$

3. 布尔型 (bool)

True(真)、False(假),如:

$2+3 == 5; 2+3 > 5$

4. 字符串 (str)

用引号括起来的文本,如:

'123' 'Python' '高级语言'

5. 列表 ([ ])

由一系列元素组成的有序序列,索引号从 0 开始递增,如:
a=[1,2,3,4];range(1,101,1)

6.3.4 运算符与表达式

1. 算术运算符和表达式

Python 算术运算符及含义如表 6-3-1 所示。

表 6-3-1　Python 算术运算符

运算符	含义
+	加法
−	减法
*	乘法
/	除法(带小数)
//	整除(保留整数)
%	取余数/取模
**	幂运算

① 10 // 3:整数除法表达式,结果为 3。
② 5 ％ 2:取余表达式,结果为 1。

2. 关系运算符和表达式

Python 关系运算符及含义如表 6-3-2 所示。

表 6-3-2　Python 关系运算符

运算符	含义
<	小于
<=	小于等于
>	大于
>=	大于等于
==	等于
!=	不等于

① 3 >= 5:大于等于表达式,结果为 False。
② 4!= 5:不等于表达式,结果为 True。

3. 逻辑运算符和表达式

Python 逻辑运算符及含义如表 6-3-3 所示。

表 6-3-3　Python 逻辑运算符

运算符	含义
not	非，将当前逻辑值取反
and	与，前后表达式逻辑值同时为真时，结果为 True，否则为 False
or	或，前后表达式逻辑值同时为假时，结果为 False，否则为 True

① True and False：逻辑与表达式，结果为 False。
② True or False：逻辑或表达式，结果为 True。
③ not True：逻辑非表达式，结果为 False。

4. 成员运算符和表达式

Python 成员运算符及含义如表 6-3-4 所示。

表 6-3-4　Python 成员运算符

运算符	含义
In	包含某元素，输出 True 或 False
Not in	不包含某元素，输出 True 或 False

① 这"a" in "abc"：判断字符"a" 是否在字符串"abc" 中，结果为 True。
② List=[1, 2, 3]
3 in list：判断数字 3 是否在列表 list [1, 2, 3] 中，结果为 True。
6 not in list：判断数字 6 是否在列表 list [1, 2, 3] 中，结果为 True。

5. 复合表达式

(2 + 3) * 4：先计算括号内的加法，再与 4 相乘，结果为 20。

6.3.5　输入、输出语句

1. 输入语句

输入语句是使用 input() 函数接收用户的键盘输入，返回值为字符串类型。
变量名 = input('提示字符')
① 提示字符必须用英文半角的引号括起来。
② 一次只能接收一个数据。
③ 若想接收数值，需要使用 int() 或 float() 进行类型转换，
如：name = input('请输入姓名：')。

2. 输出语句

输出语句是使用 print() 函数输出结果，可以通过格式化字符串来控制输出格式。
Print(内容 1, 内容 2, ……)

① 输出内容可以是常量、变量、字符串、函数及表达式计算的值。
② 如果输出内容是字符串,必须加英文半角的引号。
③ 若输出后不换行可以在括号中加'end = ""',
如:print('2 + 3 =', 2 + 3)。

知识测评

一、单选题

1. 以下关于 Python 代码格式的说法正确的是(　　)。
A. 缩进只是为了让代码看起来更整齐,没有实际语法意义
B. 不同的代码块可以有不同的缩进风格,只要能区分开就行
C. 缩进错误可能会导致程序出现语法错误
D. 代码行的长度没有限制,写多长都可以

2. 在 Python 中,以下注释方式正确的是(　　)。
A. //这是一行注释　　　　　　B. #这是一行注释
C. /这是一行注释/　　　　　　D. ——这是一行注释

3. 在 Python 中,定义变量的正确方式是(　　)。
A. int a = 5　　B. a = 5　　C. let a = 5　　D. define a 5

4. 以下关于 Python 变量命名的说法正确的是(　　)。
A. 变量名可以以数字开头　　　　B. 变量名可以包含空格
C. 变量名不能是 Python 的关键字　D. 变量名的长度没有限制,越长越好

5. 如果在 Python 中重新给一个已经定义的变量赋值,会(　　)。
A. 报错,因为变量不能重新赋值
B. 改变变量的值,变量的数据类型也可能随之改变
C. 改变变量的值,但变量的数据类型不会改变
D. 创建一个新的变量,和原来的变量没有关系

6. 在 Python 中,整数类型的数据表示为(　　)。
A. int　　　　B. float　　　　C. str　　　　D. bool

7. 以下是 Python 中的浮点数类型的是(　　)。
A. 3　　　　B. 3.0　　　　C. "3"　　　　D. True

8. 若要表示一个文本字符串,在 Python 中应该使用(　　)数据类型。
A. int　　　　B. float　　　　C. str　　　　D. bool

9. Python 中的布尔类型有(　　)个值。
A. 1　　　　B. 2　　　　C. 3　　　　D. 4

10. 若有变量 b = int(a),那么 b 的数据类型是(　　)。
A. str　　　　B. int　　　　C. float　　　　D. bool

11. 以下运算符用于比较两个值是否相等的是(　　)。
A. ==　　　　B. =　　　　C. !=　　　　D. >

12. 若有变量 a＝5,b＝3,表达式 a％b 的结果是(　　)。
A. 1　　　　　　B. 2　　　　　　C. 1.67　　　　　D. 0

13. 在 Python 中,用于获取用户输入的函数是(　　)。
A. input()　　　B. print()　　　C. scanf()　　　D. get()

14. 若要在 Python 中输出一个变量的值,通常使用(　　)。
A. input()函数　　　　　　　　B. print()函数
C. write()函数　　　　　　　　D. display()函数

15. 以下不属于常量的是(　　)。
A. 0.25　　　　　B. abc　　　　　C. False　　　　D. "abb"

16. 以下属于正确 Python 变量名的是(　　)。
A. True　　　　　B. 88abc　　　　C. abc&88　　　D. _abc88

17. 在 Python 中,保留字写法正确的是(　　)。
A. PRINT　　　　　　　　　　　B. Print
C. print　　　　　　　　　　　D. Int

18. 执行语句 a＝input("输入一个数：")后,若输入 10,则 a 的值是(　　)。
A. 10　　　　　　B. "10"　　　　　C. 10.0　　　　　D. "10.0"

19. 在 Python 中,可以输出"hello world"的语句是(　　)。
A. printf("hello world")　　　　B. output("hello world")
C. write("hello world")　　　　D. print("hello world")

20. 在 Python 中,以下属于错误赋值语句的是(　　)。
A. a＝b＝10　　　B. 2b＝5　　　　C. a,b＝1,2　　　D. a＋＝1

二、多选题

1. 以下关于 Python 中输出函数 print()的说法正确的有(　　)。
A. 可以输出多个变量,变量之间用逗号隔开
B. 可以输出字符串和变量混合的内容
C. 可以通过设置参数来改变输出的分隔符
D. 输出后会自动换行,无法改变

2. 关于 Python 中的注释,以下说法正确的有(　　)。
A. 单行注释以＃开头
B. 多行注释可以使用三个单引号(''')或三个双引号(""")包裹
C. 注释可以帮助理解代码功能,应该合理使用
D. 注释内容会被 Python 解释器执行

3. 在 Python 中,变量的特点包含(　　)。
A. 变量在定义时不需要声明类型
B. 变量可以重新赋值,类型也可能随之改变
C. 变量名不能以数字开头
D. 变量的作用域分为全局和局部

4. 以下属于Python合法变量名的有（　　）。
A. my_variable　　　　　　　　B. _var2
C. 2var　　　　　　　　　　　　D. var_name
5. Python的数据类型有（　　）。
A. 整数(int)　　　　　　　　　B. 浮点数(float)
C. 字符串(str)　　　　　　　　D. 布尔(bool)
6. 对于Python中的列表(list)，以下说法正确的有（　　）。
A. 列表是有序的
B. 列表元素可以是不同的数据类型
C. 列表是可变的，可以修改元素
D. 列表可以通过索引访问元素
7. Python中，输入函数input()的特点包含（　　）。
A. 获取的用户输入默认是字符串类型
B. 可以在括号内添加提示信息
C. 可以用于获取多个用户输入
D. 输入函数会自动将输入转换为合适的数据类型
8. 若有变量a = 10,b = 3,以下表达式的结果是整数类型的有（　　）。
A. a // b　　　B. a % b　　　C. a / b　　　D. a * b
9. 以下是Python中的比较运算符的有（　　）。
A. ==　　　　B. >　　　　　C. <=　　　　D. !=
10. 关于Python中的逻辑运算符，正确的有（　　）。
A. and 表示逻辑与
B. or 表示逻辑或
C. not 表示逻辑非
D. 逻辑运算符只能用于布尔类型的数据

三、判断题

1. Python中，代码块的缩进只是为了让代码看起来更整齐，没有实际意义。（　　）
2. print()函数只能输出一个变量。（　　）
3. 在Python中，input()函数获取的用户输入一定是整数。（　　）
4. 在Python中，变量名可以包含任何字符。（　　）
5. 变量在Python中一旦定义，就不能再重新赋值。（　　）
6. Python中的整数类型(int)和浮点数类型(float)可以直接进行运算。（　　）
7. 对于整除运算"//"，其结果总是小于或等于普通除法"/"的结果。（　　）
8. 列表(list)中的元素必须是相同的数据类型。（　　）
9. 逻辑运算符"and"和"or"在运算时会先计算两边的表达式，然后再根据规则返回结果。（　　）
10. 在Python中，比较运算符"=="和赋值运算符"="是相同的功能。（　　）

四、填空题

1. 比较运算符"！＝"表示_____。
2. 若要在 Python 中输出一个换行，可以使用_____。
3. 可以使用_____运算符来检查一个元素是否在列表中。
4. 定义变量时，变量名不能以_____开头。
5. 在 Python 中，若要将字符串转换为整数，可以使用_____函数。
6. Python 中的布尔类型有_____和_____两个值。
7. 列表是有序的，并且可以通过_____来访问元素。
8. 若有列表 list1 ＝ [1,2,3]，要获取列表的长度可以使用_____函数。
9. 集合是无序的，且不包含_____元素。
10. 若要将一个整数转换为浮点数，可以使用_____函数。

五、综合题

1. 以下为"将 a 和 b 的值对调，如从键盘总输入 a 的值为 5，b 的值为 6 则输出 6 5"的代码。请在横线处写上正确的代码，将程序补充完整。

```
a=int(input("a="))
b=int(input("b="))
t=a
a=b
_____
print(a,b)
```

2. 以下为"从键盘上输入一个三位的自然数，计算并输出其百位、十位和个位上的数字的积"的代码。请在横线处写上正确的代码，将程序补充完整。

```
x=_____(input("请输入一个三位自然数："))
a=x//100              # 求百位上的数字
b=x//10%10            # 求十位上的数字
c=_____            # 求个位上的数字
cj=a*b*c
print("百位、十位和个位上数字的积是：",cj)
```

3. 以下为"将列表 a 中的第 2 个位置的值'160'删除，并输出列表"的代码。请在横线处写上正确的代码，将程序补充完整。

```
a=[60,160,260,46,56,66]
print("删除前：",a)
a.remove(_____)
print("删除后：",a)
```

6.4 程序流程控制

学习目标

- 理解程序三种基本结构的概念和特点。
- 掌握分支结构、循环结构的使用方法。
- 掌握常用算法的实现;如累加、累乘、求平均、求最大/最小值、素数判断、排序等。

思政要素

- 程序的三种基本结构体现了做事的条理和逻辑性。引导学生在生活中养成合理规划、按步骤行动的习惯,培养学生严谨的思维方式和做事态度。
- 学习常用算法可以培养学生的创新思维和解决问题的能力。学生可以通过学习和实践,开拓思维,尝试用不同的方法解决问题。

知识梳理

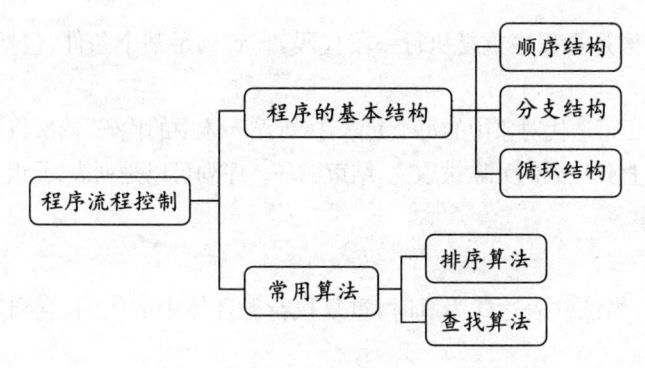

```
                                    ┌─ 顺序结构
                   ┌─ 程序的基本结构 ─┼─ 分支结构
程序流程控制 ──────┤                   └─ 循环结构
                   │                  ┌─ 排序算法
                   └─ 常用算法 ───────┤
                                      └─ 查找算法
```

知识要点

6.4.1 程序的基本结构

1. 顺序结构

程序的顺序结构是指程序按照代码的先后顺序依次执行,是最基本的程序结构。例如:先进行变量赋值,然后进行计算,最后输出结果。

2. 分支结构

程序的顺序结构是指程序根据条件判断来决定执行路径,包括单分支结构(if)、双分支结构(if-else)和多分支结构(if-elif-else)。

① 单分支 if 语句：当条件表达式为真时，执行 if 后的语句块。

If 条件：
语句块

② 双分支 if 语句：当条件表达式为真时执行 if 语句块，否则执行 else 语句块。

If 条件：
语句块 1
else：
语句块 2

③ 多重分支 if 语句：依次判断条件表达式，当某个表达式为真时执行对应的代码块，否则执行 else 代码块。

If 条件 1：
语句块 1
elif 条件 2：
语句块 2
……
else：
语句块 n

3. 循环结构

程序的循环结构是指程序重复执行一段代码，直到满足某个条件，包括 for 循环和 while 循环。

① for 循环：遍历可迭代对象中的每个元素，执行循环体中的代码，依次将序列的值赋给循环变量并执行循环体，直到序列的元素被取完，结束循环。序列可以是列表、元组、字典或集合。

for 循环变量 in 序列：
循环体

② while 循环：当条件表达式为真时，重复执行循环体中的代码，直到条件不再为真。

while 条件：
循环体

③ 循环控制语句：
break：立即终止循环，不管循环条件是否为真。
continue：跳过当前循环的剩余代码，并开始下一次循环。

6.4.2 常用算法

1. 排序算法

将一组数据元素按照特定顺序排序。

① 冒泡排序：通过多次比较和交换相邻元素，将最大（或最小）的元素逐步"冒泡"到序列的一端。

② 快速排序：采用分治法，选择一个基准元素，将序列分为两部分，小于基准的元素在左边，大于基准的元素在右边，然后对左右两部分分别进行排序。

2. 查找算法

在一些数据元素中，通过一定的方法找出给定的数据元素的过程。

① 线性查找：从序列的一端开始，依次比较每个元素，直到找到目标元素或遍历完整个序列。

② 二分查找：适用于已排序的序列，通过不断将序列一分为二，确定目标元素所在的区间，逐步缩小查找范围。

知识测评

一、单选题

1. 以下不属于程序基本结构的是（   ）。
   A. 顺序结构   B. 随机结构
   C. 分支结构   D. 循环结构

2. 在 Python 中，以下语句用于实现分支结构的是（   ）。
   A. for   B. if   C. while   D. def

3. 在 Python 的 if-else 语句中，else 后面的代码块（   ）。
   A. 总是会执行
   B. 只有当 if 条件不成立时才会执行
   C. 只有当 if 条件成立时才会执行
   D. 根据程序的其他部分决定是否执行

4. 在循环结构中，以下关键字用于跳出当前循环的是（   ）。
   A. continue   B. break   C. pass   D. return

5. 以下属于合法的 Python 变量名的是（   ）。
   A. False   B. 88xysp   C. xysp@88   D. xysp_88

6. 以下不是 Python 语言基本数据类型的是（   ）。
   A. string   B. int   C. float   D. Char

7. 已知 $a=3,b=5$，下面表达式的值是 True 的是（   ）。
   A. $b<=a$ B. $b!=a$ C. $a==b$ D. $a>b$

8. Python 中，赋值语句"$b+=a$"等价于（   ）。
   A. $a+=b$ B. $b+a=a$ C. $b=b+a$ D. $b==a$

9. 在 Python 中，输出结果为"hello world"的语句是（   ）。
   A. printf("hello world")   B. output("hello world")
   C. write("hello world")   D. print("hello world")

10. 在 Python 中，求 a 除以 b 的余数，正确的表达式是（   ）。
    A. $a\%b$ B. $a//b$ C. $a**b$ D. a/b

11. 表达式 1≤x≤5 用 Python 语句可表示为( )。
    A. x≥1 and x≤5　　　　　　　　B. x≥1 or x≤5
    C. x>=1 and x<=5　　　　　　　D. x>=1 or x<=5

12. 表示 10 以内偶数的列表是( )。
    A. range(10)　　B. range(1,10)　　C. range(10,2)　　D. range(2,10,2)

13. 函数 sum([1,2,3,4])的值是( )。
    A. 4　　　　　　B. 1　　　　　　C. 10　　　　　　D. 5

14. 若 x=3,y=5,则执行 print("x+y=",x+y)语句后,输出的结果是( )。
    A. 3+5=8　　　B. x+y=8　　　C. "x+y"=8　　D. 语法错误

15. 在 Python 中,表达式 15//2 的执行结果是( )。
    A. 7.5　　　　　B. 1　　　　　　C. 7　　　　　　D. 30

16. 以下表达式的计算结果为 False 的是( )。
    A. 24>=23　　　B. 24==24　　　C. 24<25　　　　D. 24!=24

17. 下列选项中不属于 Python 数据类型关键字的是( )。
    A. Int　　　　　B. double　　　　C. float　　　　　D. str

18. b="False",此时 b 的类型是( )。
    A. 整数　　　　B. 浮点数　　　　C. 字符串　　　　D. 布尔值

19. 判断变量 user 是否等于"admin"或"123"的语句是( )。
    A. if user=="admin" and "123":
    B. if user=="admin" and user=="123":
    C. if user=="admin" or user=="123":
    D. if user=="admin" or "123":

20. 下列 while 循环语句中语法正确的是( )。
    A. while a<15　　　　　　　　　B. while a<15:
    C. while a<15;　　　　　　　　　D. while (a<15)

二、多选题

1. 以下属于程序基本结构的有( )。
   A. 顺序结构　　　　　　　　　　B. 分支结构
   C. 循环结构　　　　　　　　　　D. 递归结构

2. 顺序结构的特点包括( )。
   A. 按照代码书写的先后顺序依次执行　　B. 是最基本的程序结构
   C. 执行过程简单直观　　　　　　　　　D. 不需要任何条件判断

3. 通过以下语句可以实现分支结构的有( )。
   A. if　　　　　B. if-else　　　C. elif　　　　D. switch

4. 在 Python 的 if 语句中,条件表达式可以是( )。
   A. 比较两个数值的大小　　　　　B. 检查元素是否在列表中
   C. 字符串是否为空　　　　　　　D. 函数的返回值是否为 True

5. 以下关于 if-else 语句的描述,正确的有(　　)。
A. if 和 else 后面的代码块缩进必须一致
B. else 语句可以单独使用
C. 可以有多个 else 语句
D. if 条件成立时执行 if 后面的代码块,否则执行 else 后面的代码块

6. 对于 Python 中的 elif 语句,下列说法正确的有(　　)。
A. 是 else if 的缩写
B. 可以有多个 elif 语句来处理多种情况
C. 只有在前面的 if 或 elif 条件不成立时才会被检查
D. 必须和 if 语句一起使用

7. 循环结构在以下哪些场景中经常使用(　　)。
A. 计算 1 到 100 的整数和
B. 遍历列表中的元素
C. 等待用户输入正确的密码
D. 不断更新游戏中的角色位置

8. Python 中实现循环结构的语句有(　　)。
A. for
B. while
C. do-while
D. loop

9. 在循环结构中,continue 语句的作用有(　　)。
A. 跳过本次循环的剩余部分
B. 直接开始下一次循环
C. 终止整个循环
D. 可以用于优化循环内的代码执行流程

10. 在 while 循环中,以下操作可能导致无限循环的有(　　)。
A. 循环条件始终为 True
B. 忘记更新循环条件中的变量
C. 循环体中没有任何语句
D. 循环条件的变量在循环体中被错误地更新

三、判断题

1. 在 Python 中,if-elif-else 结构中 elif 可以单独使用,不需要 if。(　　)
2. 对于 if 语句,条件表达式的结果必须是布尔值。(　　)
3. 在 if-else 语句中,else 部分是可选的。(　　)
4. Python 中的 for 循环只能用于遍历数字序列。(　　)
5. 在 while 循环中,只要条件为真,循环就会一直执行下去。(　　)
6. 在循环结构中,continue 语句会终止整个循环。(　　)
7. (3 * 4>5)or(3%4>1)的结果是 True。(　　)
8. for 语句通常用于事先已知循环次数的语句。(　　)
9. 列表里的元素可以是数值、字符串、列表。(　　)
10. range()函数的范围包括终值。(　　)

四、填空题

1. 浮点型类型的关键字是_____。
2. 布尔值分别是 True 和_____。
3. 判断相等的运算符是_____。
4. 判断不等于的运算符是_____。
5. 执行 int(2.6)之后的结果是_____。
6. 逻辑"与""或""非"的关键字分别是_____。
7. 表达式 2>3 or 3>2 的结果是_____。
8. 双重分支的结构是 if…_____结构。
9. 循环语句除了 for 语句,还有_____语句。
10. range()函数的步长省略时默认步长为_____。

五、综合题

1. 以下为"从键盘输入一个整数,判断其是奇数还是偶数,并输出结果"的代码。请在横线处写上正确的代码,将程序补充完整。

```
num = int(input("请输入一个整数:"))
if _____:
    print(num,"是偶数。")
_____:
    print(num,"是奇数。")
```

2. 以下为"求 1+2+3+4+…+100 的值,并输出结果"的代码。请在横线处写上正确的代码,将程序补充完整。

```
s=0
for i in range(1,101):
    s=s+_____
print("1+2+3+4+…+100 的值:",_____)
```

3. 以下是"计算并输出 s=2+5+8+…+50 的值"的代码。在指定位置修改完善程序代码,请不要删除<k>以外的任何代码。

```
s=_____
k=2
while k<=50:
    s=s+k
    k=k+_____
print("2+5+8+…+50 的和是:",s)
```

6.5 常用模块

学习目标

- 了解模块化程序设计的意义。
- 掌握 math 模块中常用数学函数的使用方法。
- 掌握 turtle 模块绘制图形的方法。

思政要素

在学习和使用 math 模块时,引导学生在生活和学习中养成严谨认真、追求精确的态度,对待每一个问题都要尽力做到准确无误。

使用 turtle 模块命令可以绘制各种图形,激发学生的创造力和想象力。鼓励学生通过编程绘制出独特的图形,培养他们勇于创新、敢于突破传统的精神。

知识梳理

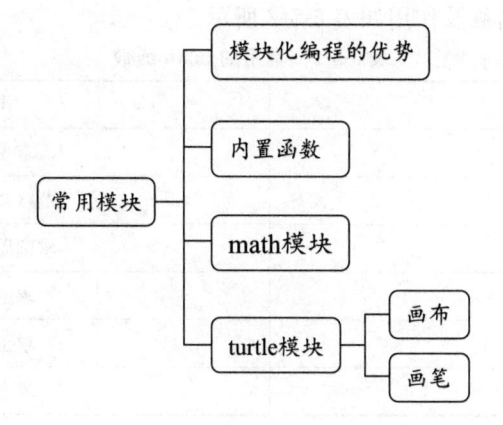

```
                    ┌── 模块化编程的优势
                    │
                    ├── 内置函数
         常用模块 ──┤
                    ├── math模块
                    │
                    └── turtle模块 ──┬── 画布
                                     └── 画笔
```

知识要点

6.5.1 模块化编程的优势

模块化编程具有以下优势:
① 将任务分解成多个模块,每个模块实现部分功能,这样便于团队协同开发;
② 实现代码复用,提高编程效率;
③ 提高程序的可维护性。

6.5.2 内置函数

Python 内置函数的名称及作用如表 6-5-1 所示。

表 6-5-1　Python 内置函数

函数名	作用
abs()	求绝对值
round(x,y)	将 x 四舍五入,保留 y 位小数
pow(x,y)	求 x 的 y 次方
sum()	求和
max()	求最大值
min()	求最小值
len()	求字符串或列表的长度

6.5.3 math 模块

在程序的首行使用 import 导入 math 模块。

语句格式:import math 或者 from math import *。

常用的 math 函数名称及作用如表 6-5-2 所示。

表 6-5-2　常用的 math 函数

函数名	作用
sqrt()	求平方根
trunc()	取整(舍去小数)
pi	求圆周率常量
fabs()	求绝对值
sin()	求正弦值
cos()	求余弦值

6.5.4 turtle 模块

在程序的首行使用 import 导入 turtle 模块。
语句格式:import turtle。

1. 画布

设置画布的大小和初始位置语句:turtle.screensize(width,height,color),如:turtle.screensize(500,600,blue)。

2. 画笔

画笔的属性有宽度、颜色、移动速度等;画笔的运动状态有抬起、放下、向前、向后、左转、右转等。

常用的画笔设置命令如表 6-5-3 所示。

表 6-5-3　常用的画笔设置命令

画笔命令	说明
turtle.pensize()	设置画笔的粗细
turtle.pencolor()	设置画笔颜色,如"red"、"green"
turtle.speed()	设置画笔移动速度,取值范围 1~10
turtle.penup()	抬起画笔,画笔只移动位置不绘制图形
turtle.pendown()	放下画笔,画笔移动时绘制图形
turtle.goto(x,y)	将画笔移动到坐标为 x,y 的位置
turtle.left(d)	画笔左转 d°
turtle.right(d)	画笔右转 d°
turtle.circle(r)	画半径为 r 的圆

知识测评

一、单选题

1. 在 Python 中,模块是(　　)。
   A. 一个可执行文件　　　　B. 包含 Python 定义和语句的文件
   C. 只能被系统调用的库　　D. 一种特殊的数据类型

2. 以下导入模块的方式正确的是(　　)。
   A. import module_name
   B. import module_name as new_name
   C. from module_name import function_name
   D. 以上都是

3. 在列表里,第 3 个元素的索引号是(　　)。
   A. 0　　　　　B. 1　　　　　C. 2　　　　　D. 3

4. 有列表 a=[5,6],在执行语句"a.append(3)"后,a 的值是(　　)。
   A. [5,6]　　　　　　　　B. [5,6,3]
   C. [3,6]　　　　　　　　D. [3,5,6]

5. 若有两个模块 module1 和 module2,在 module1 中调用 module2 中的变量的方法是(　　)。
   A. 直接使用变量名
   B. 先导入 module2,再使用 module2 变量名
   C. 只能通过全局变量来访问
   D. 不能访问

6. math 模块中用于计算平方根的函数是（　　）。
   A. math.pow()　　B. math.sqrt()　　C. math.exp()　　D. math.log()

7. 计算 math.pi 的值，得到的是（　　）。
   A. 一个整数，表示圆周率的近似值　　B. 一个浮点数，表示圆周率的精确值
   C. 一个浮点数，表示圆周率的近似值　　D. 一个字符串，表示圆周率

8. 若要计算 x 的 y 次方，在 math 模块中可以使用（　　）函数。
   A. math.pow(x, y)　　B. math.power(x, y)
   C. x * * y（不需要 math 模块）　　D. 以上都可以

9. 在 math 模块中，math.trunc() 函数的作用是（　　）。
   A. 向零方向截断数字　　B. 向上取整
   C. 向下取整　　D. 四舍五入

10. 以下关于 math 模块的描述，正确的是（　　）。
    A. 所有函数都只能处理整数　　B. 函数的参数可以是变量或表达式
    C. 它是一个第三方模块，需要额外安装　　D. 只能用于数学公式的计算

11. 在 math 模块中，math.fabs() 函数的作用是（　　）。
    A. 返回一个数的绝对值，结果是浮点数
    B. 返回一个数的绝对值，结果是整数
    C. 返回一个数的相反数，结果是浮点数
    D. 返回一个数的相反数，结果是整数

12. 要使用 turtle 模块绘图，首先要（　　）。
    A. 安装 turtle 模块　　B. 导入 turtle 模块
    C. 创建一个 turtle 对象　　D. 设置绘图窗口大小

13. 以下代码片段创建了一个 turtle 对象并（　　）。
    import turtle
    t = turtle.Turtle()
    t.forward(100)
    A. 向左移动 100 像素　　B. 向右移动 100 像素
    C. 向前移动 100 像素　　D. 向后移动 100 像素

14. 在 turtle 模块中，turtle.right(90) 的作用是（　　）。
    A. 向左旋转 90 度　　B. 向右旋转 90 度
    C. 向前移动 90 像素　　D. 向后移动 90 像素

15. 若要设置 turtle 绘图的画笔颜色为红色，可使用（　　）。
    A. turtle.pencolor("red")　　B. turtle.color("red")
    C. turtle.pen("red")　　D. turtle.setcolor("red")

16. 以下关于 turtle 模块中画笔宽度的说法，正确的是（　　）。
    A. 画笔宽度不能改变
    B. 可以使用 turtle.width() 函数设置画笔宽度

C. 画笔宽度只影响线条的长度
D. 画笔宽度的单位是厘米

17. 在 turtle 模块中,若要绘制一个圆形,可使用(　　)函数。
   A. turtle.circle()   B. turtle.draw_circle()
   C. turtle.round()   D. turtle.make_circle()

18. 以下代码的输出结果是(　　)。
   ```
   import turtle
   t = turtle.Turtle()
   for _ in range(4):
       t.forward(100)
       t.right(90)
   ```
   A. 一条直线   B. 一个三角形
   C. 一个正方形   D. 一个圆形

19. 在 turtle 模块中,若要抬起画笔,避免绘制线条,可使用(　　)。
   A. turtle.penup()   B. turtle.lift_pen()
   C. turtle.up()   D. 以上都是

20. 若要清除 turtle 绘图窗口中的内容,可使用(　　)。
   A. turtle.clear()   B. turtle.erase()
   C. turtle.delete()   D. turtle.reset()

二、多选题

1. 导入 turtle 模块的方式有(　　)。
   A. import turtle
   B. import turtle as t
   C. from turtle import function_name
   D. from turtle import *

2. 当使用 import module_name as alias 这种方式导入模块时,以下说法正确的有(　　)。
   A. 可以通过 alias 来访问模块中的内容   B. 这种方式可以简化模块名的书写
   C. alias 是自定义的名称   D. 原模块名不能再使用

3. 在 Python 中,math 模块提供的数学运算相关的函数有(　　)。
   A. 三角函数计算(如 sin、cos、tan)
   B. 对数运算(如 log、log10)
   C. 幂运算(如 pow)
   D. 取整运算(如 ceil、floor)

4. 对于 math 模块中的 math.sqrt()函数,以下说法正确的有(　　)。
   A. 用于计算一个数的平方根   B. 参数必须是正数
   C. 返回值是浮点数   D. 可以对整数和浮点数进行操作

5. 以下关于 math 模块中的 math.ceil()和 math.floor()函数,正确的有(　　)。

A. math.ceil()是向上取整函数

B. math.floor()是向下取整函数

C. 它们的参数可以是整数或浮点数

D. 对于正数,math.ceil()和 math.floor()结果可能相同

6. 在使用 turtle 模块进行绘图时,以下可以控制画笔移动的函数有(　　)。

A. turtle.forward()   B. turtle.backward()

C. turtle.right()   D. turtle.left()

7. turtle 模块中用于设置画笔属性的函数有(　　)。

A. turtle.pencolor()   B. turtle.pensize()

C. turtle.speed()   D. turtle.fillcolor()

8. 若要在 turtle 模块中绘制一个封闭图形并填充颜色,以下步骤正确的有(　　)。

A. 使用 turtle.begin_fill()开始填充

B. 使用 turtle.pencolor()设置填充颜色

C. 绘制封闭图形

D. 使用 turtle.end_fill()结束填充

9. 以下关于 turtle 模块中 turtle.circle()函数的说法正确的有(　　)。

A. 用于绘制圆形

B. 可以指定圆的半径

C. 可以指定绘制的弧度

D. 可以绘制椭圆(通过一些参数组合)

10. 以下关于 turtle 模块绘图的说法正确的有(　　)。

A. 绘图是在一个二维平面上进行的

B. 可以通过坐标来定位画笔位置

C. 画笔的初始位置通常在窗口中心

D. 可以设置绘图窗口的大小和背景颜色

三、判断题

1. Python 模块是一个独立的可执行文件。(　　)

2. 模块可以帮助组织和管理大型程序的代码。(　　)

3. 导入模块时,模块中的所有函数都会立即执行。(　　)

4. turtle 模块中的图形绘制是在一个三维空间中进行的。(　　)

5. 可以使用 turtle.pencolor()函数设置 turtle 绘图的画笔颜色。(　　)

6. math.sqrt()函数用于计算一个数的平方。(　　)

7. math.pi 是一个精确的圆周率值。(　　)

8. 使用 turtle 模块绘图时,必须先安装 turtle 模块。(　　)

9. 一个算法可以有多个输出项。(　　)

10. 编写 Python 程序的时候可以随意使用缩进。(　　)

四、填空题

1. 要使用 math 模块中的函数，需要先使用_____导入 math 模块。
2. 在 math 模块中，计算一个数的绝对值可以使用_____函数。
3. _____函数用于创建一个整数序列。
4. 列表的元素之间用_____符号隔开。
5. math 模块中的 pi 是一个_____，代表圆周率的近似值。
6. 创建空列表用_____表示。
7. 在 turtle 模块中，turtle.forward()函数的作用是让画笔_____。
8. 使用 turtle 模块绘图时，若要让画笔向右旋转 90 度，可以使用_____语句。
9. 算法的每一步骤都必须有确切的含义，是指算法的_____性。
10. 若要在 turtle 模块中绘制一个圆形，可使用_____函数，并指定半径作为参数。

五、综合题

1. 以下为"输入直角三角形的底 a 和高 h 的值，计算并输出斜边的长"的代码，请在横线处写上正确的代码，将程序补充完整。

```
import math
a=float(input("a="))
h=float(input("h="))
c=math._____(a*a+h*h)
print("斜边的长是：",_____)
```

2. 以下为"绘制一个边长为 200 像素的蓝色等边三角形"的代码，请在横线处写上正确的代码，将程序补充完整。

```
_____ turtle
turtle.pencolor("blue")
for i in range(3)：
    turtle.fd(200)
    turtle._____(120)
turtle.done()
```

3. 以下为"绘制直径为 200 像素的圆"的代码。请在横线处写上正确的代码，将程序补充完整。

```
import turtle
turtle.circle(_____)
turtle.done()
```

第 7 章 信息安全技术

7.1 信息安全意识

学习目标

- 掌握信息安全的基本概念和要素。
- 了解信息安全的常见威胁。
- 掌握信息安全体系模型的构成。
- 提高信息安全意识和防护技能。

思政要素

- 增强学生的信息安全意识,提高信息保护能力。
- 培养学生的社会责任感和法律意识,遵守网络安全法律法规。
- 激发学生对信息安全技术的兴趣,鼓励学生在未来职业生涯中关注和应用信息安全知识。

知识梳理

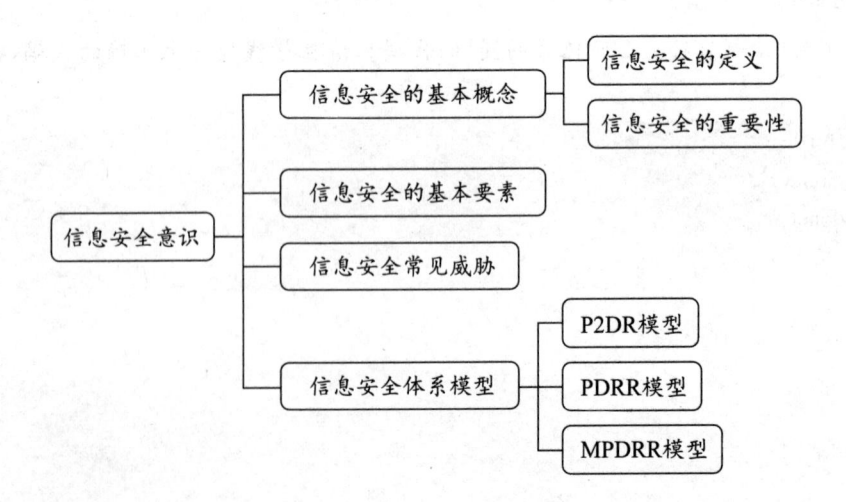

```
                        ┌── 信息安全的基本概念 ──┬── 信息安全的定义
                        │                      └── 信息安全的重要性
                        │
信息安全意识 ───────────┼── 信息安全的基本要素
                        │
                        ├── 信息安全常见威胁
                        │
                        │                      ┌── P2DR模型
                        └── 信息安全体系模型 ───┼── PDRR模型
                                               └── MPDRR模型
```

知识要点

7.1.1 信息安全的基本概念

1. 信息安全的定义

信息安全(information security)是指保护信息系统的硬件、软件及相关数据,防止未经授权的访问、使用、泄露、破坏、修改或使系统不可靠。从广义上讲,信息安全是指在信息系统的整个生命周期内,采取必要的技术和管理措施,保护信息资产免受各种威胁和风险的侵害,确保信息的保密性、完整性、可用性、可控性和真实性,从而支持组织的战略目标和业务连续性。

2. 信息安全的重要性

① 个人隐私保护方面:个人信息泄露可能导致身份盗窃、财产损失、名誉损害等严重后果;也可能引发骚扰、诈骗等犯罪行为,对个人的生活安全造成威胁;维护信息安全有助于保护个人隐私。

② 企业运营稳定性方面:信息安全事件可能导致企业关键数据的丢失或泄露,影响企业决策和运营效率;企业信息系统的中断可能导致生产停滞、服务中断,造成巨大的经济损失;企业声誉受损,客户信任度下降,可能导致客户流失和市场份额的减少;维护信息安全有助于维护企业运营的稳定性。

③ 国家安全维护方面:信息安全直接关系到国家关键基础设施的安全,如电力、交通、通信等,信息安全一旦受到威胁下,可能会引发社会混乱;国家机密信息的泄露可能会威胁到国家安全,影响国家的战略部署和国际地位;信息战和网络战已成为现代战争的重要组成部分,信息安全是国防安全的重要组成部分。

④ 社会秩序稳定方面:信息安全事件可能引发公众恐慌,影响社会稳定;可能导致重要公共服务的中断,影响民众的正常生活;网络谣言和虚假信息的传播可能破坏社会信任,引发社会动荡。

⑤ 经济发展保障方面:信息安全是数字经济健康发展的基石,保障了电子商务、在线支付、云计算等新兴业务模式的安全运行;信息安全促进了技术创新和产业升级,为经济发展提供了新的动力;信息安全产业本身也是一个重要的经济增长点,为社会提供了大量的就业机会。

⑥ 法律法规遵守方面:信息安全有助于企业和个人遵守相关的法律法规,避免因违反数据保护法规而受到法律制裁和经济损失;信息安全措施有助于维护法律的尊严和效力,保障法律制度的有效实施。

7.1.2 信息安全的基本要素

信息安全的基本要素包括机密性、完整性、可用性、可控性、不可否认性等。

机密性(confidentiality):确保只有被授权的人才能访问特定的信息。这意味着敏感数据在存储和传输过程中需要加密,并且只有拥有适当权限的用户才能解密和查看这些数据。例如,银行账户信息、个人身份信息等都应该受到严格的访问控制。

完整性(integrity):保证信息在传输或存储过程中不被篡改或破坏。这包括验证数据的完整性,确保数据没有被未授权的第三方修改。例如,电子文档应该使用数字签名来确保其内容的真实性和完整性。

可用性(availability):确保授权用户能够在需要时访问和使用信息。这意味着系统应该能够抵御拒绝服务攻击(DoS/DDoS),并且有足够的冗余机制来应对硬件故障或自然灾害。例如,通过备份服务器和云服务来提高系统的可用性。

可控性(accountability):确保所有操作都可以追溯到具体责任人。这通常通过日志记录和审计来实现,以便在发生安全事件时能够追踪到具体的用户或设备。例如,企业通常会实施详细的日志记录策略,以监控员工的活动并检测潜在的内部威胁。

不可否认性(non-repudiation):确保信息的发送者和接收者无法否认已经发生的通信行为。这通常通过数字签名和其他形式的证据来实现,以确保交易双方的身份和行为的不可否认性。例如,电子商务网站使用 SSL 证书来确保交易的安全性和不可否认性。

7.1.3 信息安全常见威胁

病毒和蠕虫通过自我复制并传播到其他计算机,破坏系统功能或窃取数据。它们通常通过电子邮件附件、恶意网站或可移动存储设备传播。定期更新防病毒软件和使用防火墙可以有效防止病毒和蠕虫感染。常见的信息安全危害方式主要有:

① 木马程序:木马程序通常伪装成合法软件执行恶意操作,如窃取信息或控制受害者的计算机。用户应避免下载来源不明的软件,并在安装软件前进行安全检查。

② 钓鱼攻击:通过假冒网站或电子邮件诱骗用户提供敏感信息,如用户名、密码和信用卡号。提高员工对钓鱼邮件的识别能力是预防此类攻击的关键。

③ 拒绝服务攻击(DoS/DDoS):通过大量请求使目标系统过载,导致合法用户无法访问服务。使用分布式防护系统和流量监控可以帮助缓解这种攻击的影响。

④ 内部威胁:公司员工或合作伙伴故意或在无意中泄露敏感信息。实施严格的访问控制和监控措施,以及定期的安全培训,可以减少内部威胁的风险。

⑤ 社会工程学:利用人性弱点进行欺骗,以获取敏感信息。例如,攻击者可能冒充 IT 支持人员要求用户提供密码。教育员工识别和应对社会工程学攻击是必要的。

⑥ 零日漏洞:尚未公开且未被修复的安全漏洞,攻击者可以利用这些漏洞进行攻击。企业应密切关注安全公告,及时应用补丁和更新,以减少零日漏洞带来的风险。

⑦ 网络监听:在网络中截获传输的数据包,可能导致敏感信息泄露。使用加密通信协议(如 HTTPS 和 SSL/TLS)可以保护数据传输的安全性。

⑧ 物理安全威胁:自然灾害(如洪水、地震)、盗窃或破坏等可能导致硬件损坏和数据丢失。采取适当的物理安全措施,如安装监控摄像头和限制访问权限,可以减少这类威胁的影响。

⑨ 高级持续性威胁(APT):APT 指长期潜伏在网络中,持续监视和收集信息的一种攻

击。APT通常由有组织的黑客团队发起,目的是窃取高价值信息。企业需要部署先进的入侵检测系统和定期进行安全审计,以发现和防御APT。

7.1.4 信息安全体系模型

信息安全系统模型是用来描述和指导信息系统安全建设的框架。它包括一系列的环节和要素,以确保信息的保密性、完整性和可用性。

1. P2DR模型(policy, protection, detection, response)

P2DR模型的基本原理是认为信息安全相关的所有活动,不管是攻击行为、防护行为、检测行为还是响应行为等等都要消耗时间。因此可以用时间来衡量一个体系的安全性和安全能力。它包括四个主要部分:安全策略(policy)、防护(protection)、检测(detection)和响应(response)。

安全策略(policy):定义系统的监控周期、确立系统恢复机制、制定网络访问控制策略和明确系统的总体安全规划和原则。安全策略是该模型的核心,所有的防护、检测和响应都是依据安全策略实施的。

防护(protection):通过修复系统漏洞、正确设计开发和安装系统来预防安全事件的发生。防护措施包括数据加密、身份认证、访问控制、授权和虚拟专用网(virtual private network,VPN)技术、防火墙、安全扫描和数据备份等。

检测(detection):是动态响应和加强防护的依据,通过不断地检测和监控网络系统,来发现新的威胁和弱点,通过循环反馈来及时做出有效的响应。当攻击者穿透防护系统时,检测功能就会发挥作用,与防护系统形成互补。

响应(pesponse):系统一旦检测到被入侵,响应系统就会开始工作,进行事件处理。响应包括紧急响应和恢复处理,恢复处理又包括系统恢复和信息恢复。

2. PDRR模型(protection, detection, reaction, recovery)

PDRR模型是由美国国防部提出的一个信息安全框架,用于应对和管理信息安全事件。该模型包含四个关键环节:防护(protection)、检测(detection)、响应(reaction)和恢复(recovery),构成了一个闭环式的信息安全管理模型。

防护(protection):防护阶段主要关注预防安全事件的发生,采取各种措施来保护系统和网络的安全性。这包括建立合适的安全策略和规则、实施访问控制、加密和身份认证等措施,以及定期更新和升级安全软件、硬件设备等。

检测(detection):检测阶段着重于监测和发现安全事件的迹象和异常行为。这可以通过采用防火墙、入侵检测系统(IDS)、入侵防御系统(IPS)等技术来实现。同时,还可以通过监测网络和系统的活动日志,识别异常行为和攻击迹象,及时发现并响应安全事件。

响应(reaction):响应阶段是指在发生安全事件时,及时采取措施来控制和减轻损失,并进行调查和处理。这包括实施紧急响应措施、隔离受感染的系统和网络、收集证据、恢复数据等。

恢复(recovery):恢复阶段则是恢复受影响的系统和网络功能,并进行事后评估和总结经验教训。这需要对受影响的系统和网络进行彻底的清理、修复和恢复。同时,也需要评估和总结安全事件的原因和处理过程,并提出改进建议和预防措施。

3. MPDRRC模型(management, protection, detection, reaction, recovery, counterattack)

MPDRRC模型强调了信息安全的动态性和适应性;它不仅涵盖了技术层面的防护措施,还包括了管理层面的策略和响应机制。通过这几个环节的相互作用,可以更全面地应对信息安全威胁,减小潜在的风险,并加快系统的恢复和恢复正常运行。

管理(management):包括制定信息安全政策、安全标准和程序。确定信息安全的角色和责任。管理环节是整个安全框架的基石,要确保信息安全策略得到有效执行。

保护(protection):采取措施预防安全事件的发生,如使用防火墙、加密技术、访问控制等。保护阶段主要关注建立和维护一个安全的信息系统环境。

检测(detection):监测和识别潜在的安全威胁和攻击,如使用入侵检测系统(IDS)和安全信息和事件管理(SIEM)。检测阶段的目的是及时发现安全事件,以便快速响应。

响应(reaction):在安全事件发生后,采取措施控制和减轻损失,如实施紧急响应措施、隔离受感染的系统和网络、收集证据等。响应阶段的目标是尽快恢复业务的正常运作。

恢复(recovery):恢复受影响的系统和网络功能,并进行事后评估和总结经验教训。恢复阶段包括数据备份、数据恢复、系统恢复等,以确保业务连续性。

反击(counterattack):反击阶段可能包括对攻击源的追踪和法律行动,以防止未来遭受攻击。这一阶段是可选的,并且需要谨慎执行,以避免法律和道德问题。

知识测评

一、单选题

1. 信息安全的核心目标不包括(　　)。
   A. 保密性　　　　B. 完整性　　　　C. 可用性　　　　D. 易用性
2. 信息安全中的"可控性"通常通过(　　)技术实现。
   A. 加密　　　　B. 访问控制　　　　C. 网络监听　　　　D. 物理隔离
3. 以下不是信息安全常见威胁的是(　　)。
   A. 病毒　　　　B. 木马　　　　C. 太阳能风暴　　　　D. 钓鱼攻击
4. 信息安全中的"不可否认性"是指(　　)。
   A. 确保信息的来源是可信的
   B. 确保所有操作都可以追溯到具体责任人
   C. 确保信息在传输或存储过程中不被篡改
   D. 确保只有被授权的人才能访问特定的信息
5. 以下不是信息安全防护措施的是(　　)。
   A. 安全审计　　　　B. 系统备份　　　　C. 病毒扫描　　　　D. 数据泄露
6. 机密性在信息安全中的主要目的是(　　)。
   A. 确保信息在传输过程中不被篡改
   B. 确保只有被授权的人才能访问特定的信息

C. 确保系统能够抵御拒绝服务攻击
D. 确保所有操作都可以追溯到具体责任人
7. 以下技术主要用于确保信息的完整性的是（　　）。
   A. 加密　　　　　　B. 数字签名　　　　C. 防火墙　　　　D. 入侵检测系统
8. 病毒和蠕虫通常通过（　　）传播。
   A. 电子邮件附件　　B. 即时通信软件　　C. 社交媒体　　　D. 以上都是
9. 木马程序的主要目的是（　　）。
   A. 破坏系统功能　　　　　　　　　　　B. 窃取信息或控制受害者的计算机
   C. 提高计算机性能　　　　　　　　　　D. 提供额外的功能
10. 拒绝服务攻击（DoS/DDoS）的主要目的是（　　）。
    A. 窃取敏感信息
    B. 破坏系统功能
    C. 使目标系统过载，导致合法用户无法访问服务
    D. 长期潜伏在网络中收集信息
11. 通过自我复制并传播到其他计算机来破坏系统功能或窃取数据的是（　　）。
    A. 病毒和蠕虫　　　B. 木马程序　　　　C. 钓鱼攻击　　　D. 拒绝服务攻击
12. 以下攻击是通过假冒网站或电子邮件来诱骗用户提供敏感信息的是（　　）。
    A. 社会工程学　　　　　　　　　　　　B. 钓鱼攻击
    C. 内部威胁　　　　　　　　　　　　　D. 高级持续性威胁（APT）
13. 以下措施可以有效减少内部威胁的风险的是（　　）。
    A. 使用防火墙　　　　　　　　　　　　B. 实施严格的访问控制和监控措施
    C. 增加网络带宽　　　　　　　　　　　D. 忽略安全培训
14. 零日漏洞是指（　　）。
    A. 已经被广泛知晓的安全漏洞　　　　　B. 尚未公开且未被修复的安全漏洞
    C. 已经被完全修复的安全漏洞　　　　　D. 只有高级用户才知道的安全漏洞
15. P2DR模型中所有的防护、检测和响应都依据其实施的核心环节是（　　）。
    A. 防护　　　　　　B. 检测　　　　　　C. 响应　　　　　D. 安全策略
16. 在PDRR模型中，着重于监测和发现安全事件的迹象和异常行为的是（　　）。
    A. 防护　　　　　　B. 检测　　　　　　C. 响应　　　　　D. 恢复
17. MPDRRC模型中的"M"代表的是（　　）。
    A. 管理　　　　　　B. 维护　　　　　　C. 监控　　　　　D. 测量
18. PDRR模型是由（　　）提出的。
    A. 国际标准化组织　　　　　　　　　　B. 美国国家标准与技术研究院
    C. 美国国防部　　　　　　　　　　　　D. 欧洲网络与信息安全局
19. 以下不是信息安全的重要性体现的是（　　）。
    A. 个人隐私保护　　　　　　　　　　　B. 企业运营稳定性
    C. 提高员工工作效率　　　　　　　　　D. 国家安全维护

20. 信息安全事件可能导致的后果是（　　）。
A. 企业关键数据的丢失或泄露　　　　B. 生产停滞、服务中断
C. 客户信任度下降，客户流失　　　　D. 以上都是

二、多选题

1. 以下属于信息安全的基本要素的有（　　）。
A. 机密性　　　B. 完整性　　　C. 可用性　　　D. 可控性
E. 不可否认性
2. 以下措施可以提高数据的机密性的有（　　）。
A. 使用强密码　　　　　　　　　　B. 实施访问控制策略
C. 对敏感数据进行加密　　　　　　D. 定期更新软件补丁
3. 以下属于信息安全的常见威胁的有（　　）。
A. 病毒和蠕虫　　B. 木马程序　　C. 钓鱼攻击　　D. 网络监听
4. 以下措施可以帮助防御或减轻信息安全威胁的有（　　）。
A. 定期更新防病毒软件　　　　　　B. 使用加密通信协议
C. 实施严格的访问控制　　　　　　D. 忽略来自未知来源的电子邮件
5. 物理安全威胁可能包括（　　）。
A. 自然灾害（洪水、地震）　　　　B. 盗窃或破坏
C. 电力故障　　　　　　　　　　　D. 网络攻击
6. 以下行为可以帮助预防钓鱼攻击的有（　　）。
A. 提高员工对钓鱼邮件的识别能力　B. 避免下载来源不明的软件
C. 使用强密码　　　　　　　　　　D. 不在公共场合使用敏感账户
7. P2DR 模型中，以下环节是该模型的关键组成部分的有（　　）。
A. 安全策略　　　B. 防护　　　C. 检测　　　D. 响应
8. PDRR 模型中，以下环节是该模型的关键组成部分的有（　　）。
A. 防护　　　B. 检测　　　C. 响应　　　D. 恢复
9. MPDRRC 模型强调了（　　）方面的相互作用。
A. 技术层面的防护措施　　　　　　B. 管理层面的策略和响应机制
C. 物理安全措施　　　　　　　　　D. 法律和合规要求
10. 信息安全的重要性体现在（　　）。
A. 个人隐私保护　　　　　　　　　B. 企业运营稳定性
C. 国家安全维护　　　　　　　　　D. 社会秩序稳定
E. 经济发展保障　　　　　　　　　F. 法律法规遵守

三、判断题

1. 数据加密只能保证数据的机密性，不能保证数据的完整性。（　　）
2. 数字签名可以用于确保信息的完整性和不可否认性。（　　）
3. 实施访问控制策略是提高系统可用性的关键措施之一。（　　）
4. 备份服务器和云服务可以提高系统的可用性。（　　）

5. 木马程序是一种伪装成合法软件的恶意程序,用于执行恶意操作。(　　)
6. 社会工程学攻击是通过技术手段直接破坏系统来获取敏感信息的。(　　)
7. 网络监听只能在有线网络中发生,无线网络是安全的。(　　)
8. 定期更新防病毒软件和使用防火墙可以有效防止病毒感染。(　　)
9. MPDRRC 模型中的反击环节是必需的,不是可选的。(　　)
10. PDRR 模型中的防护环节包括建立合适的安全策略和规则,实施访问控制、加密和身份认证等措施。(　　)

四、填空题

1. 机密性确保只有_____的人才能访问特定的信息。
2. 数字签名用于确保信息的_____和不可否认性。
3. 信息安全中的_____威胁是通过自我复制并传播到其他计算机的。
4. 病毒和蠕虫通常通过_____、恶意网站或可移动存储设备传播。
5. 高级持续性威胁(APT)通常由_____发起,目的是_____。
6. 通过假冒网站或电子邮件诱骗用户提供敏感信息的攻击称为_____攻击。
7. 在 P2DR 模型中,_____环节负责定义系统的监控周期和确立系统恢复机制。
8. 在 MPDRRC 模型中,_____环节可能包括对攻击源的追踪和法律行动。
9. 信息安全确保信息的_____、_____、_____、_____和_____。
10. 信息安全是保护信息系统中的_____、_____和_____。

7.2　信息安全防护技术

学习目标

- 理解并掌握加密技术的原理和应用。
- 学习并了解防火墙技术的基本功能,以及如何使用防火墙保护网络。
- 掌握入侵检测技术的概念、类型和部署策略。
- 学习访问控制技术,包括身份验证、授权和访问控制列表(ACL)。
- 理解虚拟专用网(VPN)技术的工作机制和应用场景。
- 掌握网络安全审计技术的重要性,以及网络安全审计和日志分析。
- 了解其他信息安全防护技术。

思政要素

- 培养学生的国家安全意识,让学生认识到网络安全对国家安全的重要性。
- 强调信息安全法律法规的重要性,教育学生在网络空间中遵守法律法规。
- 教育学生提高社会责任感、保护信息安全不仅是个人的责任,也是个人对社会的贡献。

知识梳理

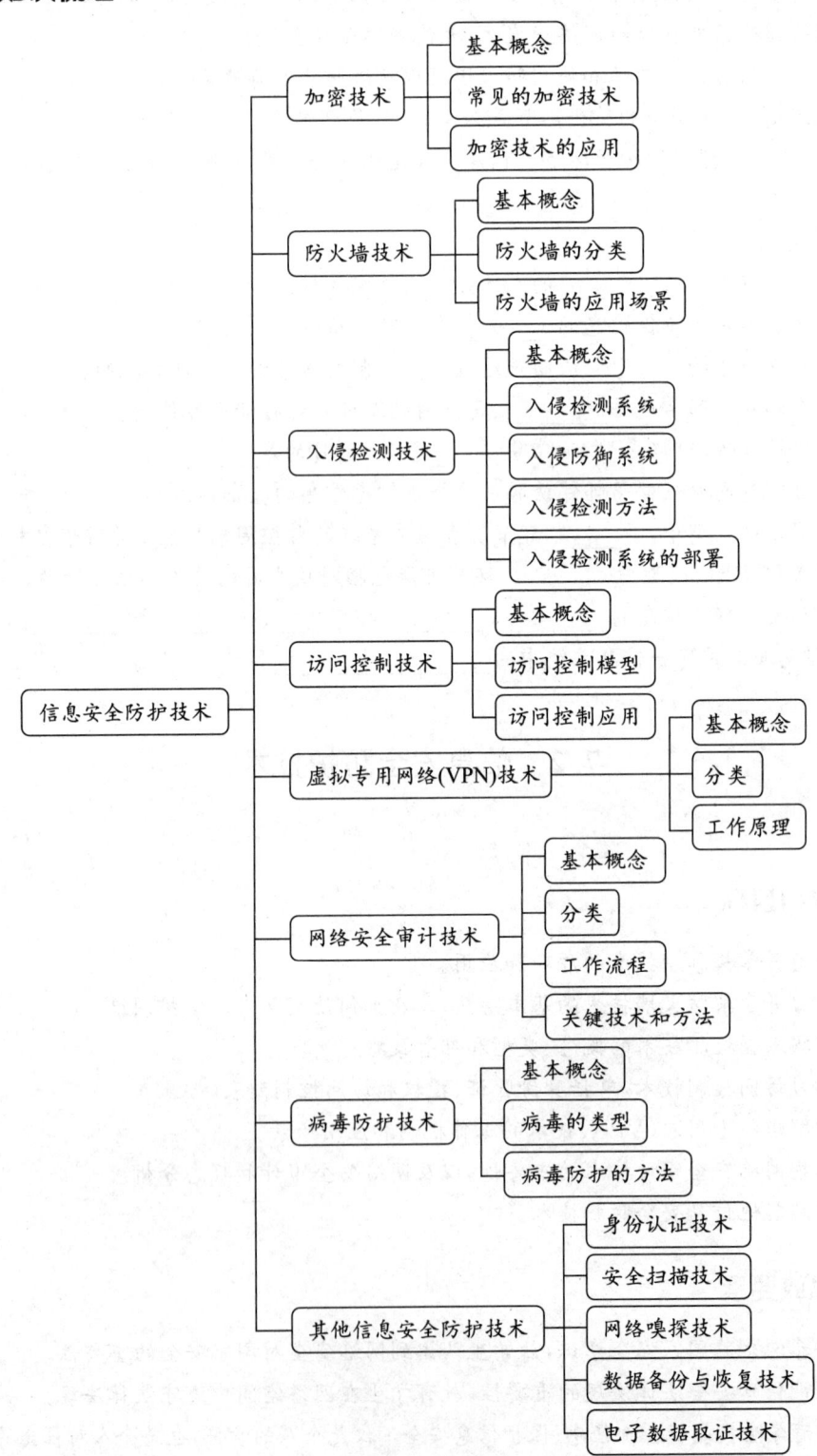

- 信息安全防护技术
  - 加密技术
    - 基本概念
    - 常见的加密技术
    - 加密技术的应用
  - 防火墙技术
    - 基本概念
    - 防火墙的分类
    - 防火墙的应用场景
  - 入侵检测技术
    - 基本概念
    - 入侵检测系统
    - 入侵防御系统
    - 入侵检测方法
    - 入侵检测系统的部署
  - 访问控制技术
    - 基本概念
    - 访问控制模型
    - 访问控制应用
  - 虚拟专用网络(VPN)技术
    - 基本概念
    - 分类
    - 工作原理
  - 网络安全审计技术
    - 基本概念
    - 分类
    - 工作流程
    - 关键技术和方法
  - 病毒防护技术
    - 基本概念
    - 病毒的类型
    - 病毒防护的方法
  - 其他信息安全防护技术
    - 身份认证技术
    - 安全扫描技术
    - 网络嗅探技术
    - 数据备份与恢复技术
    - 电子数据取证技术

知识要点

7.2.1 加密技术

1. 基本概念

加密技术是一种通过算法和密钥对数据进行转换,使其在传输或存储过程中保持机密性的技术。它是信息安全领域中的核心部分,涉及将数据从可读的明文形式转换为不可读的密文形式,以防止未经授权的访问和泄露。加密技术的主要目标是防止未经授权的访问和篡改,确保数据的保密性、完整性和可用性。加密是将明文转换为密文的过程,而解密是将密文恢复为明文的过程。

2. 常见的加密技术

① 对称加密算法:使用单一密钥进行加密和解密,加密和解密过程速度快,适用于大量数据的快速加密。常见的对称加密算法包括 AES、DES、3DES 等。

a. AES(advanced encryption standard):高级加密标准,支持 128 位、192 位和 256 位密钥长度,广泛应用于各种安全应用中。

b. DES(data encryption standard):数据加密标准,曾被广泛使用,但因密钥长度较短(56 位),现已较少使用。

c. 3DES(triple DES):是 DES 算法的一种改进形式,通过三次应用 DES 算法来增强安全性。

② 非对称加密算法:使用一对公钥和私钥进行加密和解密(公钥用于加密数据,私钥用于解密数据)适用于密钥交换和数字签名。常见的非对称加密算法包括 RSA、ECC 等。

a. RSA(rivest-shamir-adleman):基于大整数因式分解的难度,适用于数字签名和密钥交换。

b. ECC(elliptic curve cryptography):椭圆曲线密码学,基于椭圆曲线数学,提供与 RSA 类似的安全性,但密钥长度更短。

③ 哈希算法:将任意长度的数据映射为固定长度的字符串,用于验证数据的完整性和一致性。常见的哈希算法包括 SHA-256、MD5 等。

a. MD5(Message Digest Algorithm 5):生成 128 位的哈希值。较早的哈希算法,现已被认为存在安全漏洞。

b. SHA(Secure Hash Algorithm):包括 SHA-1、SHA-256 等,生成不同长度的哈希值,广泛应用于密码学领域。

④ 数字签名:利用非对称加密技术确保信息的完整性和不可否认性。

a. 签名生成:发送方使用私钥对信息进行签名。

b. 签名验证:接收方使用公钥验证签名的有效性。

⑤ 密钥管理:涉及密钥的生成、分发、存储和销毁,确保密钥的安全性和可靠性,是确保加密安全的关键环节。常用的方法包括硬件安全模块(HSM)、密钥管理系统(KMS)等。

a. 硬件安全模块(HSM):专用的硬件设备,用于安全地生成、存储和管理密钥。

b. 密钥管理系统(KMS):软件系统,用于集中管理和控制密钥的生命周期。

3. 加密技术的应用

① 数据传输安全:如 HTTPS、SSL/TLS 协议。

② 数据存储保护:如硬盘加密、文件加密。

③ 身份验证:如双因素认证。

④ 数字签名:确保数据的来源和完整性。

7.2.2 防火墙技术

1. 基本概念

防火墙是一种位于内部网络和外部网络之间的网络安全系统,用于监控和控制进出网络的流量。防火墙的主要目的是防止未经授权的访问,保护内部网络不受外部威胁的侵害,同时允许合法的通信流量通过。防火墙可以是硬件设备、软件程序,或者两者的组合。防火墙技术是网络安全的关键组成部分。

2. 防火墙的分类

防火墙的类型及特点如表 7-2-1 所示。

表 7-2-1 防火墙的类型及特点

防火墙类型	描述	特点
包过滤防火墙	基于预设规则对数据包进行过滤	配置简单,但安全性较低
状态检测防火墙	在包过滤的基础上增加了对连接状态的监控	提供更好的安全性,能够跟踪连接状态
代理防火墙	对网络流量进行更深入的检查和控制	安全性最高,但可能影响网络性能
应用层网关防火墙	通过过滤、监控和拦截恶意 HTTP 或 HTTPS 流量保护 web 和应用程序。	策略可定制,部署灵活
下一代防火墙	集成了入侵防御、应用识别、URL 过滤等高级功能的防火墙	提供全面的安全防护,但成本较高

3. 防火墙的应用场景

① 企业网络:防止商业间谍活动和网络攻击。

② 家庭网络:防止恶意软件和黑客攻击。

③ 数据中心:保护关键数据和服务不受侵害。

7.2.3 入侵检测技术

1. 基本概念

入侵检测技术(intrusion detection technology)是网络安全领域中用于监测和分析网络或系统流量,以发现并响应恶意活动或政策违规行为的一种技术。入侵检测系统(intrusion detection system,IDS)和入侵防御系统(intrusion prevention system,IPS)是实现这一技术的两种主要工具。

入侵检测系统是一种用于监测网络或系统活动的设备,旨在发现潜在的安全威胁。通过分析网络流量或系统日志,IDS能够检测到异常行为和已知的攻击模式。

2. 入侵检测系统

① 网络入侵检测系统(NIDS):监测网络流量,寻找可疑行为。
② 主机入侵检测系统(HIDS):在单个主机上运行,监测系统日志和事件。
③ 无线入侵检测系统(WIDS):监测无线网络中的异常行为。

3. 入侵防御系统

① 主动防御:不仅监测,还能直接阻断或隔离恶意流量。
② 实时响应:能够对检测到的攻击进行实时响应。

4. 入侵检测方法

① 被动监控:监测网络流量,不直接干预。
② 异常检测:基于统计模型,检测与正常行为显著不同的行为。
③ 签名检测:基于已知攻击模式的签名库,匹配网络流量中的特定模式。

5. 入侵检测系统的部署

① 网络边缘:作为第一道防线,监测进入网络的流量。
② 网络核心:提供更深入的监测,保护关键资产。
③ 主机层面:保护关键服务器和工作站,防止主机层面的攻击。

7.2.4 访问控制技术

1. 基本概念

访问控制技术是一种限制和监控用户或其他系统对网络资源访问的策略和机制。这些技术确保只有授权的用户或系统能够访问特定的资源,防止未授权的访问。访问控制是保护信息系统安全的关键部分,它包括多种方法和技术,如身份验证、授权、访问控制列表等。

① 身份验证(authentication):确定用户身份的过程,通常涉及用户名和密码、生物识别、数字证书等方法。其关键方法包括:知识因子,如密码、PIN码;拥有因子,如安全令牌、智能卡;固有因子,如指纹、面部识别、虹膜扫描。

② 授权(authorization):确定已认证用户可以访问哪些资源的过程。授权的基本原则包括最小权限原则,即用户只能访问完成其工作所必需的资源;职责分离原则,即敏感操作需要多个用户的参与,以防止滥用职权。

③ 访问控制列表(access control list,ACL):定义了哪些用户或用户组可以执行特定操作的规则列表。它配置包括定义网络设备或系统上资源的访问规则、允许和拒绝规则,以及规则的优先级。

2. 访问控制模型

访问控制模型描述了主体、客体和操作之间的关系。每种类型有其特定的应用场景和功能。各类访问控制模型对比如表 7-2-2 所示。

表 7-2-2　访问控制模型对比

访问控制模型	描述	优点	缺点
自由访问模型	没有访问限制,所有用户都可以访问所有资源	简单易行	安全性低,不适合敏感资源
强制访问控制(MAC)	由操作系统强制执行的访问控制策略	高度安全,适用于军事和政府机构	缺乏灵活性,难以适应快速变化的业务需求
自主访问控制(DAC)	资源所有者可以控制访问其资源的权限	灵活,易于管理	可能存在权限过大的风险,难以控制访问权限的滥用
基于角色的访问控制(RBAC)	根据用户的角色分配访问权限	易于管理和扩展,适合企业环境	需要合理定义角色和权限,否则可能导致权限过大或不足

3. 访问控制应用

① 操作系统:控制用户对文件、目录和系统设置的访问。
② 网络设备:限制对路由器、交换机等设备的访问。
③ 应用程序:控制用户对特定功能和数据的访问。
④ 数据库管理系统:保护数据的完整性和隐私性。

7.2.5　虚拟专用网络(VPN)技术

1. 基本概念

虚拟专用网络(VPN)技术是通过公共网络(如互联网)建立一个安全的、加密的连接。它允许远程用户或分支机构安全地访问企业内部资源。VPN 的主要功能是提供数据的保密性、完整性和可认证性。

2. 分类

① 远程访问 VPN:允许单个远程用户连接到企业内部网络。
② 站点到站点 VPN:连接两个或多个地理位置分散的办公地点。
③ 个人 VPN:用于保护个人隐私,通常通过第三方服务提供商提供。

3. 工作原理

VPN 通过加密、隧道技术和身份验证来确保数据的安全性和隐私性。
① 加密:对传输的数据进行加密,以防止数据被窃取或篡改。
② 隧道技术:将数据封装在另一个协议中,通过公共网络传输。
③ 身份验证:确保只有授权用户才能建立 VPN 连接。

7.2.6　网络安全审计技术

1. 基本概念

网络安全审计是一种系统化的过程,用于检查和评估信息系统的安全性。它通过收集、分析和报告安全相关数据,帮助组织发现潜在的安全威胁和漏洞。

2. 分类

根据审计级别,网络安全审计可分为系统级审计、应用级审计和用户级审计,如表7-2-3所示。

表 7-2-3 网络安全审计的三种类型

审计级别	定义	目的	内容	工具
系统级审计	关注IT基础设施的安全性。	确保系统完整性和安全性。	系统日志审查、配置检查、补丁管理、入侵检测部署等。	SIEM系统、IDS/IPS等
应用级审计	专注应用程序的安全性。	保护应用免受攻击。	代码审计、配置审查、日志分析、API接口安全评估等。	静态代码分析工具、DAST工具等
用户级审计	关注用户行为的安全性。	监控用户行为,防止内部威胁。	账户管理、活动监控、权限审查、异常行为检测等。	IAM系统、UBA工具、PAM解决方案等

3. 工作流程

① 准备阶段:确定审计目标和范围,制订审计计划。
② 实施阶段:收集证据,进行测试和分析。
③ 报告阶段:撰写审计报告,提出改进建议。
④ 后续跟踪:跟踪整改措施的落实情况,确保问题得到解决。

4. 关键技术和方法

网络安全审计涉及多种技术和方法,包括但不限于:
① 日志分析:审查系统日志,发现异常行为和潜在威胁。
② 漏洞扫描:使用自动化工具扫描系统中的已知漏洞。
③ 渗透测试:模拟攻击者的行为,测试系统的防御能力。
④ 合规性检查:确保系统符合相关法律法规和行业标准。

7.2.7 病毒防护技术

1. 基本概念

计算机病毒是对网络空间安全威胁比较大的因素之一,是一种自我复制的恶意软件,能够破坏或修改系统数据。计算机病毒可以通过电子邮件附件、网络下载、可移动存储设备等途径传播。

病毒防护技术是通过一定的技术手段防止计算机病毒对系统、网络的破坏和传染,用于预防、检测、清除和修复由计算机病毒引起的损害的技术和方法,包括磁盘引导区保护、加密可执行程序、读写控制技术、系统监控技术等。

2. 病毒的类型

① 引导型病毒:感染磁盘引导区。
② 文件型病毒:感染可执行文件。

③ 宏病毒:利用应用程序的宏功能传播。
④ 网络病毒:通过计算机网络传播。

3. 病毒防护的方法

① 定期更新防病毒软件和操作系统。
② 不打开来源不明的电子邮件附件。
③ 使用防火墙和入侵检测系统保护网络。
④ 定期备份重要数据。

7.2.8 其他信息安全防护技术

1. 身份认证技术

身份认证技术是在计算机网络中为确认操作者身份而产生的解决方法,包括基于用户名密码的身份认证、基于 USB Key 的身份认证、基于生物特征的身份认证。它通过检查用户提供的凭证(如密码、指纹、令牌等)与系统存储的信息是否匹配来确认身份,其常见方法有:

① 基于知识的认证:如密码、PIN 码等。
② 基于拥有物的认证:如智能卡(IC 卡)、手机令牌、RFIO 标签等。
③ 基于生物特征的认证:如指纹识别、面部识别、虹膜扫描等。

2. 安全扫描技术

安全扫描技术也称为脆弱性评估技术,是指使用自动化工具检测计算机系统、网络或应用程序中的安全漏洞和弱点,包括端口扫描和漏洞扫描,通过模拟攻击者的行为,识别潜在的安全威胁。安全扫描技术与防火墙、入侵检测系统互相配合,提高网络的安全性。常见的安全扫描工具有漏洞扫描器、端口扫描器、Web 应用扫描器。

3. 网络嗅探技术

网络嗅探技术是指捕获和分析网络上传输的数据包以获取敏感信息的过程,用于监听和分析计算机网络通信流量,监测网络流量、识别网络威胁和漏洞。其底层原理是通过网络接口卡(NIC)或交换机端口进行数据包捕获和复制,使用软件工具监听网络接口上的数据流量,并对这些数据进行解码和分析。常见的工具有 Wireshark、TCPdump 等。

4. 数据备份与恢复技术

数据备份与恢复技术是指定期复制重要数据并将其存储在安全位置,以便在数据丢失或损坏时能够恢复原始状态。其工作原理是创建数据的副本,并将其保存在不同的物理或逻辑位置。常见的备份策略包括:

① 全量备份:备份所有选定的数据。
② 增量备份:只备份自上次备份以来发生变化的数据。
③ 差异备份:备份自上次全量备份以来发生变化的数据。
④ 恢复过程:根据备份类型和需求选择合适的恢复方法。

5. 电子数据取证技术

电子数据取证技术是指在法律框架内对电子设备中的数据进行收集、分析和呈现的过程，用于调查犯罪行为或民事纠纷。该技术涉及电子数据的固定保全、电子数据恢复、文件过滤与数据搜索、密码破解、数据分析基础，运用时应遵循严格的程序和标准操作流程，确保证据的完整性和有效性。其关键步骤包括：证据识别与保护、数据采集与复制、数据分析与解释、报告撰写与提交。常用的工具有 EnCase、FTK Imager 等。

知识测评

一、单选题

1. 加密技术的主要目标是（　　）。
   A. 提高数据传输速度　　　　　　B. 确保数据的机密性和完整性
   C. 增强网络带宽利用率　　　　　D. 提升系统性能

2. 以下不属于信息安全防护技术的是（　　）。
   A. 加密技术　　　　　　　　　　B. 防火墙技术
   C. 数据压缩技术　　　　　　　　D. 入侵检测技术

3. 安全扫描技术中，用于发现开放端口和服务的技术是（　　）。
   A. 端口扫描　　　　　　　　　　B. 漏洞扫描
   C. 网络嗅探　　　　　　　　　　D. 数据备份

4. 对称加密算法中，加密和解密使用同一个密钥，这种方式的主要优点是（　　）。
   A. 安全性高　　　　　　　　　　B. 加解密速度快
   C. 密钥管理简单　　　　　　　　D. 以上都是

5. 加密技术中，以下算法不属于对称加密算法的是（　　）。
   A. AES　　　　B. RSA　　　　C. DES　　　　D. 3DES

6. 数字签名的主要目的是（　　）。
   A. 确保消息的保密性
   B. 确保消息的完整性和来源的不可否认性
   C. 提高消息传输速度
   D. 减少存储空间需求

7. 下列防火墙技术主要用于检查网络通信的状态并跟踪状态信息的是（　　）。
   A. 包过滤防火墙　　　　　　　　B. 代理防火墙
   C. 状态监测防火墙　　　　　　　D. 应用层网关防火墙

8. 以下是存在安全漏洞的哈希算法的是（　　）。
   A. MD5　　　　　　　　　　　　B. SHA-256
   C. SHA-3　　　　　　　　　　　D. SHA-512

9. 以下不是入侵检测系统（IDS）的主要功能的是（　　）。
   A. 检测入侵的前兆　　　　　　　B. 归档入侵事件

C. 评估网络遭受威胁的程度 D. 修复已受损的系统

10. 入侵检测系统中,被动监控指的是(　　)。
A. 主动干预攻击行为
B. 监测网络流量但不直接干预
C. 实时阻断恶意流量
D. 对已知威胁进行签名匹配

11. 访问控制技术的核心是(　　)。
A. 防止未经授权的访问 B. 提高系统性能
C. 增强用户体验 D. 简化操作流程

12. 在访问控制模型中,RBAC 代表的是(　　)。
A. 基于响应的访问控制 B. 基于规则的访问控制
C. 基于风险的访问控制 D. 基于角色的访问控制

13. 以下病毒防护技术不是通过软件实现的是(　　)。
A. 磁盘引导区保护 B. 加密可执行程序
C. 硬件防火墙 D. 系统监控技术

14. 以下不属于病毒防护技术的是(　　)。
A. 定期更新防病毒软件
B. 使用防火墙和入侵检测系统
C. 打开未知来源的邮件附件
D. 定期备份重要数据

15. 网络安全审计的主要目的是(　　)。
A. 提高网络速度
B. 确保系统完整性和安全性
C. 增加用户数量
D. 降低运营成本

16. 网络安全审计技术中,针对系统操作的审查是(　　)。
A. 系统级审计 B. 应用级审计
C. 用户级审计 D. 网络级审计

17. VPN 的中文意思是(　　)。
A. 虚拟局域网络 B. 虚拟专用网络
C. 无线局域网络 D. 无线广域网络

18. 在虚拟专用网络(VPN)中,进行数据加密的环节是(　　)。
A. 数据生成时 B. 数据传输过程中
C. 数据到达目的地后 D. 数据备份时

19. 虚拟专用网络(VPN)技术中,用于远程用户连接到企业网络的是(　　)。
A. 远程访问 VPN B. 站点到站点 VPN
C. 企业内部 VPN D. 企业扩展 VPN

二、多选题

1. 以下算法属于加密算法的有（　　）。
   A. 对称加密算法 B. 非对称加密算法
   C. 哈希算法 D. 数字签名算法
2. 以下属于非对称加密算法的有（　　）。
   A. RSA B. DES
   C. ECC D. AES
3. 防火墙属于防火墙技术的有（　　）。
   A. 包过滤防火墙 B. 代理防火墙
   C. 状态监测防火墙 D. 应用层网关防火墙
4. 以下属于常见的入侵检测方法的有（　　）。
   A. 异常检测 B. 签名检测
   C. 实时阻断 D. 被动监控
5. 访问控制技术中的关键要素包括（　　）。
   A. 身份验证方法 B. 授权策略
   C. 访问控制列表 D. 数据加密技术
6. VPN确保数据的安全性和隐私性的技术有（　　）。
   A. 加密技术 B. 隧道技术
   C. 身份验证机制 D. 物理隔离
7. 网络安全审计从审计级别上可分为（　　）。
   A. 系统级审计 B. 应用级审计
   C. 用户级审计 D. 网络级审计
8. 以下属于病毒防护技术的有（　　）。
   A. 磁盘引导区保护 B. 加密可执行程序
   C. 读写控制技术 D. 系统监控技术
9. 以下属于常见的身份认证手段的有（　　）。
   A. 密码 B. 智能卡（IC卡）
   C. USB KEY D. RFID标签
10. 以下属于安全扫描技术的用途的有（　　）。
    A. 检测已知安全漏洞 B. 提高系统性能
    C. 确保数据完整性 D. 提高网络安全性

三、判断题

1. MD5是一种安全的哈希算法,适用于密码存储。（　　）
2. 防火墙可以完全阻止所有类型的网络攻击。（　　）
3. 防火墙技术可以完全替代入侵检测系统。（　　）
4. 访问控制技术主要用于防止未经授权的访问。（　　）
5. 网络安全审计可以帮助发现系统的漏洞和入侵行为。（　　）

6. 对称加密算法使用相同的密钥进行数据的加密和解密。（　　）
7. 虚拟专用网(VPN)技术只能用于远程用户的连接。（　　）
8. 病毒防护技术可以完全防止计算机病毒的传播。（　　）
9. 安全扫描技术可以模拟黑客攻击行为以检测安全漏洞。（　　）
10. 网络嗅探技术不能用于网络性能的检测。（　　）

四、填空题

1. 加密技术中的_____算法是可以逆转的。
2. 防火墙技术中的_____防火墙不检查数据包的内容。
3. 入侵检测技术中的_____检测基于系统的正常行为模式。
4. 访问控制技术中的_____策略允许用户根据自己的需要设置权限。
5. 虚拟专用网络(VPN)技术可以提供_____、_____和_____等功能。
6. 网络安全审计技术中的_____审计涉及对系统操作的审查。
7. 病毒防护技术中的_____保护防止病毒修改磁盘引导区。
8. 身份认证技术中的_____认证不依赖于用户的记忆。
9. 安全扫描技术中的_____扫描可以模拟黑客攻击行为。
10. 信息安全防护技术中_____技术可以防止非法主体访问受保护的网络资源。

7.3　信息安全设备

学习目标

- 理解并掌握加密技术的原理和应用。
- 掌握防火墙的基本原理和功能,包括不同类型防火墙的配置和管理方法。
- 理解入侵检测系统和入侵防御系统的作用,学会配置和维护这些系统。
- 学习虚拟专用网(VPN)的工作原理,掌握 VPN 的配置和优化技巧。
- 了解安全审计的概念和过程,学会使用安全审计进行系统监控和分析。
- 掌握加密算法的选择和加密技术的实践应用。

思政要素

- 教育学生在信息安全设备的使用和管理中遵守相关法律法规,强化法律意识。
- 培养学生的信息安全意识,使他们意识到保护信息安全是对社会稳定和公共利益的责任。
- 鼓励学生在学习和实践中发挥创新思维,探索新的信息安全技术和解决方案。

第 7 章　信息安全技术

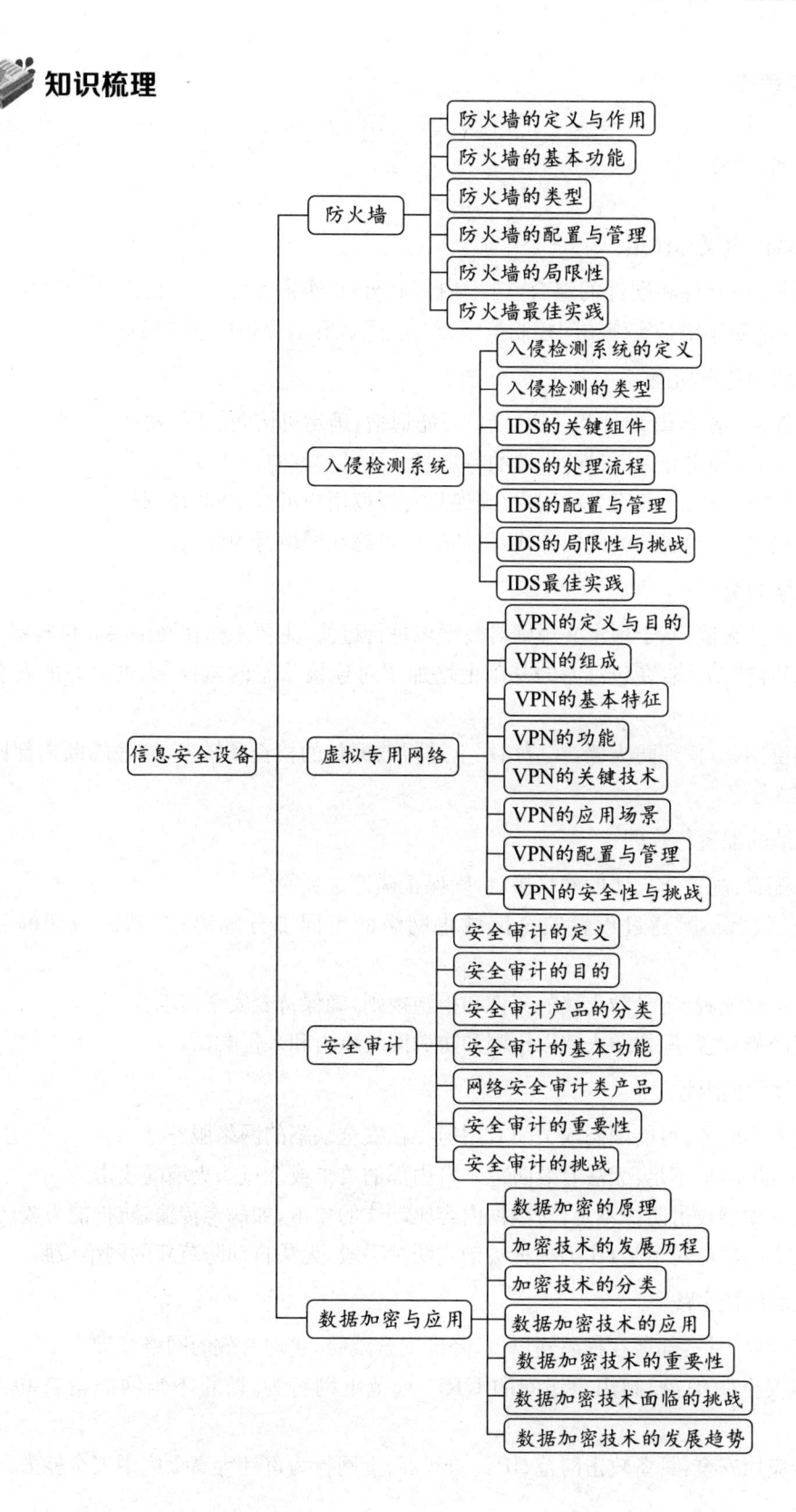

知识梳理

```
信息安全设备
├── 防火墙
│   ├── 防火墙的定义与作用
│   ├── 防火墙的基本功能
│   ├── 防火墙的类型
│   ├── 防火墙的配置与管理
│   ├── 防火墙的局限性
│   └── 防火墙最佳实践
├── 入侵检测系统
│   ├── 入侵检测系统的定义
│   ├── 入侵检测的类型
│   ├── IDS的关键组件
│   ├── IDS的处理流程
│   ├── IDS的配置与管理
│   ├── IDS的局限性与挑战
│   └── IDS最佳实践
├── 虚拟专用网络
│   ├── VPN的定义与目的
│   ├── VPN的组成
│   ├── VPN的基本特征
│   ├── VPN的功能
│   ├── VPN的关键技术
│   ├── VPN的应用场景
│   ├── VPN的配置与管理
│   └── VPN的安全性与挑战
├── 安全审计
│   ├── 安全审计的定义
│   ├── 安全审计的目的
│   ├── 安全审计产品的分类
│   ├── 安全审计的基本功能
│   ├── 网络安全审计类产品
│   ├── 安全审计的重要性
│   └── 安全审计的挑战
└── 数据加密与应用
    ├── 数据加密的原理
    ├── 加密技术的发展历程
    ├── 加密技术的分类
    ├── 数据加密技术的应用
    ├── 数据加密技术的重要性
    ├── 数据加密技术面临的挑战
    └── 数据加密技术的发展趋势
```

知识要点

7.3.1 防火墙

1. 防火墙的定义与作用

防火墙是一组软件和硬件的组合,位于内部和外部网络之间,用于监控和控制网络流量。防火墙的主要作用是实施访问控制策略,防止非法访问,保护内部网络资源。

2. 防火墙的基本功能

① 服务控制:基于 IP 地址和 TCP 端口过滤通信,确定可访问的网络服务类型。

② 方向控制:确定允许通过防火墙的特定服务请求的方向。

③ 用户控制:控制访问服务的用户,确保只有授权用户可以访问特定资源。

④ 行为控制:控制服务的使用方式,例如邮件过滤和网络行为监控。

3. 防火墙的类型

① 包过滤防火墙:基于预定义规则对数据包进行过滤,主要工作在网络层和传输层。

② 状态检测防火墙:在包过滤的基础上增加了对连接状态的监控,提供更好的安全性和灵活性。

③ 应用层网关/代理防火墙:在应用层上进行数据包的检查和转发,彻底隔断内部网与外部网的直接通信。

4. 防火墙的配置与管理

① 接口配置:配置防火墙的网络接口,确保正确连接到网络。

② 安全区域设置:通过设置安全区域将网络的不同部分隔离,控制区域间的互访权限。

③ 安全策略配置:定义防火墙的允许和拒绝规则,确保符合安全需求。

④ 入侵防御配置:配置防火墙以检测和防御网络攻击和入侵尝试。

5. 防火墙的局限性

① 限制有用服务:可能限制或关闭有用但存在安全缺陷的网络服务。

② 内部攻击防护不足:无法有效防范来自内部的攻击或绕过防火墙的攻击。

③ 数据驱动型攻击防护不足:对数据内容驱动式的攻击,如病毒传输,防护能力较弱。

④ 新安全问题应对不足:作为一种被动式防护手段,无法自动防范新的网络威胁。

6. 防火墙最佳实践

① 网络边界防护:部署在校园网出口,降低安全威胁,实现有效的网络管理。

② 内容安全防护:控制用户访问的 URL,规范上网行为,防止不当网络留言和内容发布。

③ 高级应用安全:具备攻击防范、IPS、防病毒、上网行为审计等高级应用安全能力。

7.3.2 入侵检测系统

1. 入侵检测系统的定义

入侵检测系统(intrusion detection system，IDS)是一种监控网络或系统，以识别和响应恶意行为或政策违规的设备。

2. 入侵检测的类型

① 基于签名的检测：通过匹配网络流量与已知威胁签名来识别攻击。
② 基于异常的检测：通过比较网络活动与正常行为基线来识别异常行为。
③ 基于安全策略的检测：通过检测违反预设安全策略的行为来识别潜在威胁。

3. IDS 的关键组件

① 传感器：负责收集网络流量和系统日志。
② 分析器：负责分析收集到的数据，识别可疑行为。
③ 响应器：负责对识别的威胁进行响应，如告警、阻断或隔离。

4. IDS 的处理流程

① 安全策略匹配：流量与安全策略匹配，触发入侵防御流程。
② 报文重组：重组 IP 分片和 TCP 流，确保应用层数据连续性。
③ 应用协议识别和解析：识别应用层协议并提取报文特征。
④ 签名匹配：将报文特征与入侵防御特征库中的签名匹配。
⑤ 响应处理：根据匹配结果执行预设的响应动作，如告警或阻断。

5. IDS 的配置与管理

① 接口和安全区域配置：设置网络接口 IP 地址和定义安全区域。
② 入侵防御配置文件：创建配置文件，定义签名过滤器和例外签名。
③ 安全策略创建：制定安全策略，引用入侵防御配置文件。

6. IDS 的局限性与挑战

① 误报和漏报：基于异常的检测可能产生误报，而基于签名的检测可能漏掉未知攻击。
② 内部攻击防护不足：IDS 可能无法有效检测和防御内部发起的攻击。
③ 数据驱动型攻击防护不足：IDS 可能无法有效识别和防御数据内容驱动的攻击。

7. IDS 最佳实践

① 网络边界防护：在网络边界部署 IDS，以监控和防御外部攻击。
② 内容安全防护：监控和控制用户访问的内容，防止恶意软件的传播。
③ 高级威胁防护：利用 IDS 检测和防御高级持续性威胁(APT)。

7.3.3 虚拟专用网络(VPN)

1. VPN 的定义与目的

VPN 是一种在公共网络上建立私有数据传输通道的技术，用于模拟点对点的专线。

VPN 的主要目的是在公共网络上安全地传输数据,防止数据在传输过程中被窃听、篡改或丢失。

2. VPN 的组成

① VPN 客户端:可以是终端计算机或路由器,负责发起 VPN 连接请求。

② VPN 服务器:接受 VPN 客户端的连接请求,并进行认证和数据加密。

③ 隧道:VPN 客户端和服务器之间的数据传输通道,数据在隧道中被封装和加密。

④ VPN 连接:确保数据在传输过程中的安全性,包括数据的加密和认证。

3. VPN 的基本特征

① 专用性:VPN 网络专为 VPN 用户服务,提供与传统专线相同的安全性和隔离性。

② 虚拟性:VPN 用户通过公共网络(如互联网)实现逻辑上的私有网络连接。

4. VPN 的功能

① 数据封装:VPN 提供数据封装机制,包括寻址报头,确保数据的正确传输。

② 认证:VPN 支持单向认证和双向认证,确保连接双方的身份验证。

③ 数据完整性:VPN 检查数据在传输过程中是否被篡改,确保数据的完整性。

④ 数据加密:VPN 使用加密技术保护数据传输的机密性,要求发送方和接收方共享密钥。

5. VPN 的关键技术

① 隧道技术:VPN 使用隧道技术在公共网络中封装和传输数据,实现不同网络层协议的数据包传输。

② 密码技术:VPN 涉及加密、身份认证、密钥交换和密钥管理等密码技术,确保数据的安全性和互操作性。

③ 服务质量保证技术(QoS):VPN 通过 QoS 技术保证数据传输的质量和效率。

6. VPN 的应用场景

① 站点到站点(Site-to-Site)VPN:连接两个局域网,适用于分支机构和总部之间的数据传输。

② 客户端到站点(Client-to-Site)VPN:允许远程用户安全地访问企业内部网络。

③ BGP/MPLS IP VPN:适用于服务提供商网络,解决跨域企业互连问题,实现不同区域用户之间的安全访问。

7. VPN 的配置与管理

VPN 配置涉及接口 IP 地址和安全区域的设置,以及安全策略的制定。

VPN 管理包括定期更新加密算法、密钥管理和监控 VPN 连接的日志。

8. VPN 的安全性与挑战

VPN 提供了强大的数据保护措施,但也面临如密钥管理复杂性、隧道安全漏洞等挑战。

7.3.4 安全审计

1. 安全审计的定义

安全审计是对信息系统安全状况的独立、客观评估和审查,目的是确保系统符合安全策略、标准和法规。

2. 安全审计的目的

识别安全风险和漏洞,提供改进建议,支持管理层制定安全策略和采取补救措施。

3. 安全审计的产品分类

① 主机审计:监控和记录主机操作和行为。
② 设备审计:审计网络设备和安全设备的操作和行为。
③ 网络审计:审计网络访问和操作,如 telnet 和 FTP 操作。
④ 数据库审计:审计数据库行为和操作内容。
⑤ 业务审计:审计业务操作、行为和内容。
⑥ 终端审计:审计终端设备操作和行为,包括预配置审计。
⑦ 用户行为审计:审计企业和组织人员的行为,包括上网行为和运维操作。

4. 安全审计产品的基本功能

① 信息采集:收集安全相关数据,如日志、网络数据包和系统状态。
② 信息分析:分析数据以检测潜在安全威胁和违规行为,生成审计报告和统计信息。
③ 信息存储:保存原始信息和审计后的信息,作为取证依据。
④ 信息展示:提供图形化界面和可视化工具,方便用户查看和分析审计结果。
⑤ 产品自身安全性和可审计性:确保审计数据的完整性、机密性和有效性,记录对审计产品的访问和操作。

5. 网络安全审计类产品

① 终端安全审计:针对企业终端设备的安全审计解决方案,提供终端安全管理和合规性审计支持。
② 用户行为审计:分析用户网络活动,检测异常行为和潜在安全风险,识别内部威胁。
③ 日志审计:收集、存储、分析和报告日志数据,提高安全监控能力和加强合规性管理。
④ 数据库审计:记录、分析和报告数据库活动,提供数据库全方位安全审计解决方案。
⑤ 漏洞扫描产品:对计算机系统进行安全脆弱性检测,发现可利用漏洞,评估网络风险等级。
⑥ 堡垒机:隔离内部网络与外部网络之间的访问,控制访问权限,监控网络流量,防止未授权访问和安全威胁。

6. 安全审计的重要性

安全审计是评判系统安全性的重要尺度,为企业提供安全风险评估和管理的依据。

7. 安全审计的挑战

随着技术的发展和威胁的演变,安全审计需要不断适应新的安全需求和挑战。

7.3.5 数据加密与应用

1. 数据加密的原理

数据加密是利用密钥和加密算法将明文转换为密文的过程,以确保数据的机密性和完整性。

2. 加密技术的发展历程

① 古典加密阶段:基于简单替换和置换原理,如凯撒密码、栅栏密码。

② 现代加密阶段:出现复杂的对称加密算法(如 DES、AES)和非对称加密算法(如 RSA)。

③ 量子加密阶段:随着量子计算的发展,量子加密技术为加密领域带来新突破。

3. 加密技术的分类

① 对称加密技术:使用相同的密钥进行加密和解密,适用于大量数据的加密传输和存储。

② 非对称加密技术:使用一对密钥,公钥加密,私钥解密,适用于安全通信、数字签名、身份验证等。

③ 混合加密技术:结合对称加密和非对称加密的优点,提高数据传输的安全性和效率。

4. 数据加密技术的应用

① 网络通信安全:确保数据传输的机密性和完整性,实现身份验证与访问控制,防止网络攻击。

② 电子商务:保障交易和支付的安全,防止网络钓鱼和欺诈行为。

③ 云计算:确保数据存储的机密性和完整性,实现数据隔离与访问控制,防止数据泄露和攻击。

5. 数据加密技术的重要性

数据加密技术是保护信息安全的基本手段,尤其在数据传输和存储过程中。

6. 数据加密技术面临的挑战

随着计算能力的提升和加密技术的发展,需要不断更新加密算法以应对新的安全威胁。

7. 数据加密技术的发展趋势

量子加密技术的发展可能会改变现有的加密格局,提供更高级别的安全性。

通过掌握这些知识要点,学生将能够理解数据加密技术在保护信息安全中的核心作用,并能够在实际应用中正确实施数据加密措施,以确保数据的安全性和完整性。

知识测评

一、单选题

1. 防火墙的主要作用是（　　）。
   A. 提高网络速度　　　　　　　　B. 实施访问控制策略
   C. 增加网络带宽　　　　　　　　D. 减少网络延迟

2. 以下不是防火墙的基本功能的是（　　）。
   A. 服务控制　　B. 邮件过滤　　C. 网络加速　　D. 用户控制

3. 以下是包过滤防火墙主要工作的层的是（　　）。
   A. 应用层和物理层　　　　　　　B. 网络层和传输层
   C. 数据链路层和传输层　　　　　D. 物理层和数据链路层

4. 状态检测防火墙比包过滤防火墙多的功能是（　　）。
   A. 网络地址转换　　　　　　　　B. 入侵防御
   C. 对连接状态的监控　　　　　　D. 数据库审计

5. 应用层网关/代理防火墙的主要作用是（　　）。
   A. 网络地址转换　　　　　　　　B. 彻底隔断内部网与外部网的直接通信
   C. 提供DHCP服务　　　　　　　D. 网络流量分析

6. 防火墙配置中,不属于接口配置的内容的是（　　）。
   A. IP地址分配　　　　　　　　　B. 带宽设置
   C. 安全区域定义　　　　　　　　D. 防火墙规则设置

7. 防火墙可能导致有用服务被限制的是（　　）。
   A. 内部攻击防护不足　　　　　　B. 数据驱动型攻击防护不足
   C. 新安全问题应对不足　　　　　D. 限制有用服务

8. 入侵检测系统（IDS）的主要目的是（　　）。
   A. 防止网络攻击　　　　　　　　B. 监控网络流量
   C. 识别和响应恶意行为　　　　　D. 提供网络服务

9. 基于签名的检测技术的主要缺点是（　　）。
   A. 无法识别已知攻击　　　　　　B. 无法识别新出现的攻击
   C. 无法提供实时监控　　　　　　D. 需要大量计算资源

10. 入侵检测系统的传感器主要负责的是（　　）。
    A. 收集网络流量和系统日志　　　B. 分析收集到的数据
    C. 对识别的威胁进行响应　　　　D. 管理安全策略

11. 以下不属于入侵检测系统的处理流程的是（　　）。
    A. 安全策略匹配　　B. 报文重组　　C. 数据备份　　D. 签名匹配

12. 虚拟专用网络（VPN）的主要目的是（　　）。
    A. 提供网络娱乐服务　　　　　　B. 在公共网络上建立私有数据传输通道
    C. 限制网络访问　　　　　　　　D. 提供网络电话服务

13. VPN 的基本特征中,能够体现专门供 VPN 用户使用的网络的是( )。
   A. 虚拟性　　　　　B. 专用性　　　　　C. 连接性　　　　　D. 互操作性
14. VPN 的关键技术中,用于在公共网络中封装和传输数据的是( )。
   A. 隧道技术　　　　　　　　　　　　　B. 加密技术
   C. 认证技术　　　　　　　　　　　　　D. 服务质量保证技术
15. 以下不属于 VPN 应用的是( )。
   A. 站点到站点(Site-to-Site)VPN　　　　B. 客户端到站点(Client-to-Site)VPN
   C. 内部网络(Intranet)VPN　　　　　　D. BGP/MPLS IP VPN
16. 安全审计的目的是( )。
   A. 提供网络娱乐服务　　　　　　　　　B. 识别安全风险和漏洞
   C. 限制网络访问　　　　　　　　　　　D. 提供网络电话服务
17. 以下不是安全审计产品的核心功能的是( )。
   A. 信息采集　　　　　　　　　　　　　B. 信息分析
   C. 信息存储　　　　　　　　　　　　　D. 网络加速
18. 以下不属于网络安全审计类产品的是( )。
   A. 终端安全审计　　　　　　　　　　　B. 用户行为审计
   C. 网络娱乐审计　　　　　　　　　　　D. 日志审计
19. 数据加密技术的主要目的是( )。
   A. 提高网络速度　　　　　　　　　　　B. 确保数据的机密性和完整性
   C. 增加网络带宽　　　　　　　　　　　D. 减少网络延迟
20. 以下应用,不属于数据加密技术领域的是( )。
   A. 网络通信安全　　　　　　　　　　　B. 电子商务
   C. 云计算　　　　　　　　　　　　　　D. 网络娱乐服务

二、多选题

1. 防火墙的基本功能包括( )。
   A. 服务控制　　　　B. 方向控制　　　　C. 用户控制　　　　D. 网络加速
2. 防火墙的类型包括( )。
   A. 包过滤防火墙　　　　　　　　　　　B. 状态检测防火墙
   C. 应用层网关/代理防火墙　　　　　　　D. 数据链路层防火墙
3. 防火墙配置与管理包括( )。
   A. 接口配置　　　　　　　　　　　　　B. 安全区域设置
   C. 安全策略配置　　　　　　　　　　　D. 网络娱乐服务配置
4. 防火墙的局限性包括( )。
   A. 限制有用服务　　　　　　　　　　　B. 内部攻击防护不足
   C. 数据驱动型攻击防护不足　　　　　　D. 新安全问题应对不足
5. 入侵检测系统(IDS)的关键组件包括( )。
   A. 传感器　　　　　　B. 分析器　　　　　C. 响应器　　　　　D. 数据库

6. 入侵检测系统的处理流程的步骤有（　　）。
A. 安全策略匹配　　　　　　　　B. 报文重组
C. 应用协议识别和解析　　　　　D. 签名匹配
7. 虚拟专用网络（VPN）的基本特征包括（　　）。
A. 专用性　　　　　　　　　　　B. 虚拟性
C. 互操作性　　　　　　　　　　D. 连接性
8. VPN 的关键技术包括（　　）。
A. 隧道技术　　　　　　　　　　B. 加密技术
C. 服务质量保证技术　　　　　　D. 数据库技术
9. 安全审计产品的基本功能包括（　　）。
A. 信息采集　　　　　　　　　　B. 信息分析
C. 信息存储　　　　　　　　　　D. 信息展示
10. 网络安全审计类产品包括（　　）。
A. 终端安全审计　　　　　　　　B. 用户行为审计
C. 日志审计　　　　　　　　　　D. 网络娱乐审计

三、判断题

1. 防火墙可以完全防止所有类型的网络攻击。（　　）
2. 防火墙的基本功能包括服务控制和用户控制。（　　）
3. 包过滤防火墙主要工作在网络层和传输层。（　　）
4. 应用层网关/代理防火墙不隔断内部网与外部网的直接通信。（　　）
5. 防火墙的配置不涉及安全区域设置。（　　）
6. 入侵检测系统（IDS）可以识别和响应恶意行为或策略违规。（　　）
7. 基于签名的检测技术能够识别新出现的攻击。（　　）
8. VPN 的专用性意味着它不适用于公共网络。（　　）
9. 安全审计的目的是识别安全风险和漏洞，并提供改进建议。（　　）
10. 数据加密技术只能确保数据的机密性，不能确保完整性。（　　）

四、填空题

1. 防火墙的主要作用是实施_____和保护内部网络资源。
2. 状态检测防火墙相比包过滤防火墙增加了对_____的监控。
3. 应用层网关/代理防火墙的主要作用是_____内部网与外部网的直接通信。
4. 防火墙配置中，_____配置涉及定义防火墙的允许和拒绝规则。
5. IDS 的关键组件包括传感器、分析器和_____。
6. VPN 的基本特征包括专用性和_____。
7. VPN 的关键技术中，_____技术用于在公共网络中封装和传输数据。
8. 安全审计产品的基本功能包括信息采集、信息分析、信息存储和_____。
9. 数据加密技术的应用领域包括网络通信安全、电子商务和_____。
10. 对称加密技术使用_____加密算法，即使用相同的密钥进行加密和解密操作。

7.4　信息安全法律法规

学习目标

- 理解信息安全法律法规的重要性和基本原则。
- 掌握关键信息安全法律法规的内容和要求。
- 学习如何将法律法规应用于实际的信息安全管理工作中。
- 了解信息安全法律法规在国内外的发展和差异。
- 培养遵守信息安全法律法规的意识,以及在面对安全事件时依法行事的能力。

思政要素

- 引导学生遵守信息安全法律法规,培养学生依法治网、依法管网的法治意识。
- 通过学习信息安全法律法规,加深学生对国家安全,特别是网络空间安全的认识。
- 教育学生认识到遵守信息安全法律法规不仅是个人责任,也是对社会稳定和公共利益的责任。
- 培养学生在信息安全领域的公平、正义观念,理解法律法规对于保护个人隐私和数据权益的重要性。

知识梳理

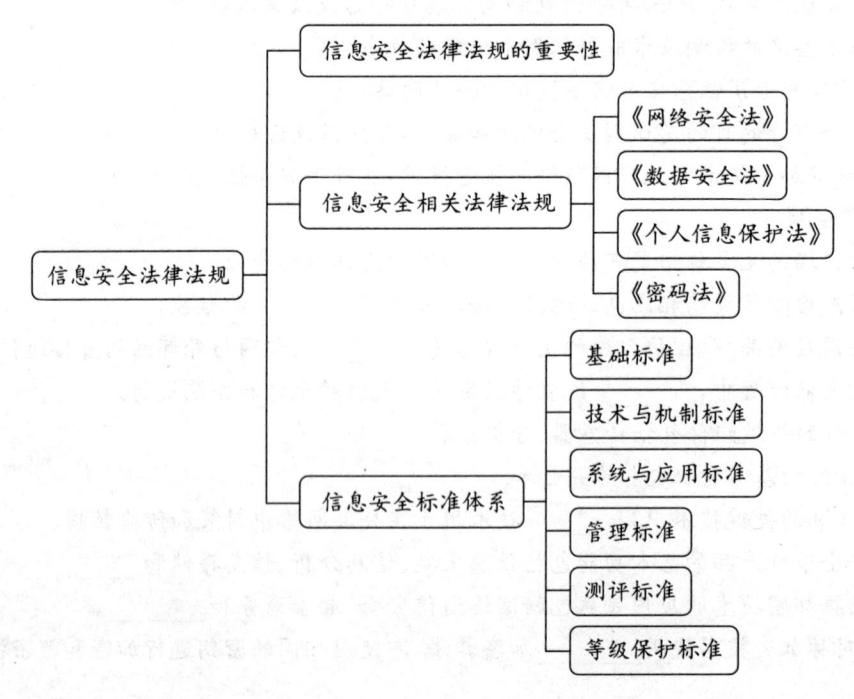

```
                                    ┌─ 信息安全法律法规的重要性
                                    │
                                    │                    ┌─《网络安全法》
                                    │                    │
                                    ├─ 信息安全相关法律法规 ┼─《数据安全法》
                                    │                    ├─《个人信息保护法》
                                    │                    └─《密码法》
         信息安全法律法规 ───────────┤
                                    │                    ┌─ 基础标准
                                    │                    ├─ 技术与机制标准
                                    │                    ├─ 系统与应用标准
                                    └─ 信息安全标准体系 ───┼─ 管理标准
                                                         ├─ 测评标准
                                                         └─ 等级保护标准
```

知识要点

7.4.1 信息安全法律法规的重要性

信息安全法律法规的重要性不容忽视。它们为网络空间的安全提供了法律基础和制度保障。在数字化时代,随着信息技术的飞速发展和网络空间的日益扩展,网络安全问题已成为事关全球性安全的挑战之一。个人信息泄露、网络攻击、数据篡改等安全事件频发,严重威胁到个人隐私保护、企业运营乃至国家安全。

这些法律法规的实施,可以有效地预防和减少损害网络安全事件的发生,维持网络空间的公共秩序和社会稳定,维护国家主权、安全和发展利益。同时,它们也为网络技术的发展和应用提供了法治化的环境,促进了网络空间的健康发展,保障了公民、法人和其他组织的合法权益,为构建安全、开放、合作、有序的网络空间提供了坚实的法律支撑。

7.4.2 信息安全相关法律法规

中国的信息安全法律法规体系,包括《中华人民共和国网络安全法》(简称《网络安全法》)、《中华人民共和国数据安全法》(简称《数据安全法》)、《中华人民共和国个人信息保护法》(简称《个人信息保护法》)、《中华人民共和国密码法》(简称《密码法》)等,旨在构建一个全方位、多层次的网络安全防护体系。这些法律法规明确了网络运营者的安全责任,加强了对关键信息基础设施的保护,提升了对个人信息的保护标准,确保了数据的合法合规使用,同时也强化了对网络犯罪的打击力度。

1.《网络安全法》

① 实施时间:2017年6月1日。

② 主要内容:《网络安全法》是中国第一部全面规范网络空间安全管理的法律,明确了网络安全的基本原则和要求,加强了网络运营者的安全义务,强化了关键信息基础设施的保护,以及加强了对个人信息的保护。

2.《数据安全法》

① 实施时间:2021年9月1日。

② 主要内容:《数据安全法》旨在规范数据处理活动,保障数据安全,促进数据开发利用,保护个人、组织的合法权益,维护国家主权、安全和发展利益。

3.《个人信息保护法》

① 实施时间:2021年11月1日。

② 主要内容:《个人信息保护法》专门保护个人信息权益,规范个人信息处理活动,防止个人信息被非法收集、使用、加工、传输等,确立了个人信息处理的规则和个人信息主体的权利。

4.《密码法》

① 实施时间:2020年1月1日。

② 主要内容：《密码法》规范密码应用和管理，促进密码事业发展，保障网络与信息安全，维护国家安全和社会公共利益，保护公民、法人和其他组织的合法权益。

这些法律法规共同构成了中国网络空间安全法律体系的框架，为网络空间治理提供了明确的法律依据，确保了网络空间的安全、稳定和健康发展。

7.4.3 信息安全标准体系

1. 基础标准

包括词汇术语、信息安全体系、技术框架、安全模型等，是信息安全标准化体系中最基本的标准及技术规范。

2. 技术与机制标准

涉及信息安全产品或系统的技术规定，包括鉴别与授权、公钥基础设施、密码与保密、物理安全等。

3. 系统与应用标准

针对信息技术在各个系统及应用领域中的具体标准，如信息系统安全、工业控制系统、移动智能终端安全等。

4. 管理标准

涉及信息技术安全的全方位管理，包括管理制度和办法的要求与规定，如管理基础、管理要求、管理内容、管理实施等。

5. 测评标准

规定计算机系统安全、通信网络安全及安全产品的安全水平测定和评估的系列标准，包括评估准则、产品评估、系统评估等。

6. 等级保护标准

为提高国家信息系统安全保护能力，推动和规范信息安全等级保护工作，包括划分准则、安全设计技术要求、测评要求、过程指南等。

知识测评

一、单选题

1. 正式实施《网络安全法》是在（　　）。
A. 2020 年 1 月 1 日　　　　　　　　B. 2016 年 7 月 1 日
C. 2017 年 6 月 1 日　　　　　　　　D. 2019 年 1 月 6 日

2. 下列法律专门保护个人信息权益的是（　　）。
A.《网络安全法》　　　　　　　　　B.《数据安全法》
C.《个人信息保护法》　　　　　　　D.《密码法》

3. 正式施行《个人信息保护法》是在（　　）。
A. 2020 年 11 月 1 日　　　　　　　B. 2021 年 11 月 1 日

C. 2022年11月1日　　　　　　　　　　D. 2023年11月1日

4. 以下不属于信息安全法律法规的作用的是(　　)。
A. 保护个人隐私　　　　　　　　　　B. 促进网络技术发展
C. 限制网络言论自由　　　　　　　　D. 维护国家安全

5. 根据《个人信息保护法》,收集和使用个人信息应遵循的原则是(　　)。
A. 自愿原则　　　　　　　　　　　　B. 合法、正当、必要原则
C. 公开透明原则　　　　　　　　　　D. 以上都是

6. 《网络安全法》中,关键信息基础设施的运营者必须严格执行的制度是(　　)。
A. 数据备份制度　　　　　　　　　　B. 安全保护制度
C. 用户认证制度　　　　　　　　　　D. 访问控制制度

7. 根据《网络安全法》,网络运营者应对其收集的用户信息应该(　　)。
A. 公开披露　　　B. 严格保密　　　C. 随意使用　　　D. 出售牟利

8. 《个人信息保护法》规定,处理个人信息应当取得个人的(　　)。
A. 同意　　　　　B. 授权　　　　　C. 许可　　　　　D. 批准

9. 《数据安全法》规定,数据处理活动应确保数据的(　　)。
A. 完整性　　　　B. 保密性　　　　C. 可用性　　　　D. 以上全部

10. 《网络安全法》要求网络运营者对重要数据进行(　　)。
A. 定期更新　　　B. 备份和加密　　C. 公开共享　　　D. 删除处理

11. 以下不属于《密码法》的主要内容的是(　　)。
A. 规范密码应用和管理　　　　　　　B. 促进密码事业发展
C. 保障网络与信息安全　　　　　　　D. 限制密码技术的使用

12. 信息安全标准体系中的基础标准包括(　　)。
A. 管理基础和管理要求　　　　　　　B. 技术框架和安全模型
C. 鉴别与授权和公钥基础设施　　　　D. 信息系统安全和工业控制系统

13. 以下行为可能违反《个人信息保护法》的是(　　)。
A. 企业在用户同意的情况下使用个人信息
B. 企业未经用户同意出售个人信息
C. 企业在必要时向执法机关提供个人信息
D. 企业采取措施保护用户个人信息

14. 根据《密码法》,以下描述正确的是(　　)。
A. 个人可以自由创建和使用密码　　　B. 密码技术只能用于军事领域
C. 密码产品和服务必须符合国家标准　D. 商业交易中禁止使用密码保护

15. 如果你发现公司的网络系统存在安全漏洞,你应该(　　)。
A. 利用这个漏洞获取公司内部信息
B. 无视这个问题,因为这不是你的工作职责
C. 立即报告给公司的网络安全部门
D. 先告诉朋友,再考虑是否报告公司

16. 你在社交媒体上发现有人发布虚假信息,你应该( )。
A. 转发这些信息,让更多的人知道 B. 忽略它,因为这不是你的问题
C. 报告给学校或者相关平台的管理机构 D. 自己尝试揭露这些虚假信息
17. 你需要使用网络资源,但不确定这些资源是否合法,你应该( )。
A. 直接下载和使用,因为学习最重要 B. 先核实资源的合法性,再决定是否使用
C. 忽略法律问题,继续使用 D. 向老师或学校图书馆寻求帮助
18. 在使用社交媒体时,以下行为违反了信息安全法律法规的是( )。
A. 定期更改密码 B. 公开分享个人住址和联系方式
C. 启用两步验证 D. 谨慎点击不明链接
19. 在公司内部,员工处理敏感数据的正确方法是( )。
A. 随意共享给同事 B. 存储在公共云盘中
C. 使用加密工具保护并限制访问权限 D. 发送到个人邮箱进行备份
20. 在中国,以下行为可能违反《反恐怖主义法》的是( )。
A. 协助公安机关进行反恐工作 B. 传播恐怖主义宣传材料
C. 参与反恐演习 D. 支持反恐国际合作

二、多选题

1. 信息安全法律法规的重要性体现在( )。
A. 保护个人隐私 B. 维护国家安全
C. 促进网络技术发展 D. 保障公民、法人和其他组织的合法权益
2. 《网络安全法》明确了网络运营者责任包括( )。
A. 遵守法律法规 B. 确保用户数据安全
C. 协助公安机关调查取证 D. 公开所有用户信息
3. 《网络安全法》的主要内容包括( )。
A. 明确网络安全的基本原则和要求 B. 加强网络运营者的安全义务
C. 强化关键信息基础设施的保护 D. 加强对个人信息的保护
4. 《个人信息保护法》中确立的规则包括( )。
A. 个人信息处理规则 B. 个人信息主体权利
C. 个人信息保护标准 D. 个人信息跨境传输规则
5. 《个人信息保护法》中,个人信息处理者的义务包括( )。
A. 取得个人同意 B. 公开处理规则
C. 确保信息安全 D. 随意更改处理目的
6. 《密码法》规定的密码应用包括( )。
A. 网络通信加密 B. 数据存储加密
C. 身份认证加密 D. 商业秘密加密
7. 《数据安全法》中,数据处理者的合规义务包括( )。
A. 制定内部管理制度 B. 定期进行风险评估
C. 确保数据安全可控 D. 随意处理数据泄露事件

8. 在进行在线课程学习的时候,应注意的信息安全事项包括(　　)。
A. 使用复杂的密码并定期更换　　B. 点击邮件中的所有链接和附件
C. 确保使用的平台是安全可信的　　D. 不在公共电脑上登录账户
9. 以下行为可能违反信息安全法律法规的有(　　)。
A. 下载和使用未经授权的学术资源
B. 在社交媒体上发布同学的个人信息
C. 未经允许分享老师的课件
D. 遵守学校的网络安全规定
10. 以下行为有助于保护公司信息安全的有(　　)。
A. 定期更换强密码
B. 使用公共Wi-Fi进行远程办公
C. 对员工进行信息安全培训
D. 将重要文件存储在加密的外部硬盘上

三、判断题

1. 信息安全法律法规为网络空间的安全提供了法律基础和制度保障。(　　)
2. 《网络安全法》是中国第一部全面规范网络空间安全管理的法律。(　　)
3. 《数据安全法》旨在规范数据处理活动,保障数据安全。(　　)
4. 《个人信息保护法》专门保护个人信息权益,规范个人信息处理活动。(　　)
5. 《密码法》规范密码应用和管理,促进密码事业发展。(　　)
6. 信息安全法律法规只适用于网络运营者,不涉及普通公民。(　　)
7. 你发现同事违反信息安全法律法规,应立即报告给上级或相关部门。(　　)
8. 你可以自由下载和使用任何网络资源,而不需要考虑版权问题。(　　)
9. 你可以在社交媒体上自由发布任何内容,而不需要考虑他人的隐私权。(　　)
10. 你可以在社交媒体上发布公司的内部信息,以增加个人影响力。(　　)

四、填空题

1. 《网络安全法》自_____年6月1日起正式实施。
2. 《个人信息保护法》自_____年11月1日起施行。
3. 信息安全标准体系中的_____标准涉及信息技术安全的全方位管理。
4. 你在社交媒体上发布内容时,应该遵守国家的_____法律法规。
5. 你需要使用网络资源时,应该先核实资源的_____,再决定是否使用。
6. _____专门保护个人信息权益,规范个人信息处理活动。
7. _____旨在规范数据处理活动,保障数据安全,促进数据开发利用,保护个人、组织的合法权益,维护国家主权、安全和发展利益。
8. _____规范密码应用和管理,促进密码事业发展,保障网络与信息安全。
9. _____是中国第一部全面规范网络空间安全管理的法律。
10. 信息安全法律法规为网络空间治理提供了明确的法律依据,确保了网络空间的_____、_____和_____发展。

第8章 人工智能基础

8.1 人工智能的含义

学习目标

- 了解人工智能的定义与特征。
- 了解图灵测试。

思政要素

- 展示我国在人工智能领域的贡献和影响,激发学生的民族自豪感与爱国热情。
- 引导学生正确了解人工智能,培养学生的责任感与使命感。

知识梳理

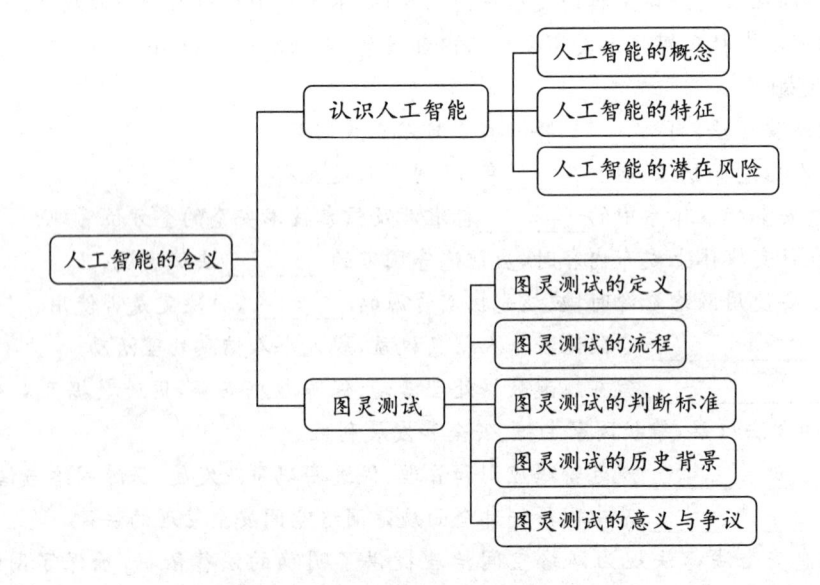

```
                            ┌── 人工智能的概念
              ┌─ 认识人工智能 ─┼── 人工智能的特征
              │              └── 人工智能的潜在风险
人工智能的含义 ─┤
              │              ┌── 图灵测试的定义
              │              ├── 图灵测试的流程
              └─ 图灵测试 ────┼── 图灵测试的判断标准
                             ├── 图灵测试的历史背景
                             └── 图灵测试的意义与争议
```

> 知识要点

8.1.1 认识人工智能

1. 人工智能的概念

什么是智能？智能涉及诸如意识、自我、思维等问题。人唯一了解的智能是人本身的智能。这是普遍认同的观点。

人工智能(artificial intelligence,AI)是一个广泛的概念，指的是由计算机系统所表现出来的智能行为。这种智能行为可以模拟人类的感知、思考、学习和行动等方面的能力，并在某些情况下甚至可能超越人类的智能水平。

人工智能是计算机科学的一个分支，专注于研究、开发和应用智能理论和智能技术。

人工智能涵盖了多个子领域，包括机器学习、深度学习、自然语言处理、计算机视觉、专家系统、机器人技术等。

2. 人工智能的特征

① 自我学习与进化能力。AI 具有自我学习和改进的能力。这意味着它们可以从数据中提取知识，并通过反复的训练和测试来优化自己的性能。这种学习能力使得 AI 能够适应新的环境和任务，实现持续的进化。

② 高效的数据处理能力。AI 能够处理和分析大量的数据，包括文本、图像、音频和视频等，从而发现隐藏的模式和关系。这种数据处理能力使得 AI 在各个领域都能发挥重要作用，如金融、医疗、交通等。

③ 智能化的决策能力。AI 能够根据给定的条件和目标，自动生成和选择最佳的解决方案。这种决策能力可以应用于各种复杂的任务，如机器人控制、自动驾驶、智能推荐等。

④ 人机交互与理解。AI 能够理解人类的自然语言，并能够通过语音、文本或图像等方式与人类进行交互。这种交互能力使得 AI 系统能够更好地服务于人类，提供更个性化的服务和体验。

⑤ 自适应性和鲁棒性。AI 能够适应不同的环境和条件，即使面对变化或不确定性也能保持稳定的性能。这种自适应性和鲁棒性使得 AI 在应对复杂和动态的环境时具有更高的可靠性。

⑥ 模拟与创新。AI 能够模拟人类的思维和行为，从而在某些方面超越人类的能力。此外，AI 还能通过创新的方法来解决实际问题，推动科学技术的发展。

⑦ 跨领域应用。AI 的应用范围广泛，几乎涵盖了所有行业和领域。从制造业到服务业，从教育界到医疗界，AI 都在发挥着越来越重要的作用。

3. 人工智能的潜在风险

① 就业影响。自动化和智能化可能导致大量传统岗位的消失，尤其是那些重复性高、技能要求低的工作。这可能引发失业问题，对社会稳定产生负面影响。

② 隐私泄露和安全风险。AI 系统可能收集和分析大量个人数据，从而引发隐私泄露的

风险。黑客可能利用 AI 系统的漏洞进行攻击,导致数据泄露或系统瘫痪。

③ 引发偏见和歧视。AI 系统可能在学习和决策过程中产生偏见,这些偏见可能源于训练数据的不足。这可能导致不公平的决策,例如歧视某些群体或个体。

④ 责任归属模糊。当 AI 系统做出错误决策或导致不良后果时,责任归属可能变得模糊。这可能引发法律纠纷和道德争议。

⑤ 挑战伦理道德。AI 系统可能做出不符合人类伦理道德标准的决策,例如为了最大化利益而牺牲某些个体的权益。这可能引发对人类价值观和道德观念的挑战。

⑥ 自主武器系统带来战争和暴力风险。AI 驱动的自主武器系统可能带来战争和暴力的风险,因为它们可以在没有人类干预的情况下做出致命决策。这可能引发国际政治和军事紧张局势。

⑦ 加剧社会不平等。AI 技术可能加剧社会不平等,因为那些能够负担得起高级 AI 服务的人可能获得更多优势。这可能导致社会分层和贫富差距的进一步扩大。

⑧ 技术失控。随着 AI 技术的不断发展,人类可能逐渐失去对 AI 系统的控制。这可能引发不可预测的后果,包括 AI 系统的自我进化或超越人类智能。

8.1.2 图灵测试

1. 图灵测试的定义

图灵测试是一种通过向对象提出各种各样的问题,以判断对象是否具有智能的测试方法。如果提问的人从对象的答复中无法区别对象究竟是一个人还是一台机器时,就认为对象是有智能的。

2. 图灵测试的流程

① 测试者(人类评估者)写下自己的问题。

② 测试者将问题以纯文本的形式(如通过计算机屏幕和键盘)发送给另一个房间中的一个人与一台机器。

③ 测试者根据他们的回答来判断哪一个是真人,哪一个是机器。所有参与测试的人或机器都会被分开。

3. 图灵测试的判断标准

进行多次测试后,如果有超过一定比例的测试者(如 30%)不能确定出被测试者是人还是机器,那么这台机器就通过了测试,并被认为其具有人工智能。现在的图灵测试时长通常为 5 分钟,如果电脑能回答由人类测试者提出的一系列问题,且其超过 30% 的回答让测试者误认为是人类所答,则电脑通过测试。

4. 图灵测试的历史背景

图灵测试的概念最早出现在英国计算机学家艾伦·图灵 1950 年发表的一篇名为《计算机械和智能》的论文中,是判断机器是否具有人工智能的一套方法。图灵在这篇论文中给"可计算数"下了一个严格的数学定义,并提出著名的"图灵机"(Turing machine)的设想。同时,他也预测称到 2000 年,人类应该可以用 10 GB 的计算机设备,制造出可以骗过 30% 成年人的人工智能。

5. 图灵测试的意义与争议

图灵测试是人工智能哲学方面第一个严肃的提案,被视为是评估人工智能智能程度的经典方法。然而,尽管图灵测试在学术界引起了广泛的讨论,但也存在不少争议。例如,有些人认为图灵测试过于依赖语言交流,而忽略了智能的其他方面;还有些人则担心图灵测试可能会被滥用,导致一些并不真正具备智能的机器被误判为具有智能。

知识测评

一、单选题

1. 以下选项最准确地描述了人工智能的是(   )。
   A. 人工智能是人类智慧的完全模拟
   B. 人工智能是计算机科学的分支
   C. 人工智能是机器自主思考的能力
   D. 人工智能是机器人技术的同义词

2. 以下不属于人工智能的特征的是(   )。
   A. 自我学习能力   B. 自适应性
   C. 不能与人互动   D. 高效的数据处理能力

3. 以下不是人工智能的潜在风险的是(   )。
   A. 失业问题   B. 隐私泄露
   C. 自主武器系统   D. 提高生产效率

4. 人工智能是(   )学科的分支。
   A. 物理学   B. 生物学
   C. 心理学   D. 计算机科学

5. 以下不是人工智能的特点的是(   )。
   A. 绝对准确性   B. 学习能力
   C. 逻辑推理   D. 自主决策

6. 以下不是人工智能的特征的是(   )。
   A. 自主性   B. 原创性   C. 适应性   D. 预测性

7. 以下不是人工智能的发展趋势的是(   )。
   A. 智能化程度不断提高   B. 应用领域不断扩大
   C. 取代所有传统职业   D. 与其他技术融合创新

8. 人工智能具有的、使其能够不断地自我改进和优化的特点是(   )。
   A. 学习能力   B. 逻辑推理
   C. 创造性   D. 交互性

9. 人工智能具有的、使其能够处理和分析大规模数据集的特点是(   )。
   A. 学习能力   B. 数据处理能力
   C. 逻辑推理   D. 逻辑推理片

10. 以下措施对于预防和缓解人工智能带来的社会不平等风险最有效的是（　　）。
   A. 提高公众对 AI 技术的认识和技能　　B. 限制 AI 技术在某些领域的应用
   C. 降低 AI 技术的研发成本　　D. 禁止 AI 技术的使用和发展

11. 当 AI 系统做出错误决策导致不良后果时，以下情况可能加剧责任归属的模糊性的是（　　）。
   A. AI 系统完全自主决策　　B. AI 系统受人类明确指令控制
   C. AI 系统决策过程完全透明　　D. AI 系统决策结果可预测

12. 图灵测试是由（　　）提出的。
   A. 艾伦·图灵　　B. 约翰·麦卡锡
   C. 马文·明斯基　　D. 赫伯特·西蒙

13. 图灵测试的主要目的是（　　）。
   A. 测试计算机的计算速度　　B. 判断计算机是否具有智能
   C. 评估计算机程序的效率　　D. 测量计算机的存储容量

14. 在图灵测试中，如果测试者无法区分被测试对象是人类还是计算机，那么可以认为（　　）。
   A. 计算机已经超越了人类智能　　B. 计算机具有与人类相似的智能
   C. 计算机没有智能　　D. 测试者自身智能不足

15. 以下不是图灵测试的一个关键要素的是（　　）。
   A. 测试者
   B. 被测试对象（可能是人类或计算机）
   C. 预先设定的对话主题
   D. 计算机程序的源代码

16. 以下选项不是图灵测试的一个潜在局限性的是（　　）。
   A. 测试者的主观性和偏见可能影响结果
   B. 图灵测试可能无法准确评估某些类型的智能
   C. 图灵测试只适用于英语或其他特定语言的对话评估
   D. 图灵测试可以确保计算机程序在所有情况下都能正确模拟人类行为

17. 图灵测试的标准是当超过（　　）的测试者不能确定被测试者是人还是机器时，认为这台机器通过了测试。
   A. 30%　　B. 50%　　C. 70%　　D. 90%

18. 图灵测试通常的测试时长是（　　）。
   A. 1 分钟　　B. 3 分钟
   C. 5 分钟　　D. 10 分钟

二、多选题

1. 人工智能的特点包括（　　）。
   A. 自主学习和适应能力　　B. 能够处理和分析大量数据
   C. 模仿人类智能　　D. 仅限于执行预设任务

2. 以下属于人工智能可能带来的经济风险的有（　　）。
   A. 失业问题加剧　　　　　　　　B. 劳动力结构变化
   C. 个人隐私泄露　　　　　　　　D. 生产力提升导致的竞争加剧
3. 以下观点反映了人工智能技术的潜在风险和挑战的有（　　）。
   A. 人工智能可能超越人类智能，导致人类失去控制
   B. 人工智能的广泛应用可能导致社会结构和就业市场的根本性变化
   C. 人工智能可能引发伦理和道德问题，如责任归属和隐私保护
   D. 人工智能技术的发展将完全取代人类的工作和生活
4. 图灵测试可能有潜在应用的领域有（　　）。
   A. 心理健康评估　　　　　　　　B. 机器人交互设计
   C. 5G存储　　　　　　　　　　　D. 自动驾驶汽车测试
5. 图灵测试的设计初衷包括（　　）。
   A. 检验机器是否具有人类智能
   B. 确定机器能否通过特定任务测试
   C. 评估机器的语言理解能力
   D. 探究机器是否能进行自主思考
6. 图灵测试通常涉及的参与方有（　　）。
   A. 测试者（人类）
   B. 被测试者（可能是人类或机器）
   C. 机器制造商
   D. 主持人（负责设置测试并监控过程）
7. 图灵测试的实现可能依赖的技术有（　　）。
   A. 自然语言处理　　　　　　　　B. 机器学习
   C. 图像处理　　　　　　　　　　D. 语音识别
8. 以下因素可能影响图灵测试的结果的有（　　）。
   A. 测试者的主观判断　　　　　　B. 被测试者的表现
   C. 测试时长　　　　　　　　　　D. 测试环境
9. 图灵测试在人工智能领域的重要性体现在（　　）。
   A. 推动了人工智能技术的发展
   B. 为人工智能研究提供了明确的评估标准
   C. 揭示了人工智能技术的局限性
   D. 促进了人工智能技术的商业化应用
10. 图灵测试可能引发的哲学或伦理问题包括（　　）。
    A. 如何定义智能
    B. 人工智能是否应享有与人类相同的权利
    C. 机器是否能具有真正的意识
    D. 是否应该为人工智能制定道德准则

三、判断题

1. 人工智能的快速处理是基于大量数据和高速计算的,因此它可以更快速、准确地处理大规模数据。(　　)
2. 人工智能在求职和招聘过程中不可能出现种族、性别或其他个人特征的歧视问题。(　　)
3. 人工智能系统需要大量的数据来训练和改进,但这些数据不会包含个人隐私信息。(　　)
4. 人工智能的快速发展不会导致大量工作岗位的自动化,也不会对就业市场造成冲击。(　　)
5. 人工智能系统的训练数据如果存在偏见,可能会导致系统在决策中对某些群体不公平。(　　)
6. 人工智能是心理学科学的一个分支,旨在使系统具备感知、学习、推理和决策能力。(　　)
7. 图灵测试是由美国计算机科学家艾伦·图灵在1950年提出的,用于评估机器是否具有人类智能。(　　)
8. 图灵测试要求机器能够完全模拟人类的思维方式和情感反应。(　　)
9. 图灵测试是衡量机器智能的唯一标准。(　　)
10. 图灵测试是一种主观测试,因为测试者的判断可能受到个人偏见和期望的影响。(　　)

四、填空题

1. AI的中文名称是_____。
2. 人工智能的特点之一是具有强大的_____能力,能够从大量数据中提取有用信息并做出决策。
3. 人工智能系统通常具有自主学习和_____的能力,能够根据环境变化调整其行为。
4. 人工智能可能带来的风险之一是数据安全和_____的泄露。
5. 人工智能在军事领域的应用可能加剧战争风险,特别是当涉及_____武器系统时。
6. 图灵测试是由英国计算机科学家艾伦·图灵在_____年首次提出的,用于评估机器是否具备与人类相似的智能。
7. 虽然图灵测试是衡量机器智能的一种方法,但它并不是_____的标准。
8. 图灵测试在历史上对_____的发展产生了深远的影响,推动了该领域的研究和进步。
9. 某些研究者认为,_____过于关注机器能否模仿人类的对话,而忽视了机器在其他方面的智能表现,如创造力、问题解决能力等。
10. 最初的图灵测试,仅限于_____对话。

8.2 人工智能的发展历程

学习目标

- 了解人工智能的发展历程。

思政要素

- 展示我国在人工智能发展过程中的贡献和影响,激发学生的民族自豪感与爱国热情。
- 引导学生了解人工智能的发展历程,培养学生正确的科学观和发展观。

知识梳理

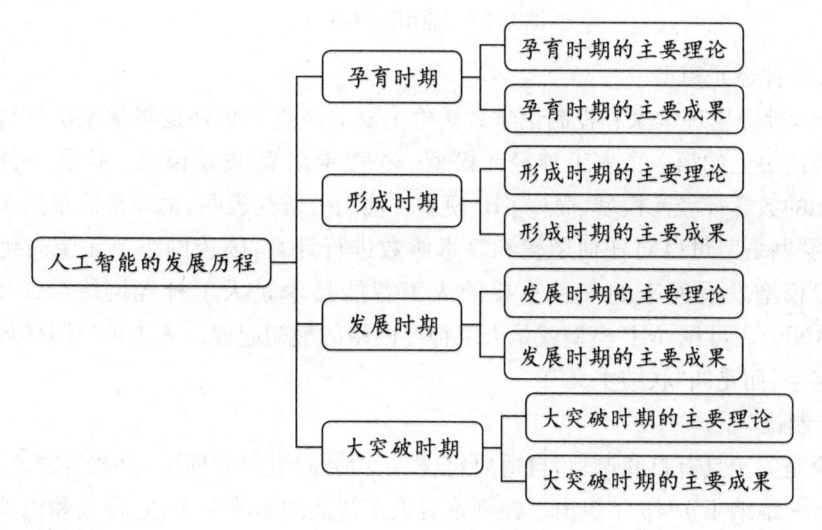

```
                      ┌─ 孕育时期的主要理论
           ┌─ 孕育时期 ─┤
           │          └─ 孕育时期的主要成果
           │
           │          ┌─ 形成时期的主要理论
           ├─ 形成时期 ─┤
人工智能的   │          └─ 形成时期的主要成果
发展历程    ─┤
           │          ┌─ 发展时期的主要理论
           ├─ 发展时期 ─┤
           │          └─ 发展时期的主要成果
           │
           │           ┌─ 大突破时期的主要理论
           └─ 大突破时期┤
                      └─ 大突破时期的主要成果
```

知识要点

8.2.1 孕育时期

人工智能开始于 20 世纪 30 年代,直到 1956 年"人工智能"的概念才被首次提出。这段时期被认为是人工智能的初创时期或孕育时期。

1. 孕育时期的主要理论

(1) 通用图灵机

通用图灵机(universal Turing machine)由图灵在 1936 年发明,是一种理论上的计算机模型。通用图灵机被设想为有一条无限长的纸带,纸带被划分成许多方格,有的方格被画上斜线,代表"1";有的方格中没有画任何线条,代表"0"。它有一个读写头部件,可以从纸带上读出信息,也可以往空方格里写信息。它仅有的功能是把纸带向右移动一格,然后把"1"变成"0",或者相反地把"0"变成"1"。通用图灵机模型如图 8-2-1 所示。这是一种不考虑硬件状态的计算逻辑结构。通用图灵机是现代计算机的思想原型。

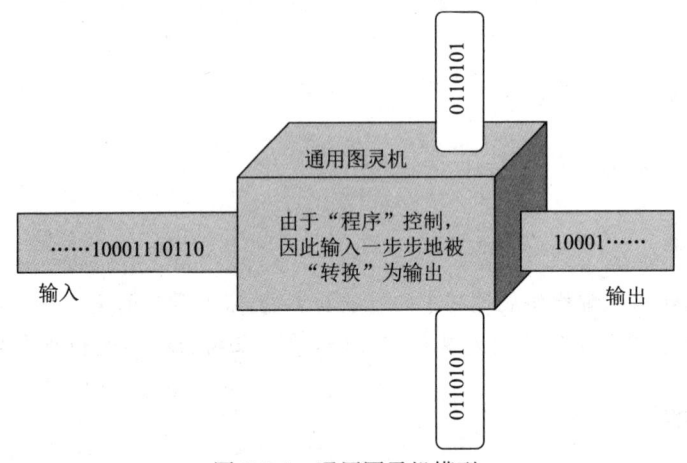

图 8-2-1 通用图灵机模型

(2) 人工神经元模型

1943 年,神经生理学家和控制论学者沃伦·麦卡洛克和数理逻辑学家沃尔特·皮茨合作提出人类历史上的第一个人工神经元模型——麦卡洛克-皮茨模型。这是一种模拟人脑生物神经元的数学神经元模型,简称 MP 模型。他们的研究表明,由非常简单的单元连接在一起组成的"网络",可以对任何逻辑和算术函数进行计算,因为网络单元像简化后的神经元。由 MP 模型发展而来的一种重要的人工智能技术是人工神经网络(artifical neural network,ANN)。可见,MP 模型就是人工神经网络的最初起源。人工神经网络最开始并不是叫这个名字,而是叫"联结主义"。

(3) 控制论

控制论是关于具有自我调整、自适应、自校正功能的机器的理论,由数学家、控制论的创始人诺伯特·维纳于 1948 年提出。控制论对人工智能的影响在于,它将人和机器进行了深刻的对比:由于人类能够构建更好的计算机器,并且人类会更加了解自己的大脑,因此计算机器和人类大脑会变得越来越相似。

2. 孕育时期的主要成果

(1) 早期的计算机技术

1937—1941 年,约翰·文森特·阿塔纳索夫教授和他的研究生克利夫·贝里开发了阿塔纳索夫-贝里计算机,为计算机科学和人工智能的研究奠定了基础。现代可编程数字电子计算机架构是由数学家、计算机科学家、物理学家约翰·冯·诺依曼提出的,它是受到图灵的通用计算机思想的启发,于 1946 年在工程上实现的。"冯·诺依曼结构计算机"奠定了现代计算机的基础,是测试和实现各种人工智能思想和技术的重要工具。

(2) 达特茅斯夏季研究会

1956 年,在达特茅斯夏季研究会上,约翰·麦卡锡首次提出"人工智能"这一概念。这次会议并没有解决有关人工智能及机器思维的任何具体问题,但它为后来人工智能的发展确立了研究目标,并开启了人工智能发展的历史,使其发展至今。

8.2.2 形成时期

人工智能的形成时期大致从 1957 年开始,持续到 1969 年。这一时期是人工智能学科从诞生到逐步发展的关键阶段,涌现出了众多重要的理论、技术和应用。

1. 形成时期的主要理论

(1) 符号主义

在人工智能的形成时期,符号主义是主流学派之一。它认为人类的智能是由符号操作实现的,因此人工智能也应该通过符号操作来实现。这一学派在逻辑推理、定理证明、专家系统等方面取得了显著成果。形成时期的主要特点是符号主义学派超越了联结主义学派,主导人工智能领域的研究。

(2)《模糊集》

美国加利福尼亚大学伯克利分校的卢特菲·扎德教授发表了论文《模糊集》,奠定了模糊数学理论和模糊逻辑基础。到 20 世纪 80 年代,研究人员基于该理论构建了成百上千的智能系统。它们被广泛应用于工业生产、家用电器、机器人等领域。

2. 形成时期的主要成果

这一时期的成果主要有王氏算法。在纽厄尔和西蒙之后,美籍华人学者、洛克菲勒大学教授王浩在"自动定理证明"上获得了更大的成就。王浩是第一个研究人工智能的华人科学家、数理逻辑学家。1959 年,王浩用他首创的"王氏算法",在一台速度不高的 IBM 704 计算机上用了不到 9 min 的时间,把数学史上视为里程碑的著作《数学原理》中全部(350 条以上)的定理都证明了一遍。

8.2.3 发展时期

人工智能的发展时期通常被认为是从 1970 年至 1992 年。这一时期,整个领域比较大的收获是联结主义取得了较大进展,也就是人工神经网络取得了很大进步。这种进步的意义在于它助力了当代深度神经网络和深度学习技术的全面爆发,使人工智能进入大突破时期。

1. 发展时期的主要理论

(1) 遗传算法

20 世纪 70 年代初,学者约翰·霍兰德创建了以达尔文进化论思想为基础的计算模型,称为遗传算法,并开创了"人工生命"这一新领域。遗传算法、进化策略和 20 世纪 90 年代发展起来的遗传编程算法,一起形成了进化计算这一人工智能研究分支。

(2) 反向传播(back propagation,BP)算法

1974 年,保罗·韦伯斯提出了如今人工神经网络和深度学习的基础学习训练算法——反向传播算法。

(3) 行为主义

麻省理工学院教授罗德尼·布鲁克斯在 20 世纪 90 年代创建了行为主义学派。行为主义学派通过模拟从昆虫到四足动物以及人类等各种对象创建各种智能机器人。在行为主义工作范式下研究者进一步开展了对人工生命和模拟进化的研究。依照人工生命倡导者的愿望,如果能够在机器上进化出生命,则智能将自然产生。

2. 发展时期的主要成果

(1) 专家系统

1977 年,爱德华·费根鲍姆在第五届国际人工智能联合会议上提出"知识工程"概念,知识工程强调知识在问题求解中的作用,主要的应用成果就是各种专家系统。专家系统是一种利用知识规则、推理和搜索技术实现对人类专家经验的模拟,以解决某些专业领域问题的智能系统。专家系统使人工智能由理论化走向实际化,由一般化走向专业化,这是人工智能发展的一个重要转折点。

(2)《通过 BP 算法的学习表征》

1986 年 10 月,鲁姆哈特和杰弗里·辛顿等人,在著名学术期刊 Nature 上联合发表论文《通过 BP 算法的学习表征》。该论文首次系统简洁地阐述了 BP 算法在人工神经网络模型上的应用。此后,人工神经网络才真正迅速发展了起来。

(3) 国际人工神经网络学会

1987 年,在第一届人工神经网络国际会议上成立了国际人工神经网络学会,这标志着人工神经网络进入快速发展时期。

8.2.4 大突破时期

人工智能的大突破时期通常被认为是从 1993 年至今。这一时期,人工智能技术经历了前所未有的快速发展,取得了众多里程碑式的成就。

1. 大突破时期的主要理论

(1) 非线性支持向量机

1995 年,贝尔实验室科学家科琳娜·科尔特斯和统计学家、数学家弗拉基米尔·万普尼克提出了软边距的非线性支持向量机(support vector machine,SVM),并将其应用于手写数字识别问题。这一研究成果在发表后得到了科学家广泛的关注和引用,其影响在当时远超人工神经网络。以 SVM 为代表的集成学习、稀疏学习、统计学习等多种机器学习方法开始占据主流舞台。

(2) 卷积神经网络

1996 年,人工神经网络领域的重要人物杨立昆成为贝尔实验室的图像处理研究部门主管。他开发了许多新的机器学习方法,包括模仿动物视觉皮层的卷积神经网络(convolutional neural network,CNN)。

(3) 深度学习

2006 年,加拿大多伦多大学教授杰弗里·E. 辛顿联合他的学生杨立昆和加拿大蒙特利尔大学教授约书亚·本吉奥,发表了具有突破性的论文《深度置信网络的快速学习方法》,开创了深度神经网络和深度学习的技术历史,并引发了一场现代商业革命。

2019年3月27日,计算机领域最高奖项"图灵奖"颁给了深度学习领域的三大巨头——加拿大蒙特利尔大学教授约书亚·本吉奥、谷歌副总裁兼多伦多大学名誉教授杰弗里·E.辛顿以及纽约大学教授兼Facebook首席AI科学家杨立昆。

2024年诺贝尔物理学奖授予约翰·J.霍普菲尔德和杰弗里·E.辛顿,表彰他们在使用人工神经网络进行机器学习的基础性发现和发明。

(4) 知识图谱

知识图谱是一种实现机器认知智能的知识库,是符号主义持续发展的产物。它从最初就在知识表示、知识描述、知识计算和知识推理等方面不断发展。自2015年以来,知识图谱在诸如问答、金融、教育、银行、旅游、司法等领域中进行了大规模的应用。

2. 大突破时期的主要成果

(1) 计算机"深蓝"

1997年5月11日,国际象棋世界冠军加里·卡斯帕罗夫与IBM公司的国际象棋计算机"深蓝"的6局对抗赛落下帷幕。在前5局以2.5∶2.5打平的情况下,卡斯帕罗夫在第6局决胜局中仅走了19步就甘拜下风,整场比赛进行了不到1小时。"深蓝"综合了多种人工智能知识表示、符号处理、搜索算法和机器学习技术,成为第一台在多局赛中战胜国际象棋世界冠军的计算机,这是人工智能发展的重要里程碑。

(2) 大型数据集ImageNet

2010年,斯坦福大学教授、华人学者李飞飞创建了一个名为"ImageNet"的大型数据集。它包含数百万个带标签的图像,为深度学习技术性能测试和不断提升提供了舞台。自2010年以来,ImageNet每年都会举办一次软件竞赛,即ImageNet大规模视觉识别挑战赛(简称ImageNet挑战赛)。

2012年,ImageNet挑战赛引发了人工智能"大爆炸",辛顿和他的学生亚历克斯·克里热夫斯基利用一个8层的卷积神经网络——AlexNet,以超越第2名(使用传统计算机视觉方法)10.8%的成绩获得了冠军。AlexNet不仅可以让计算机识别出猴子,还可以使计算机区分出蜘蛛猴和吼猴,以及各种各样不同品种的猫。

2015年,微软亚洲研究院何恺明等人使用152层的残差网络参加了ImageNet挑战赛,并取得了整体错误率3.57%的成绩,这已经超过了人类平均错误率5%的水平。由于许多算法已经达到了竞赛预期的最高水平,因此该比赛于2017年终止。

(3) "谷歌大脑"

2011年,计算机科学家杰夫·迪安和吴恩达发起"谷歌大脑"项目,用16000台计算机CPU搭建了一个具有10亿个连接的深度神经网络,并把这个庞大的网络想象成一个婴儿的大脑,然后让"大脑"看一些无标注的在线视频。在此之前,没有人告诉过这个"大脑"什么是猫,但是"谷歌大脑"在观看了大量视频之后自行学会了认识猫脸。

(4) 围棋智能系统AlphaGo

2016年,谷歌旗下的DeepMind公司开发的围棋智能系统AlphaGo战胜了人类棋手冠军李世石。该系统集成了搜索、人工神经网络、强化学习等多种人工智能技术。这一事件也是人工智能发展史上的一个重要里程碑。

(5) 人工智能系统 AlphaFold

2020年11月,DeepMind 研发的人工智能系统 AlphaFold 解决了困扰生物学界50年的"蛋白质折叠"难题。科学界认为 DeepMind 在解决蛋白结构问题上"迈出一大步"。

2024年诺贝尔化学奖颁给 David Baker、Demis Hassabis 和 John M. Jumper,表彰他们在计算蛋白质设计和蛋白质结构预测的贡献。目前,AlphaFold 3 模型进化到第三代,可预测生物分子结构及其相互作用,有望缩短治疗手段开发时间。

(6) 智能软件"项目辩论者"

2018年6月,智能软件"项目辩论者"参加了在旧金山举行的对战人类选手的公开辩论赛。在没有提前获知辩题的情况下,项目辩论者依靠强大的语料库,独自完成陈述观点、反驳辩词、总结陈述的整个辩论过程。2019年2月11日,项目辩论者和人类冠军辩手在旧金山进行了第二次人机辩论赛。这套智能辩论系统具有强大的语义理解和语言生成能力。它的潜在价值在于,可以通过不断提升数据处理能力,为医生、投资人、律师和执法机关,以及政府工作人员(在做出重要决策时)提供客观、理性的建议。

知识测评

一、单选题

1. 最早提出"人工智能"这一概念的科学家是(   )。
   A. 马文·明斯基			B. 阿兰·图灵
   C. 冯·诺依曼			D. 约翰·麦卡锡

2. 1956年的达特茅斯会议标志着(   )的诞生。
   A. 人工智能学科			B. 自动化学科
   C. 计算机科学			D. 信息论

3. 专家系统是人工智能(   )的重要成果。
   A. 孕育时期			B. 发展时期
   C. 形成时期			D. 大突破时期

4. 1986年提出的反向传播算法主要用于训练(   )。
   A. 支持向量机			B. 多层神经网络
   C. 随机森林			D. 提升方法

5. 1997年,在国际象棋比赛中击败了卡斯帕罗夫的计算机是(   )。
   A. "沃森"		B. "夏奇"		C. AlphaGo		D. "深蓝"

6. 深度学习的概念是由(   )在2006年提出的。
   A. 阿兰·图灵			B. 马文·明斯基
   C. 杰弗里·E. 辛顿			D. 冯·诺依曼

7. 开发 AlphaGo 的公司是(   )。
   A. 微软		B. 谷歌		C. Facebook		D. IBM

8. 被AlphaGo在2016年击败的世界围棋冠军是(　　)。
A. 柯洁　　　　　B. 李昌镐　　　　　C. 李世石　　　　　D. 古力
9. 以下不是人工智能学派的是(　　)。
A. 联结主义　　　B. 符号主义　　　　C. 机会主义　　　　D. 行为主义
10. 神经网络研究属于(　　)学派。
A. 联结主义　　　B. 符号主义　　　　C. 行为主义　　　　D. 以上都不是
11. 以下不是推动人工智能现代化阶段发展的关键因素的是(　　)。
A. 计算能力的提升　　　　　　　　　B. 大数据的广泛应用
C. 量子计算的突破　　　　　　　　　D. 深度学习等新兴技术的突破
12. 以下不是人工智能未来可能的发展趋势的是(　　)。
A. 生成式AI的深化应用
B. 量子AI的商业化应用
C. 合成数据成为突破AI训练数据瓶颈的关键
D. AI算法和模型的不断优化和升级
13. 以下不是人工智能的三大学派之一的是(　　)。
A. 联结主义　　　　　　　　　　　　B. 符号主义
C. 行为主义　　　　　　　　　　　　D. 进化主义
14. "人工智能的春天"到来的一个重要原因是(　　)。
A. 互联网的发展　　　　　　　　　　B. 计算机性能的提升和算法的改进
C. 机器翻译的成功　　　　　　　　　D. 自动驾驶技术的突破
15. 提出人工智能的"知识工程"概念的年代是(　　)。
A. 1960s　　　　　B. 1970s　　　　　C. 1980s　　　　　D. 1990s
16. 下列不是人工智能在1980年代经历的低谷的原因的是(　　)。
A. 技术瓶颈　　　　　　　　　　　　B. 资金短缺
C. 社会接受度低　　　　　　　　　　D. 计算能力不足
17. 下列不是人工智能发展早期的里程碑事件的是(　　)。
A. 第一个专家系统的诞生　　　　　　B. 第一个神经网络模型的提出
C. 第一个基于规则的机器人的开发　　D. 第一个搜索引擎的出现
18. 下列不是人工智能在21世纪初重新兴起的原因的是(　　)。
A. 互联网的发展　　　　　　　　　　B. 大数据技术的兴起
C. 计算能力的提升　　　　　　　　　D. 神经网络理论的突破
19. 下列是人工智能技术的大突破时期的是(　　)。
A. 20世纪50年代至60年代　　　　　　B. 20世纪90年代至今
C. 20世纪70年代至80年代　　　　　　D. 20世纪80年代至90年代
20. AlphaFold主要解决的问题是(　　)。
A. 蛋白质折叠　　　　　　　　　　　B. 自动驾驶
C. 数据分类　　　　　　　　　　　　D. 路径规划

二、多选题

1. 以下事件标志着人工智能的早期发展的有（　　）。
   A. 图灵测试的提出　　　　　　　　B. 人工智能一词的首次使用
   C. 第一个专家系统的诞生　　　　　D. 深度学习技术的兴起

2. 下列技术或理论对人工智能的发展产生了重要影响的有（　　）。
   A. 符号主义　　　B. 联结主义　　　C. 行为主义　　　D. 唯心主义

3. 以下领域是人工智能在形成时期的主要研究方向的有（　　）。
   A. 符号主义　　　　　　　　　　　B. 机器人技术
   C. 模糊逻辑　　　　　　　　　　　D. 自然语言处理

4. 下列事件发生在人工智能的"冬天"期间的有（　　）。
   A. 载体依附性政府对人工智能项目的资助减少
   B. 人工智能公司的倒闭潮
   C. 人工智能技术的停滞不前
   D. 人工智能技术的广泛应用

5. 以下技术或方法是人工智能在20世纪80年代后期至90年代初期的主要突破的有（　　）。
   A. 神经网络　　　B. 专家系统　　　C. 机器学习　　　D. 数据挖掘

6. 下列领域是人工智能在21世纪初期的重点研究方向的有（　　）。
   A. 自动驾驶　　　B. 智能家居　　　C. 机器人技术　　　D. 人工智能伦理

7. 以下事件标志着人工智能技术的快速发展的有（　　）。
   A. AlphaGo战胜人类围棋冠军　　　　B. 深度学习技术的广泛应用
   C. 人工智能在医疗领域的突破　　　　D. 人工智能在金融领域的广泛应用

8. 下列事件对人工智能的未来发展产生了重要影响的有（　　）。
   A. 人工智能技术的不断突破　　　　　B. 人工智能政策的不断完善
   C. 人工智能伦理问题的不断凸显　　　D. 人工智能在各行各业的广泛应用

9. 人工智能的主要发展时期包括（　　）。
   A. 孕育时期　　　B. 形成时期　　　C. 发展时期　　　D. 大突破时期

10. 以下属于人工智能未来可能的发展方向的有（　　）。
    A. 更强大的自主学习能力　　　　　　B. 更广泛的应用领域
    C. 与人类更加紧密的合作与交互　　　D. 完全超越人类智能

三、判断题

1. 人工智能的发展可以追溯到20世纪30年代。（　　）
2. 人工智能的孕育时期主要依赖于深度学习技术。（　　）
3. 人工智能的"冬天"是指人工智能发展过程中的低谷期。（　　）
4. 人工智能的发展已经超越了人类智能的极限。（　　）
5. 人工智能的发展主要依赖于计算能力的提升和数据的积累。（　　）
6. 人工智能的发展将不可避免地取代人类的工作。（　　）

7. 人工智能的发展将推动社会经济的全面转型和升级。（　　）

8. 人工智能的发展将推动科学研究的深入和进步。（　　）

9. 在人工智能发展的早期阶段，计算机硬件的限制严重阻碍了其发展。（　　）

10. 人工智能的发展经历了从"符号主义"到"联结主义"再到"深度学习"的演变。（　　）

四、填空题

1. 在人工智能的早期发展阶段，联结主义和_____是两种主要的研究方法。

2. 1956年的达特茅斯会议上，_____等科学家首次提出了"人工智能"这一术语，并确立了其研究目标和方法。

3. "深蓝"是由_____公司开发的一款国际象棋人工智能程序。

4. "深蓝"首次在国际象棋比赛中战胜世界冠军是在_____年。

5. AlphaGo在2016年成功战胜了围棋世界冠军_____，成为首个在围棋领域击败人类顶尖选手的人工智能。

6. AlphaGo是由_____公司的人工智能团队研发的围棋人工智能程序。

7. AlphaFold利用深度学习技术，通过输入_____的氨基酸序列，预测其三维结构。

8. 两位谷歌DeepMind员工Demis Hassabis和John M. Jumper因为AlphaFold获得2024年诺贝尔_____奖。

9. 2024年诺贝尔_____奖授予杰弗里·E.辛顿，表彰其在使用人工神经网络进行机器学习的基础性发现和发明。

10. 2019年，辛顿与蒙特利尔大学计算机科学教授约书亚·本吉奥和纽约大学教授杨立昆一起获得了被称为"计算机界的诺贝尔奖"——_____奖，以表彰他们在人工智能深度学习方面的工作。

8.3　人工智能的典型应用

学习目标

- 了解人工智能在各行业中的典型应用，如智能制造、智能医疗、智慧农业、智能物流等。

思政要素

- 展示我国在智能制造、智能医疗、智慧农业、智能物流等领域取得的成就，激发学生的民族自豪感与爱国热情。
- 引导学生了解人工智能在各行业中的典型应用，培养学生的好奇心和学习热情。

知识梳理

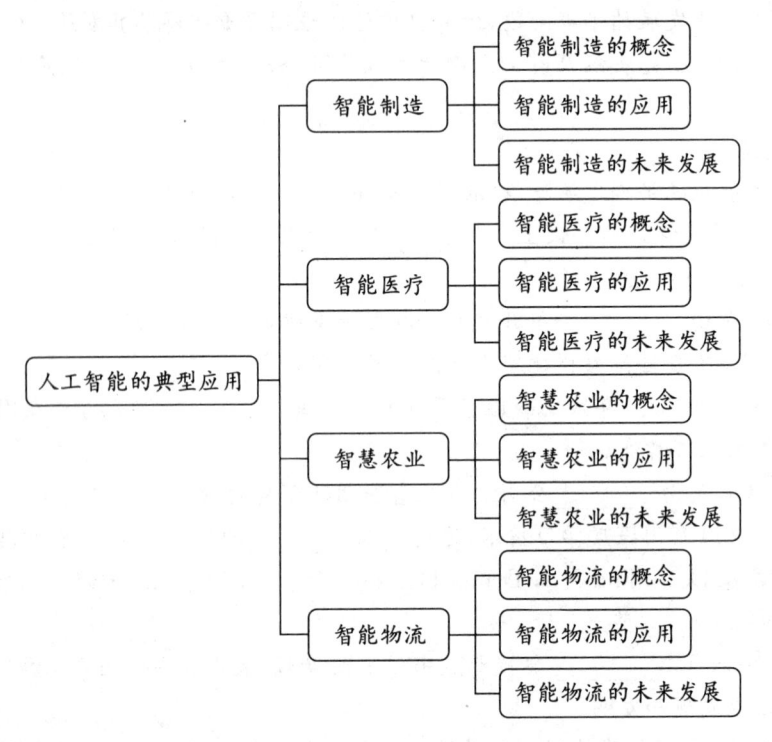

```
                          ┌─────────┬── 智能制造的概念
                          │ 智能制造 ├── 智能制造的应用
                          │         └── 智能制造的未来发展
                          │
                          │         ┌── 智能医疗的概念
                          │ 智能医疗 ├── 智能医疗的应用
                          │         └── 智能医疗的未来发展
人工智能的典型应用 ────────┤
                          │         ┌── 智慧农业的概念
                          │ 智慧农业 ├── 智慧农业的应用
                          │         └── 智慧农业的未来发展
                          │
                          │         ┌── 智能物流的概念
                          │ 智能物流 ├── 智能物流的应用
                          └─────────┴── 智能物流的未来发展
```

知识要点

8.3.1 智能制造

1. 智能制造的概念

智能制造(intelligent manufacturing,IM)是一种由智能机器和人类专家共同组成的人机一体化智能系统。它在制造过程中能进行智能活动,诸如分析、推理、判断、构思和决策等。

智能制造源于人工智能的研究。智能制造应当包含智能制造技术和智能制造系统,智能制造系统不仅能够在实践中不断地充实知识库,而且还具有自学习功能,以及搜集与理解环境信息和自身的信息,并进行分析判断和规划自身行为的能力。

2. 智能制造的应用

智能制造已经广泛应用于各个领域,如电子信息、新能源、轨道交通、生物医药、农业、物流、环境监测等。通过整合智能传感、控制、AI等技术,智能制造装备具备了信息感知、分析规划等智能化功能,能显著提升加工质量。

同时,智能制造的发展也离不开政策的支持。例如,我国发布了《"十四五"智能制造发展规划》,提出智能制造装备创新发展行动,推动基础零部件和装置、通用智能制造装备、专用智能制造装备、新型智能制造装备等类型的装备发展。此外,工业和信息化部、市场监管总局等部门也联合开展智能制造系统解决方案"揭榜挂帅"工作,旨在发掘培育一批掌握核心技术、深耕细分行业、具有工业基因的专业化供应商,推动智能制造的深入发展。

3. 智能制造的未来发展

① 人工智能技术加速落地。随着人工智能技术的不断发展,其在智能制造装备业的应用也将更加广泛和深入。

② 国产化替代进程加快。为了保障国家安全和产业自主可控,我国将加快智能制造装备的国产化替代进程。

③ 跨界资源协同整合。通过跨界资源的协同整合,可以创新智能制造的应用场景,提升制造业的竞争力。

8.3.2 智能医疗

1. 智能医疗的概念

智能医疗是指运用先进的技术手段,如人工智能、大数据、云计算、智能硬件等,将医疗信息化和智能化相结合,以提高医疗服务质量和效率的一种医疗服务模式。

智能医疗的核心在于数据的收集、分析和应用。通过持续收集患者的健康数据,包括生命体征、病史、用药记录等,利用大数据和 AI 技术进行深度分析,可以识别出患者的健康风险,预测疾病的发展趋势,并提供相应的预警和建议。这种基于数据的精准管理,能够实现医疗资源的优化配置,为患者提供更加便捷、高效、精准的医疗服务。

2. 智能医疗的应用

① 医疗机器人。医疗机器人能够承担手术或医疗保健功能,如 IBM 开发的达·芬奇手术系统,以及能够读取人体神经信号的可穿戴型机器人(智能外骨骼)。这些机器人技术能够辅助医护人员的工作,提高手术精度和效率。

② 智能药物研发。通过大数据分析等技术手段,智能药物研发可以快速、准确地挖掘和筛选出合适的化合物或生物,达到缩短新药研发周期、降低新药研发成本、提高新药研发成功率的目的。人工智能还可以通过计算机模拟对药物活性、安全性和副作用进行预测,加速新药上市的效率。

③ 智能诊疗。人工智能技术可以用于辅助诊疗中,让计算机"学习"专家医生的医疗知识,模拟医生的思维和诊断推理,从而给出可靠的诊断和治疗方案。这有助于提高诊断的准确性和效率,减轻医生的工作负担。

④ 远程医疗服务。智能医疗能够实现远程医疗服务,让患者在家中就能获得专业的医疗指导和支持。这节省了患者的时间和精力,提高了医疗服务的可及性。

⑤ 个性化健康管理。基于个体健康数据,智能医疗可以提供量身定制的健康管理方案。这有助于提升治疗的有效性和患者的满意度,实现个性化的健康管理。

3. 智能医疗的未来发展

① 人工智能的深入应用。AI 技术将不断发展,进一步提高诊断的准确性与治疗的智能

化水平。

② 数据安全与隐私保护。随着健康数据的增加,如何保障数据安全与患者隐私将成为重要挑战。相关技术和法律法规也需不断完善,以确保数据的合法使用和隐私保护。

③ 多方共赢的生态体系。医疗机构、科技公司、保险公司等将加强合作,形成多方共赢的生态体系,推动智能医疗的快速发展。

④ 患者参与度的提升。在未来的医疗体系中,患者将更加积极地参与到自身健康管理中,通过智能设备和应用获取信息、参与决策。

8.3.3 智慧农业

1. 智慧农业的概念

智慧农业是指运用现代信息技术,如物联网、大数据、云计算、人工智能等,实现农业生产、管理和决策等环节的全面信息化、智能化改造的一种新型农业生产模式。

通过机器学习、深度学习等算法,人工智能可以对农业生产环境进行智能感知和预测,为农民提供精准的种植建议。同时,人工智能还可以用于病虫害的智能识别与防治、智能农机装备的自主作业等方面,进一步提高农业生产的智能化水平。

2. 智慧农业的应用

① 数字化管理。智慧农业通过物联网技术收集大量的农业生产数据,如土壤、水质、气象等,然后利用云计算、区块链和大数据分析对农业生产过程进行精准监测、管理和预测,实现农业生产的可视化、可控化和智能化。

② 智能化设备。智慧农业采用先进的设备和传感器,对农作物进行实时监测和控制,对农田环境进行高精度监测。这些设备不仅可以自动执行任务,还可以对作物生长过程进行快速响应和精细化管理,避免传统农业中的浪费和环境污染。

③ 生产环节优化。智慧农业可以对种植、养殖、管理等环节进行优化和升级,提升农业生产效率和质量,降低生产成本。

④ 精准化操作。通过AI技术,智慧农业可以实现精准种植、智能灌溉、病虫害预测与防治等,提高农作物产量和品质,同时降低种植成本。

⑤ 农产品质量安全追溯。智慧农业通过建立农产品质量安全追溯体系,确保了农产品的安全可靠。该体系利用物联网、大数据等技术手段对农产品的生产、加工、运输、销售等各个环节进行全程监控和记录。消费者可以通过扫描农产品上的二维码或条形码等方式查询农产品的产地信息、生产日期、检测报告等关键信息,从而实现对农产品的全面了解和放心购买。

⑥ 农业信息化服务平台。智慧农业还构建了农业信息化服务平台,为农民提供全方位的信息服务。该平台整合了农业政策、市场动态、技术培训、专家咨询等多种资源,帮助农民及时了解行业信息、提升自我技能、解决生产中的实际问题。同时,该平台还促进了农产品电子商务的发展,拓宽了农产品的销售渠道和市场空间。

3. 智慧农业的未来发展

① 政策支持与推动。我国农业农村部等政府部门已经发布了关于大力发展智慧农业

的指导意见和行动计划,明确了智慧农业的发展目标和重点任务,为智慧农业的未来发展提供了政策支持和保障。同时,政府将加大对智慧农业的投入力度,支持智慧农业技术研发、示范推广和基础设施建设,推动智慧农业快速发展。

② 技术创新与应用。农业生产管理将实现数字化、网络化和智能化,通过数据分析和决策支持,提高农业生产的科学性和精准性。

③ 产业链数字化改造。农业全产业链将实现数字化改造,包括生产、加工、销售等各个环节,推动农业产业转型升级和高质量发展。同时,智慧农业将推动农产品品牌化建设,提高农产品的知名度和美誉度,增强农产品的市场竞争力。

④ 可持续发展与生态环保。智慧农业将推动农业资源的节约和高效利用,包括水资源、土地资源、肥料和农药等,降低农业生产成本和环境压力。同时,智慧农业将加强农业生态保护和环境治理,通过精准施肥、智能灌溉等方式,减少化肥和农药的使用量,保护农业生态环境。

8.3.4 智能物流

1. 智能物流的概念

智能物流(intelligent logistics)是指利用集成智能化技术,使物流系统能模仿人的智能,具有思维、感知、学习、推理判断和自行解决物流中某些问题的能力,完成将货物从供应者向需求者移动的整个过程。这个过程包括仓储、运输、装卸搬运、包装、流通加工、信息处理等多项基本活动。

2. 智能物流的应用

① 物流大数据分析。通过采集和分析物流数据,实现优化物流配送路线、预测市场需求、评估物流绩效等目标。智能物流系统可以处理海量的物流数据,挖掘出有价值的信息,为物流企业的决策提供支持。

② 物流无人化。利用自动化技术,如机器人、无人机、无人车等,实现仓储、装卸、运输等环节的自动化操作。这些自动化设备可以大大减少人力成本,提高作业效率和准确性,降低安全事故风险。

③ 物流可视化管理。通过物联网、GIS(地理信息系统)和GPS(全球定位系统)等技术,实现对物流环节的实时监控和管理。货物的实时追踪、车辆行驶轨迹的监控、库存状态的查询等功能,提高了物流管理的透明度和可控性,有助于及时发现和解决问题。

④ 智能仓储管理。采用智能设备和系统,如RFID(无线射频识别)、传感器、自动化立体仓库等,实现库存管理、货物分类等智能化操作。自动入库、出库、盘点、库存预警等功能,提高了仓储作业的效率和准确性,降低了仓储成本,优化了库存结构。

⑤ 智能运输调度。利用智能调度系统,结合实时交通信息和运输规划,优化车辆运输路线和运输效率。智能物流系统可以根据实时交通状况和其他因素,动态调整车辆的行驶路线和运输策略,从而提高运输效率,减少运输成本。

⑥ 冷链物流监控。智慧物流技术在冷链物流中发挥着重要作用。通过物联网技术、温

度监控系统等,确保冷藏产品在运输过程中始终保持在需要的温度条件下。这保障了产品质量和安全,降低了货损率,提高了客户满意度。

⑦ 智慧物流园区建设。融合5G、物联网、云计算等新技术,实现园区各子系统的横向打通和纵向贯穿,打造智慧物流园。智慧物流园区集仓储管理、配送管理、交易管理、电商平台等功能于一体,提高了园区的创新、服务和管理能力,降低了企业运营成本,加强了园区内各环节的协同和整合。

⑧ 路径规划与配送优化。物流企业利用人工智能算法为配送车辆规划最佳行驶路线,考虑因素包括道路状况、交通限制、配送时间窗、货物重量体积等。系统能快速计算出最短且最合理的配送顺序和路线,减少配送时间和成本。例如,京东、顺丰等物流企业的配送系统就广泛应用了这种技术,提高了配送效率。

⑨ 货物分拣与搬运自动化。在物流仓库中,智能机器人借助人工智能技术实现货物的自动分拣和搬运。机器人能识别货物的种类、尺寸、目的地等信息,快速准确地将货物分类放置到相应区域或搬运至指定位置,提高了仓库作业效率,降低了人工劳动强度。

3. 智能物流的未来发展

① 更高程度的自动化与智能化:随着AI、机器学习等技术的不断成熟,未来的自动化仓库与配送系统将更加智能,能够自主学习、自我优化,进一步提升物流效率和服务质量。

② 绿色物流:智能物流系统将在节能减排、循环利用等方面发挥更大作用,推动物流行业向绿色、可持续方向发展。

③ 全场景覆盖:从仓库到配送,从城市到乡村,智能物流系统将不断拓展应用场景,提供更加便捷、高效的物流服务。

知识测评

一、单选题

1. 在医疗影像分析中,AI技术主要用于( )。
   A. 手动诊断疾病　　　　　　　　B. 辅助医生进行精确诊断
   C. 无须数据即可诊断　　　　　　D. 传统方法分析影像

2. 自动驾驶汽车主要依赖的技术有( )。
   A. 低精度地图和弱计算能力
   B. 高精度地图、强大计算能力和传感器技术
   C. 驾驶员的实时操控
   D. 简单的传感器和机械控制

3. 在智能制造领域,AI技术主要用于( )。
   A. 手动优化生产流程　　　　　　B. 预测生产需求、优化资源配置
   C. 无须数据即可进行生产　　　　D. 传统方法管理生产

4. 在智慧教育系统中,AI技术帮助学生的主要表现是( )。
   A. 根据学生表现提供个性化学习建议　　B. 手动制订学习计划

C. 学生自行决定学习进度 D. 无须技术辅助的传统教学

5. AI在金融行业的主要应用是（　　）。
A. 手动处理客户数据 B. 无须数据即可进行风险评估
C. 风险预测、智能投顾 D. 传统方法管理资产

6. 在智能家居领域，AI技术主要用于（　　）。
A. 手动控制家电 B. 无须技术即可控制家电
C. 传统方法管理家居设备 D. 语音助手、智能安防等

7. AI在智慧交通中的主要作用是（　　）。
A. 手动调控交通信号 B. 无须数据即可优化交通
C. 传统方法管理交通 D. 实时调控交通、优化出行路线

8. 在智慧医疗中，可以应用AI技术的领域是（　　）。
A. 疾病预测、远程医疗等 B. 手动诊断疾病
C. 无须数据即可进行远程医疗 D. 传统方法诊断疾病

9. AI在农业领域的主要应用是（　　）。
A. 手动播种和收割 B. 智能灌溉、病虫害预测
C. 无须技术即可进行农业管理 D. 传统方法种植作物

10. 在医疗领域，AI技术常被用于（　　）的早期诊断。
A. 感冒 B. 轻微擦伤
C. 头痛 D. 癌症

11. 在零售业，AI技术主要被用于（　　）。
A. 消费者行为分析 B. 手动管理库存
C. 店铺装修设计 D. 简单的收银工作

12. AI在农业领域的应用主要体现在（　　）。
A. 手动种植和收割 B. 传统的农业管理
C. 作物生长监测 D. 农产品包装和运输

13. 在环保领域，AI技术主要用于（　　）。
A. 空气质量预测 B. 手动监测空气质量
C. 环保政策制定 D. 简单的垃圾处理

14. AI在能源领域的应用主要体现在（　　）。
A. 传统的能源供应方式 B. 电网智能化管理
C. 能源政策制定 D. 手动管理电网

15. 在医疗行业中，人工智能最常用于（　　）。
A. 手动记录病历 B. 自动诊断疾病
C. 分配药物剂量 D. 打扫医院卫生

16. 金融行业利用人工智能提高安全性主要体现在（　　）。
A. 通过人工审核交易 B. 手动监控客户账户
C. 依赖传统加密方法 D. 使用AI检测欺诈行为

17. 在制造业中，人工智能主要用来提升（　　）方面的效率。
A. 质量控制　　　　　　　　　　　B. 生产线员工的招聘
C. 库存商品的摆放　　　　　　　　D. 仓库的清洁工作

18. 人工智能在零售行业的主要应用不包括（　　）。
A. 个性化商品推荐　　　　　　　　B. 库存自动化管理
C. 消费者行为分析　　　　　　　　D. 手动收银

19. 在智慧城市建设中，人工智能技术可以用于（　　）。
A. 智能交通流量管理　　　　　　　B. 手动管理交通信号灯
C. 传统城市规划的修改　　　　　　D. 清理城市垃圾

20. 在农业领域，人工智能技术可以应用于（　　）。
A. 自动化种植和收割　　　　　　　B. 手动除草
C. 传统灌溉方式　　　　　　　　　D. 依赖农药防治病虫害

二、多选题

1. 在医疗行业中，可以应用人工智能技术的领域有（　　）。
A. 疾病诊断　　　　　　　　　　　B. 药物研发
C. 患者护理　　　　　　　　　　　D. 病历管理

2. 金融行业利用人工智能技术进行（　　）。
A. 风险评估　　　　　　　　　　　B. 欺诈检测
C. 投资策略制定　　　　　　　　　D. 客户服务

3. 在制造业中，可以应用人工智能技术的环节有（　　）。
A. 质量控制　　　　　　　　　　　B. 生产线自动化
C. 库存管理　　　　　　　　　　　D. 产品设计

4. 在农业领域中，可以应用人工智能技术的方面有（　　）。
A. 精准农业　　　　　　　　　　　B. 作物监测
C. 智能灌溉　　　　　　　　　　　D. 农产品销售

5. 在教育领域中，可以应用人工智能技术的场景有（　　）。
A. 个性化学习　　　　　　　　　　B. 教学辅助
C. 行政管理　　　　　　　　　　　D. 在线课程开发

6. 在智能家居领域中，可以应用人工智能技术的设备有（　　）。
A. 智能音箱　　　　　　　　　　　B. 智能门锁
C. 智能照明　　　　　　　　　　　D. 智能家电

7. 在智慧城市建设中，可以应用人工智能技术的领域有（　　）。
A. 智能交通　　　　　　　　　　　B. 公共安全
C. 环境保护　　　　　　　　　　　D. 能源管理

8. 在媒体行业中，可以应用人工智能技术的方面有（　　）。
A. 内容创作　　　　　　　　　　　B. 内容分发
C. 用户行为分析　　　　　　　　　D. 广告优化

9. 在电力行业中,可以应用人工智能技术的方面有(　　)。
A. 智能电表管理　　　　　　　　B. 故障预测与分析
C. 电网优化调度　　　　　　　　D. 客户服务与互动
10. 在智慧城市建设中,可以应用人工智能技术的有(　　)。
A. 自动管理交通信号灯　　　　　B. 智能交通流量管理
C. 传统城市规划的修改　　　　　D. 清理城市垃圾

三、判断题

1. 人工智能在自动驾驶汽车领域有广泛应用。(　　)
2. 人工智能不能用于金融行业的欺诈检测。(　　)
3. 电商平台不使用人工智能算法为用户推送购买建议。(　　)
4. 人工智能在医疗行业中仅用于疾病诊断和治疗。(　　)
5. 智能家居仅包括智能锁和智能开关。(　　)
6. 人工智能在教育领域仅用于在线教学。(　　)
7. 人工智能不能用于娱乐产业。(　　)
8. 人工智能在机器人领域没有应用。(　　)
9. 人工智能不能用于疾病预测。(　　)
10. 人工智能不能用于风险管理与投资决策。(　　)

四、填空题

1. 在医疗健康领域中,人工智能通过_____技术,辅助医生进行疾病诊断和制定个性化治疗方案。
2. 人工智能在_____领域的应用,通过优化生产流程,显著提高了生产效率和产品质量。
3. 在_____行业中,人工智能通过分析消费者行为,提供个性化的商品推荐和购物体验。
4. 智能家居系统利用_____技术实现家居设备的智能化控制,提高生活便利性。
5. _____领域的人工智能应用包括智能灌溉系统、无人机监测等,提高农作物产量和资源利用效率。
6. _____领域的人工智能应用通过智能辅导系统、个性化学习平台等,为学生提供定制化的学习资源。
7. 在游戏开发中,AI可以用于创建_____的智能行为,使游戏中的角色更加逼真,增加游戏的趣味性。
8. AI在医疗影像诊断中可以帮助医生识别X光、CT、MRI等图像中的病变特征,例如_____检测、骨折等情况,提高诊断的效率和准确性。
9. 在金融风控领域中,AI可以通过分析客户的信用数据,包括还款记录、消费行为等众多_____信息,来评估风险,为信贷决策提供依据。
10. _____中的AI系统可以对能源消耗数据进行分析,实现对电力分配的优化,减少能源浪费。

8.4 人工智能关键技术

学习目标

- 熟悉人工智能涉及的关键技术及应用,如机器学习、计算机视觉、自然语言处理、知识图谱等。

思政要素

- 展示我国在人工智能关键技术上取得的成就,激发学生的民族自豪感与爱国热情。
- 引导学生熟悉人工智能涉及的关键技术及应用,培养学生的求真精神。

知识梳理

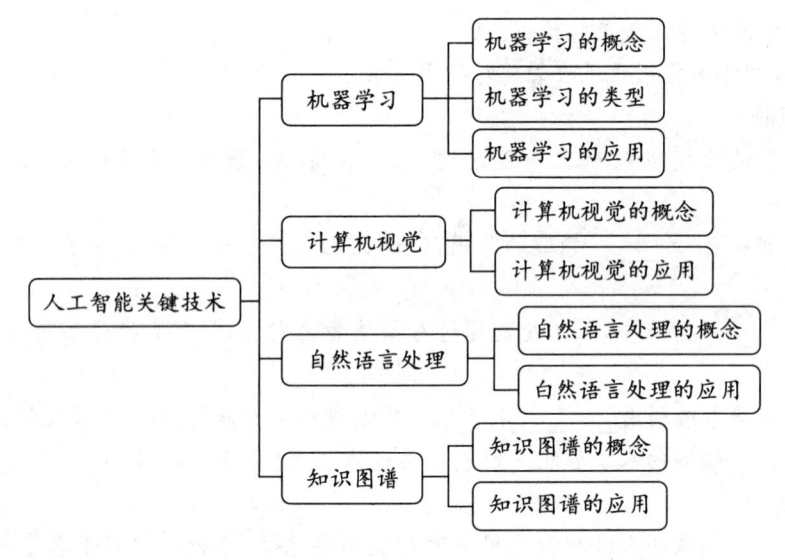

```
                        ┌─ 机器学习的概念
              ┌─ 机器学习 ─┼─ 机器学习的类型
              │          └─ 机器学习的应用
              │
              │          ┌─ 计算机视觉的概念
              ├─ 计算机视觉 ┤
              │          └─ 计算机视觉的应用
人工智能关键技术 ┤
              │          ┌─ 自然语言处理的概念
              ├─ 自然语言处理 ┤
              │          └─ 自然语言处理的应用
              │
              │         ┌─ 知识图谱的概念
              └─ 知识图谱 ┤
                        └─ 知识图谱的应用
```

知识要点

8.4.1 机器学习

1. 机器学习的概念

机器学习(machine learning)是人工智能(AI)的一个重要分支领域。它专注于让计算机系统通过学习和自动化推理,从数据中获取知识和经验,并利用这些知识和经验进行模式识别、预测和决策。

机器学习的核心思想是使用数据来训练计算机算法,使其能够自动地从数据中学习并改进自己的性能,而无须进行明确的编程。通过分析和解释大量的输入数据,机器学习算法能够识别数据中的模式和趋势,并生成可以应用于新数据的预测模型。

机器学习算法会从数据中提取特征,然后根据这些特征建立模型。通过不断地调整模型参数,机器学习算法可以提高模型的准确性和泛化能力。这意味着,当算法面对新的、未见过的数据时,它仍然能够做出准确的预测或决策。

2. 机器学习的类型

机器学习算法可以分为多种类型,其中最常见的是监督学习(supervised learning)、无监督学习(unsupervised learning)、半监督学习(semi-superuised learning)和强化学习(reinforcement learning)。

① 监督学习。使用带有标签的训练数据来训练模型,以预测新数据的标签或目标值。例如,在图像分类任务中,监督学习算法会使用大量已标记的图像来训练模型,使其能够识别新的图像中的物体。

② 无监督学习。在没有标签的情况下,从数据中发现隐藏的结构和模式。例如,聚类算法就是一种无监督学习方法,它可以将相似的数据点聚集在一起,形成不同的类别。

③ 半监督学习。介于监督学习和无监督学习之间,是监督学习与无监督学习相结合的一种学习方法。半监督学习使用大量的未标记数据,同时使用标记数据,来进行模式识别工作。

④ 强化学习。通过与环境的交互来学习,以最大化累积奖励。在强化学习中,算法会尝试不同的行动,并根据环境的反馈来调整其策略。例如,在自动驾驶任务中,强化学习算法会根据车辆在道路上的行驶情况来调整其驾驶策略。

3. 机器学习的应用

① 人脸识别。用于解锁手机、自动标记照片、监控安全系统等。

② 物体识别。应用于自动驾驶汽车、机器人、医疗影像分析等,帮助机器理解图像中的物体。

③ 手写数字识别。例如 MNIST 数据集中的手写数字分类,应用于银行支票处理、邮政编码识别等。

④ 文本分类。用于垃圾邮件检测、情感分析、新闻分类等。

⑤ 机器翻译。如谷歌翻译,通过深度学习模型(如 transformer)实现多语言自动翻译。

⑥ 语音识别。用于语音助手,将语音转化为文本进行处理。

⑦ 自动驾驶。用于将道路上的不同物体(如行人、车辆、路标等)在图像中进行语义分割,帮助自动驾驶系统理解场景。

8.4.2 计算机视觉

1. 计算机视觉的概念

计算机视觉(computer vision,CV)是一门研究如何使机器"看"的科学,进一步说,是指用摄影机和电脑代替人眼对目标进行识别、跟踪和测量等机器视觉,并进一步做图形处理，使电脑处理成为更适合人眼观察或传送给仪器检测的图像。作为一门科学学科，计算机视觉研究相关的理论和技术，试图建立能够从图像或者多维数据中获取信息的人工智能系统。

2. 计算机视觉的应用

① 自动驾驶。计算机视觉被广泛应用于自动驾驶汽车的识别和感知，帮助汽车实现行驶路线规划、障碍物检测和避让、交通信号识别等功能。

② 工业制造。如机器人视觉系统、缺陷检测、质量控制、零件识别和装配等方面。

③ 医疗诊断。如影像分析、疾病诊断和治疗监测等方面。计算机视觉技术可以帮助医生更准确地诊断疾病，提高医疗效率。

④ 安防监控。如人脸识别、行为分析、犯罪侦查等方面。计算机视觉技术可以实时监控和分析视频数据，提高安防监控的效率和准确性。

⑤ 增强现实。如虚拟现实、游戏、电影和电视特效等方面。计算机视觉技术可以实现虚拟与现实的交互，为用户带来更加沉浸式的体验。

⑥ 垃圾分类。如垃圾自动分拣、可回收物分类等方面。计算机视觉技术可以自动识别垃圾的种类并进行分类处理，提高垃圾分类的效率和准确性。

⑦ 农业领域。如种植和收获自动化、作物识别和病害检测等方面。计算机视觉技术可以帮助农民更好地管理农田，提高农作物的产量和质量。

8.4.3 自然语言处理

1. 自然语言处理的概念

自然语言处理（natural language processing，NLP）是计算机科学领域与人工智能领域中的一个重要方向。自然语言处理是指利用计算机技术来分析和处理人类自然语言（如中文、英文等）的学科，旨在使计算机能够"理解"人类语言的语法、语义，联系上下文，并从中提取有用的信息。自然语言处理是语言学、计算机科学、数学等多个学科的交叉领域，结合了语言学的研究成果和计算机科学的技术手段，以实现人机之间的自然语言通信。

2. 自然语言处理的应用

① 机器翻译。允许计算机将一种语言的文本自动翻译成另一种语言，极大地促进了国际交流、商务合作和跨文化交流。

② 语音识别与合成。语音识别技术将人类语言转换为计算机可读的形式，使计算机能够理解和处理语音信息；语音合成技术则能够将文本转换为口语，在有声读物、辅助技术和自动电话系统中得到了广泛应用。

③ 情感分析。涉及识别和分类文本中的主观信息，如情感倾向（积极、消极或中性）。在市场研究、品牌监控和社交媒体分析中非常有用。

④ 信息检索与自动摘要。通过分析文本内容，从大量的文本数据中提取出用户需要的信息，并自动从大量的文本数据中提取出关键信息，生成简洁的摘要内容。这些技术已广泛应用于搜索引擎、智能客服等领域。

⑤ 问答系统与聊天机器人。通过分析用户的问题,自动回答用户的问题,并为用户提供个性化的信息服务。这些系统已广泛应用于智能客服、智能助手等领域。

8.4.4 知识图谱

1. 知识图谱的概念

知识图谱(knowledge graph)是一种半结构化数据的表示方法,用于描述实体、属性和实体之间的关系。它通常被用于构建智能搜索引擎、推荐系统、问答系统等人工智能应用。知识图谱的核心思想是将现实世界中的信息转化为图形,其中节点表示实体,边表示实体之间的关系。

知识图谱的构建,既可以自底向上,即从开放链接的数据源中提取实体、属性和关系,加入知识图谱的数据层;然后将这些知识要素进行归纳组织,逐步往上抽象为概念,最后形成模式层。这种方法需要用到知识抽取、知识融合和知识加工等技术。也可以自顶向下,即从最顶层的概念开始构建顶层本体,然后细化概念和关系,形成结构良好的概念层次树。这种方法需要利用一些数据源提取本体,即本体学习。

2. 知识图谱的应用

① 金融行业:基于知识图谱深度感知、广泛互联孤立数据、高度智能共享分析等优势,客户可扩展现有数字资源的广度和深度,支撑智能应用,建立知识图谱、补全因果链条,解决和打破信息茧房,为智慧金融建设提供了一种可行的方案。

② 医学领域:知识图谱能够建立较系统完善的知识库并提供高效检索,面对知识管理、语义检索、商业分析、决策支持等方面需求,医学知识图谱能推进海量数据的智能处理,催生上层智能医学的应用。

③ 公安领域:引入知识图谱技术将很好地打破行业的数据孤岛难题,同时在将数据进行连接之后,挖掘出数据背后更多有价值的信息,科技挖掘数据背后的故事。

④ 电商行业:知识图谱通过建立联系赋能搜索推荐实现个性化推荐满足用户需求,帮助电商透视全局数据,协助平台治理运营发现问题商品,帮助行业基于确定的信息选品,做人货场匹配以提高消费者购物体验等。

知识测评

一、单选题

1. 机器学习属于(　　)领域。
   A. 物理学　　　　　　　　　　　　B. 数学与计算机学
   C. 生物学　　　　　　　　　　　　D. 心理学

2. 在监督学习中,训练数据包含(　　)元素。
   A. 输入和输出　　B. 输入和标签　　C. 输出和模型　　D. 模型和参数

3. 以下不是机器学习中的基本任务的是(　　)。
   A. 回归　　　　　B. 分类　　　　　C. 聚类　　　　　D. 编码

4. 机器学习的主要目的是(　　)。
   A. 让计算机自动编程　　　　　　　　B. 让计算机自动编程
   C. 通过数据训练模型以进行预测或决策　D. 替代人类工作
5. 以下是监督学习的特点的是(　　)。
   A. 不需要标注数据　　　　　　　　　B. 输出是连续的
   C. 使用标注数据进行训练　　　　　　D. 无法对未见过的数据进行预测
6. 在机器学习中,过拟合通常指的是(　　)。
   A. 模型在训练数据上表现很好,但在测试数据上表现很差
   B. 模型在训练数据上表现很差,但在测试数据上表现很好
   C. 模型在训练数据和测试数据上表现都很好
   D. 模型在训练数据和测试数据上表现都很差
7. 计算机视觉的主要任务是(　　)。
   A. 让计算机理解人类语言　　　　　　B. 让计算机理解和处理图像和视频
   C. 让计算机进行自然语言处理　　　　D. 让计算机进行网络安全防护
8. 以下是计算机视觉中的一个基本任务的是(　　)。
   A. 语音识别　　B. 图像分类　　C. 文本生成　　D. 机器翻译
9. 以下是常用的图像预处理技术的是(　　)。
   A. 数据挖掘　　B. 图像增强　　C. 文本分析　　D. 网络安全
10. 以下不是AI计算机视觉中的常见挑战的是(　　)。
    A. 光照变化　　B. 物体遮挡　　C. 语音识别　　D. 明暗对比
11. AI计算机视觉在自动驾驶中的主要作用是(　　)。
    A. 识别道路标志　　　　　　　　　　B. 控制车辆速度
    C. 规划行驶路线　　　　　　　　　　D. 实现自动充能
12. 自然语言处理(NLP)的主要目标是(　　)。
    A. 使计算机能够理解和生成人类语言　B. 仅处理语音信号
    C. 仅处理文本数据　　　　　　　　　D. 使计算机能够进行数学计算
13. 以下不是自然语言处理(NLP)的应用的是(　　)。
    A. 自动摘要　　　　　　　　　　　　B. 人脸检测
    C. 对话系统　　　　　　　　　　　　D. 文本复述
14. 以下技术不属于自然语言处理的是(　　)。
    A. 语音识别　　B. 图像识别　　C. 机器翻译　　D. 情感分析
15. 文本分类是自然语言处理中的一个任务,它主要用于(　　)。
    A. 将文本分配到预定义的类别中　　　B. 生成新的文本
    C. 仅用于语音识别　　　　　　　　　D. 仅用于图像识别
16. 知识图谱可以看作是一种(　　)的知识表示方法。
    A. 利用图像的　　　　　　　　　　　B. 利用视频的
    C. 利用图结构的　　　　　　　　　　D. 利用音频的

17. 知识图谱的技术内涵不包括（　　）。
A. 知识图谱推理　　　　　　　　B. 文本分类
C. 知识图谱融合　　　　　　　　D. 图数据存储与查询
18. 以下不是知识图谱的主要应用的是（　　）。
A. 搜索引擎优化　　B. 智能问答系统　　C. 推荐系统　　D. 语义搜索
19. 下列不是知识图谱的优势的是（　　）。
A. 提供丰富的语义信息　　　　　B. 支持高效的推理和查询
C. 易于理解和解释　　　　　　　D. 不需要人工维护
20. 以下不是知识图谱在智能问答系统中的应用的是（　　）。
A. 提供背景知识　　　　　　　　B. 辅助问题理解
C. 生成答案　　　　　　　　　　D. 语音识别

二、多选题

1. 机器学习在智慧城市中的应用有（　　）。
A. 交通流量预测与管理　　　　　B. 公共安全监控与预警
C. 能源分配与优化　　　　　　　D. 环境保护与监测
2. 机器学习在网络安全中的应用有（　　）。
A. 恶意软件检测　　　　　　　　B. 网络攻击预测与防御
C. 用户身份验证与访问控制　　　D. 数据泄露检测与响应
3. 半监督学习结合了监督学习和无监督学习，包括（　　）。
A. 使用少量标记数据和大量未标记数据
B. 通过聚类算法初始化模型参数
C. 利用未标记数据改善模型的泛化能力
D. 依赖于完全标记的数据集进行训练
4. 计算机视觉在自动驾驶汽车领域的应用包括（　　）。
A. 道路识别与导航　　　　　　　B. 行人与车辆检测
C. 交通标志识别　　　　　　　　D. 驾驶员疲劳监测
5. 在医疗影像分析中，计算机视觉可用于（　　）。
A. 病灶检测与分割　　　　　　　B. 组织结构识别
C. 病理图像分类　　　　　　　　D. 手术规划与导航
6. 自然语言处理的主要任务包括（　　）。
A. 文本分类　　　　　　　　　　B. 情感分析
C. 机器翻译　　　　　　　　　　D. 语音识别与合成
7. 以下技术可以用于自然语言处理中的问答系统的有（　　）。
A. 信息检索　　　　　　　　　　B. 语义匹配
C. 生成式模型（如GPT系列）　　D. 逻辑推理
8. 广泛应用知识图谱的领域有（　　）。
A. 搜索引擎　　　　B. 智能问答　　　　C. 推荐系统　　　　D. 医疗健康

9. 以下应用场景可以利用知识图谱进行改进的有(　　)。
   A. 语义搜索　　　B. 智能客服　　　C. 个性化推荐　　　D. 风险评估
10. 知识图谱的构建通常涉及的步骤有(　　)。
    A. 数据收集与预处理　　　　　　　B. 实体识别与关系抽取
    C. 知识表示与存储　　　　　　　　D. 知识推理与更新

三、判断题

1. 强化学习是一种监督学习算法,因为它依赖于正确的行动标签来训练。(　　)
2. 半监督学习结合了监督学习和无监督学习的优点,通过同时使用标记和未标记数据来提高模型的性能。(　　)
3. 在电子商务领域,机器学习主要用于个性化推荐系统。(　　)
4. 自动驾驶汽车完全依赖于计算机视觉来实现导航和避障。(　　)
5. 计算机视觉在增强现实(AR)中主要用于识别和跟踪物体。(　　)
6. 自然语言处理(NLP)的核心任务之一是机器翻译,即将一种语言自动转换为另一种语言。(　　)
7. 情感分析是自然语言处理NLP的一项任务,它旨在确定文本所表达的情感倾向,如正面、负面或中立。(　　)
8. 对话系统(如聊天机器人)是NLP的一个应用领域,它们能够与人类进行自然语言交互,提供信息、回答问题或执行特定任务。(　　)
9. 知识图谱的构建完全依赖于人工编辑和标注。(　　)
10. 知识图谱在搜索引擎中主要用于提高搜索结果的准确性和相关性。(　　)

四、填空题

1. ＿＿＿＿学习是一种在没有明确标签或监督信息的情况下,从数据中学习模式或结构的方法。
2. ＿＿＿＿学习是一种让算法通过与环境进行交互来学习最佳策略的方法,通常用于解决序列决策问题。
3. machine learning 的中文翻译是＿＿＿＿。
4. computer vision 的中文翻译是＿＿＿＿。
5. ＿＿＿＿技术可以实时监控和分析视频数据,提高安防监控的效率和准确性。
6. 自然语言处理的目标是实现＿＿＿＿之间的自然语言通信。
7. ＿＿＿＿广泛应用于智能客服、智能助手等领域。
8. ＿＿＿＿是一种自然语言处理技术,它通过分析文本中的情感词汇和上下文来判断文本的情感倾向,如正面、负面或中立。
9. 知识图谱是一种用于表示和存储结构化知识的图数据结构,它由节点(代表实体)和边(代表＿＿＿＿)组成。
10. 知识图谱的构建,既可以自底向上,也可以＿＿＿＿。

8.5 人工智能的开发工具和框架

学习目标

- 了解人工智能技术常用的开发工具和框架,如 TensorFlow、PyTorch、Keras 等。

思政要素

- 展示我国在人工智能技术常用的开发工具领域取得的成就,激发学生的民族自豪感与爱国热情。
- 引导学生了解人工智能技术常用的开发工具和框架,培养学生的好奇心和解决问题的能力。

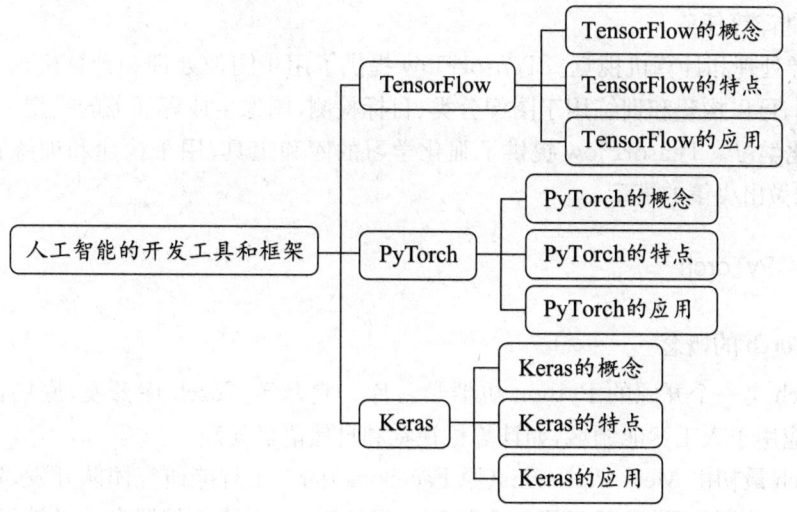

知识梳理

```
                          ┌─ TensorFlow ─┬─ TensorFlow的概念
                          │              ├─ TensorFlow的特点
                          │              └─ TensorFlow的应用
                          │
人工智能的开发工具和框架 ─┼─ PyTorch ────┬─ PyTorch的概念
                          │              ├─ PyTorch的特点
                          │              └─ PyTorch的应用
                          │
                          └─ Keras ──────┬─ Keras的概念
                                         ├─ Keras的特点
                                         └─ Keras的应用
```

知识要点

8.5.1 TensorFlow

1. TensorFlow 的概念

TensorFlow 是一个开源的机器学习框架,由 Google 团队开发,并于 2015 年开源发布。TensorFlow 是一个基于数据流编程的符号数学系统。它提供了一个高效灵活的计算框架,可用于构建和训练各种机器学习模型,包括线性回归、逻辑回归、支持向量机、深度神经网络等。

TensorFlow 支持多硬件高性能计算,如 CPU、GPU 和 TPU,并提供了丰富的 API

(application programming interface,应用程序编程接口)和工具,方便用户进行模型构建、训练和部署。

2. TensorFlow 的特点

① 灵活性。TensorFlow 支持动态图和静态图两种模式,用户可以根据需要选择适合自己的开发模式。

② 高性能。TensorFlow 使用高效的 C++ 后端进行计算,可以在多种硬件上运行,包括 CPU、GPU 和 TPU。

③ 自动微分。TensorFlow 自带自动微分功能,可以方便地计算模型的梯度,有助于模型的优化和训练。

④ 分布式训练。TensorFlow 支持分布式训练,可以在多台机器上分布式训练模型,提高训练效率和规模。

3. TensorFlow 的应用

① 机器学习模型训练。TensorFlow 提供了丰富的 API 和工具,可以用于构建和训练各种机器学习模型。

② 自然语言处理。TensorFlow 在自然语言处理领域有广泛的应用,如文本分类、情感分析、机器翻译等任务。

③ 图像处理和计算机视觉。TensorFlow 提供了用于图像处理和计算机视觉任务的丰富工具和库,可以构建和训练用于图像分类、目标检测、图像生成等任务的模型。

④ 强化学习。TensorFlow 提供了强化学习的库和工具,用于构建和训练智能体在环境中学习和做出决策的模型。

8.5.2 PyTorch

1. PyTorch 的概念

PyTorch 是一个开源的 Python 机器学习库。它基于 Torch 库开发,底层由 C++ 实现,并广泛应用于人工智能领域,如计算机视觉和自然语言处理。

PyTorch 最初由 Meta Platforms(原 Facebook)的人工智能研究团队开发,旨在提供一个灵活且易于使用的环境,便于研究人员和工程师编写、训练和部署自定义神经网络模型。现在,PyTorch 已经成为 Linux 基金会的一部分,并在深度学习社区中获得了广泛的认可。

2. PyTorch 的特点

① 动态计算图。PyTorch 使用动态计算图机制,允许在构建计算图时使用 Python 的控制流结构(如 if 语句、for 循环等)。这使得 PyTorch 能够轻松处理控制流、递归等问题,并提高了模型的灵活性和可调试性。

② 张量操作。PyTorch 支持多种张量(tensor)操作,如加法、减法、乘法、除法等。张量是 PyTorch 的基本数据结构,类似于 NumPy 中的数组,但具有更强大的计算能力,并支持自动求导功能。

③ 丰富的 API。PyTorch 提供了丰富的 API,包括各种优化器(如 SGD、Adam 等)、学

习率调度器、预训练模型等。这些功能极大地简化了编程过程，并减少了用户的工作量。

④ 易于使用。PyTorch 的接口设计简洁明了，易于上手。同时，PyTorch 还提供了详细的文档和社区支持，方便用户学习和解决问题。

3. PyTorch 的应用

① 计算机视觉。PyTorch 在计算机视觉领域具有广泛应用，包括物体检测、图像分类、语义分割等任务。PyTorch 提供了多种预训练模型（如 ResNet、Inception 等）和丰富的 API，使得构建和训练深度神经网络模型变得更加容易。

② 自然语言处理。PyTorch 也广泛应用于自然语言处理领域，包括文本分类、语言模型、机器翻译等任务。PyTorch 提供了多种预训练模型（如 BERT、GPT 等）和 NLP 技术（如词向量表示、注意力机制等），有助于提高对话系统的智能水平。

③ 声音处理。PyTorch 在声音处理领域也有广泛应用，如语音识别、语音合成和音乐生成等。PyTorch 提供了多种预训练语音处理模型（如 Wav2Vec、Deepspeech 等），可用于构建高效的声音处理系统。

④ 强化学习。PyTorch 还支持强化学习领域的应用，如模拟器和机器人控制等。PyTorch 提供了多种深度强化学习模型（如 DQN、DDPG 等）和算法，可用于构建和训练智能体以在环境中学习和做出决策。

8.5.3 Keras

1. Keras 的概念

Keras 是一个用 Python 编写的开源神经网络库，它能够在 TensorFlow、Microsoft Cognitive Toolkit(CNTK)、Theano 或 PlaidML 等深度学习框架之上运行。

Keras 是 ONEIROS（开放式神经电子智能机器人操作系统）项目研究工作的部分产物，由 Google 工程师弗朗索瓦·肖莱主导开发。肖莱也是 XCeption 深度神经网络模型的作者。Keras 旨在快速实现深度神经网络，并注重用户友好性、模块化和可扩展性。2017 年，Google 的 TensorFlow 团队决定将 Keras 纳入 TensorFlow 核心库，从而进一步提升了 Keras 的知名度和影响力。

2. Keras 的特点

① 简单易用。Keras 提供了简单而直观的应用程度接口（application program interface，API），使得用户可以很容易地构建、训练和部署深度学习模型。它提供了更高级别、更直观的抽象集，无论使用何种计算后端，用户都可以轻松地开发深度学习模型。

② 高度模块化。Keras 提供了一系列模块化的层和模型，用户可以很容易地组合这些模块来构建自己的深度学习模型。这种模块化的结构使得对神经网络进行实验和修改变得更加容易。

③ 灵活性。Keras 支持多种深度学习框架作为后端，包括 TensorFlow、CNTK、Jax 和 Theano 等。用户可以根据自己的需求选择合适的后端进行计算。

④ 易于扩展。Keras 提供了丰富的扩展功能，用户可以很容易地编写自定义层、损失函数和评估指标等。

⑤ 支持多种数据格式。Keras 支持多种常见的数据格式，包括 Numpy 数组、Pandas 数据框和图像数据等，方便用户处理和输入数据。

3. Keras 的应用

① 图像识别。Keras 可以用于构建卷积神经网络(CNN)，用于图像分类、目标检测、图像分割、图像生成等任务。

② 自然语言处理(NLP)。Keras 可以用于构建循环神经网络(RNN)和长短期记忆网络(LSTM)，用于文本分类、情感分析、机器翻译等任务。

③ 序列数据处理。Keras 可以用于处理和预测时间序列数据，如股票价格预测、天气预测等。

④ 生成对抗网络(GAN)。Keras 可以用于构建生成对抗网络，用于生成逼真的图像、音频等。

⑤ 推荐系统。Keras 可以用于构建协同过滤模型和深度推荐模型，用于个性化推荐。

知识测评

一、单选题

1. TensorFlow 是由（　　）主导开发的。
   A. Apple　　　　　B. Google　　　　　C. Microsoft　　　　D. Amazon

2. TensorFlow 是一个主要用于（　　）任务的开源库。
   A. 图像处理　　　　B. 机器学习　　　　C. 数据分析　　　　D. 网络编程

3. TensorFlow 支持（　　）类型的计算。
   A. 符号计算　　　　B. 数值计算　　　　C. 符号和数值计算　　D. 逻辑计算

4. TensorFlow 的（　　）特性使其易于构建复杂的神经网络。
   A. 高效的计算性能　　　　　　　　　　B. 灵活的张量操作
   C. 丰富的 API 和工具　　　　　　　　 D. 动态的计算图

5. TensorFlow 的（　　）特性使其适用于生产环境。
   A. 易于学习的 API　　　　　　　　　　B. 高效的模型部署
   C. 丰富的文档和社区支持　　　　　　　D. 以上都是

6. TensorFlow 的性能优化主要依赖于（　　）。
   A. 高效的 C++ 后端　　　　　　　　　 B. 单一的 CPU 计算
   C. 低效的算法　　　　　　　　　　　　D. 烦琐的手动优化

7. TensorFlow 的社区支持情况（　　）。
   A. 非常活跃　　　　B. 不活跃　　　　　C. 未知　　　　　　D. 刚刚建立

8. 信息技术主要包括计算机技术、通信技术、传感技术和（　　）。
   A. 控制技术　　　　B. 生物技术　　　　C. 纳米技术　　　　D. 航天技术

9. PyTorch 是由（　　）公司开发的。
   A. Google　　　　　B. Facebook　　　　C. Microsoft　　　　D. Amazon

10. PyTorch 采用（　　）方式进行计算。
    A. 静态计算图　　　　　　　　　　　　B. 动态计算图
    C. 静态和动态计算图都支持　　　　　　D. 都不支持

11. PyTorch 中的张量是（　　）。
A. 一种数据类型　　B. 一种函数类型　　C. 一种类别类型　　D. 一种变量类型
12. PyTorch 是基于（　　）语言开发的。
A. Java　　B. Python　　C. C++　　D. Ruby
13. PyTorch 是一个（　　）的库。
A. 逻辑回归　　B. 图像处理　　C. 自然语言处理　　D. 深度学习
14. PyTorch 在（　　）领域有广泛应用。
A. 数据分析　　B. 深度学习模型训练与推理
C. 网页开发　　D. 数据库管理
15. PyTorch 的（　　）特性使其易于与 Python 生态系统集成。
A. 高效的 GPU 加速　　B. 动态计算图
C. Python API　　D. 丰富的预训练模型库
16. Keras 是（　　）深度学习框架的高级 API。
A. TensorFlow　　B. PyTorch　　C. Caffe　　D. MXNet
17. Keras 是由（　　）公司开发的。
A. Google　　B. Facebook　　C. Microsoft　　D. Amazon
18. 以下不是常见的深度学习框架的是（　　）。
A. TensorFlow　　B. PyTorch　　C. Scikit-learn　　D. Keras
19. 在深度学习框架中,（　　）框架最初是作为 TensorFlow 的高级 API 而设计的,旨在简化模型构建和训练过程。
A. TensorFlow　　B. PyTorch　　C. MXNet　　D. Keras
20. 如果你正在开发一个需要动态计算图支持的深度学习模型,并且希望代码更加灵活和易于调试,你应该选择的框架（　　）。
A. TensorFlow 1.x　　B. TensorFlow 2.x
C. PyTorch　　D. Keras

二、多选题

1. TensorFlow 主要使用（　　）编程语言进行开发和部署。
A. C++　　B. Java　　C. Python　　D. JavaScript
2. TensorFlow 支持的硬件设备有（　　）。
A. CPU　　B. GPU　　C. TPU　　D. RPU
3. TensorFlow 的高性能主要体现在（　　）。
A. 计算图优化　　B. 硬件后端支持　　C. 分布式计算　　D. 跨平台支持
4. PyTorch 的主要优点包括（　　）。
A. 易于使用　　B. 高效性能　　C. 可扩展性　　D. 社区支持
5. PyTorch 支持（　　）类型的设备以加速模型训练。
A. CPU　　B. GPU　　C. TPU　　D. OPU
6. PyTorch 的社区和生态系统提供的额外的资源或支持有（　　）。
A. 丰富的教程和文档　　B. 活跃的社区论坛和问答平台

C. 官方和第三方的教育课程　　　　　D. 与工业界和学术界的紧密合作

7. PyTorch 的（　　）模块或功能对于深度学习模型的开发至关重要。

A. torch.nn（神经网络层与模型构建）　　B. torch.optim（优化算法）
C. torch.utils.data（数据加载与预处理）　　D. torch.cuda（GPU 加速）

8. 以下是 Keras 框架的特性的有（　　）。

A. 用户友好　　　　　　　　　　　　　B. 模块化和可组合
C. 效率较低　　　　　　　　　　　　　D. 支持多种后端

9. Keras 支持（　　）深度学习框架作为后端。

A. TensorFlow　　B. Theano　　C. CNTK　　D. Jax

10. Keras 在计算机视觉领域的应用包括（　　）。

A. 图像分类　　B. 目标检测　　C. 图像分割　　D. 图像生成

三、判断题

1. TensorFlow 支持分布式计算。（　　）
2. TensorFlow 提供了可视化工具来帮助用户监控和调试模型。（　　）
3. TensorFlow 是一个开源的机器学习框架。（　　）
4. TensorFlow 支持跨平台运行。（　　）
5. PyTorch 常用于深度学习模型训练与推理。（　　）
6. PyTorch 对 GPU 加速执行低效。（　　）
7. PyTorch 支持 TPU 加速。（　　）
8. PyTorch 的社区支持和活跃的生态系统使其成为研究和原型设计的首选。（　　）
9. Keras 支持数据增强技术。（　　）
10. Keras 支持可视化工具来监控训练过程。（　　）

四、填空题

1. TensorFlow 是一个开源的机器学习库，由_____公司开发和维护。
2. PyTorch 提供了_____计算图，这使得模型开发和调试变得更加灵活。
3. Keras 是一个高级神经网络 API，它可以运行在_____、Theano 或 Microsoft Cognitive Toolkit（CNTK）等之上。
4. 在 TensorFlow 中，_____用于表示计算图中的操作和数据。
5. 在 Keras 中，模型通常是通过组合不同的_____层来构建的。
6. Keras 的模型构建过程通常比 TensorFlow 和 PyTorch 更加_____，因为它提供了更高级别的抽象。
7. Keras 支持多种深度学习后端，包括 TensorFlow、Theano 和_____，为用户提供了更多的选择。
8. PyTorch 的_____功能使得在多个 GPU 和多个节点上并行训练模型成为可能。
9. Keras 的_____接口使得模型可以轻松部署到不同的硬件和平台上，包括移动和嵌入式设备。
10. PyTorch 的 CUDA 框架使得在_____上加速深度学习模型的训练变得简单。

第 9 章 大数据技术基础

9.1 大数据概述

学习目标

- 理解大数据的基本概念,核心特征及其具体含义和表现形式。
- 了解大数据的时代背景和发展的趋势。
- 熟悉大数据的结构类型,了解各种类型的特点和常见格式。
- 熟悉大数据的应用场景和分析理念。

思政要素

- 引导学生认识到自己在未来工作和生活中对数据应有的责任。大数据从业人员更要以高度的责任感,遵循公平、公正的原则,确保数据的准确性、完整性和安全性。
- 鼓励学生勇于探索大数据技术和应用场景,培养学生的创新思维和实践能力。
- 引导学生认识到大数据在国家经济发展、科技创新、社会治理等方面的重要作用。

知识梳理

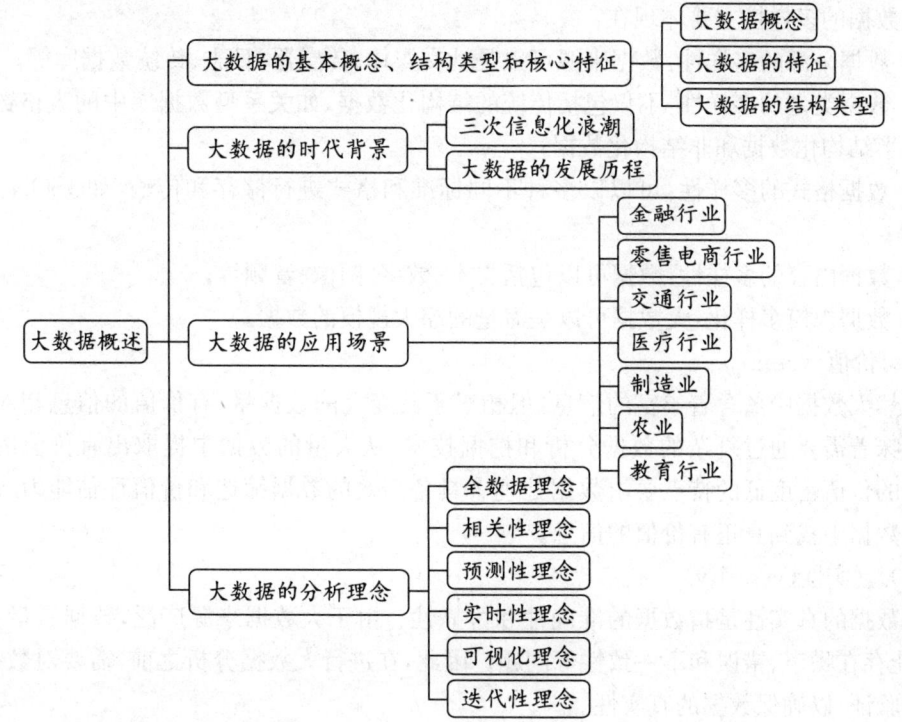

```
                          ┌── 大数据概念
         ┌─ 大数据的基本概念、结构类型和核心特征 ─┼── 大数据的特征
         │                └── 大数据的结构类型
         │
         │                ┌── 三次信息化浪潮
         ├─ 大数据的时代背景 ─┤
         │                └── 大数据的发展历程
         │
         │                ┌── 金融行业
         │                ├── 零售电商行业
大数据概述 ─┤                ├── 交通行业
         ├─ 大数据的应用场景 ─┼── 医疗行业
         │                ├── 制造业
         │                ├── 农业
         │                └── 教育行业
         │
         │                ┌── 全数据理念
         │                ├── 相关性理念
         │                ├── 预测性理念
         └─ 大数据的分析理念 ─┼── 实时性理念
                          ├── 可视化理念
                          └── 迭代性理念
```

知识要点

9.1.1 大数据的基本概念、结构类型和核心特征

1. 大数据概念

大数据(big data)是指规模巨大、类型多样、处理速度快、价值密度低的数据集合。

2. 大数据的特征

大数据的 5V 特征包括：大量(volume)、高速(velocity)、多样(variety)、价值(value)、真实性(veracity)。

（1）大量(volume)

大数据的首要特征是数据量巨大，通常以 PB(Petabyte,1024TB)、EB(Exabyte,1024PB)甚至 ZB(Zettabyte,1024EB)为单位计量。随着信息技术的飞速发展，各类数据的产生速度呈爆炸式增长，企业的业务数据、社交媒体的用户生成内容、传感器网络收集的数据等，都在不断积累，形成了海量的数据资源。

（2）高速(velocity)

大数据要求能够在短时间内对大量数据进行处理。在很多应用场景中，数据的产生是实时的，需要及时进行处理和分析，以便做出快速决策。为了满足处理速度快的要求，需要采用分布式计算、并行计算、内存计算等先进的技术手段。

（3）多样(variety)

大数据的多样性主要体现在：

① 数据来源的多样性：数据来源可以是社交媒体、传感器、日志、传统数据库等；

② 数据类型的多样性：不仅包括传统的结构化数据，如关系型数据库中的表格数据，还涵盖了半结构化数据和非结构化数据；

③ 数据格式的多样性：可以以多种不同标准和格式进行储存和传输，如 JSON、XML、SCV 等；

④ 数据内容的多样性：数据可以包括文本、数字、图像、音频等；

⑤ 数据规模多样化：大数据可以是海量的超大规模的数据。

（4）价值(value)

虽然大数据中蕴含着丰富的信息，但相对于其庞大的数据量，有价值的信息相对较少。这就意味着需要通过复杂的数据分析和挖掘技术，从大量的数据中提取出有价值的信息。大数据的价值密度低的特点要求数据处理者具备高效的数据筛选和价值评估能力，以便在大量的数据中找到真正有价值的信息。

（5）真实性(veracity)

大数据的真实性是指数据的准确性和可靠性。由于大数据来源广泛，数据质量参差不齐，可能存在噪声、错误和不一致性等问题。因此，在进行大数据分析之前，需要对数据进行清洗和验证，以确保数据的真实性。

3. 大数据的结构类型

大数据按照数据结构可以分为三类:结构化数据、半结构化数据、非结构化数据。

(1) 结构化数据

结构化数据也称作行数据,是由二维表结构来进时逻辑表达和实现的数据,严格地遵循数据格式与长度规范。结构化数据是大数据中最为常见和易于处理的一种类型。常见的结构化数据包括企业内部的财务记录、客户信息、交易数据等。结构化数据的优点在于其规范性和一致性,使得数据处理变得相对简单。然而,随着大数据时代的来临,结构化数据面临着巨大的挑战。一方面,数据量的急剧增长使得传统的关系型数据库难以应对;另一方面,结构化数据往往只能反映事物的表面现象,而无法深入挖掘其背后的关联和规律。

结构化数据通常存储在传统的关系型数据库管理系统中,如 MySQL、Oracle、SQL Server 等,具有明确的模式和结构,可以方便地进行查询和分析。

(2) 半结构化数据

半结构化数据具有一定的结构,但不如结构化数据那样严格和规范。它通常包含一些标记或分隔符,用来表示数据的层次结构和关系,但具体的字段和记录结构可能会有所变化。XML(extensible markup language)文档和 JSON(JavaScript object notation)数据、日志文件等就是典型的半结构化数据。半结构化数据的处理相对复杂,因为它们既包含结构化元素(如标签、属性等),又包含非结构化元素(如文本、图像等)。通过深入分析半结构化数据,我们可以发现隐藏在其中的关联、趋势和模式。

半结构化数据可以存储在 NoSQL(not only SQL)数据库中,如 MongoDB、CouchDB 等。这些数据库能够灵活地处理半结构化数据的存储和查询需求,也可以存储在文件系统中,以特定的格式(如 XML 文件、JSON 文件)进行保存。

(3) 非结构化数据

非结构化数据是大数据中最为复杂和多样的一种类型。它没有固定的结构,形式多样且内容复杂,包括文本、图像、音频、视频等各种类型的数据。非结构化数据占据了大数据的绝大部分,且增长速度远超结构化数据和半结构化数据。

非结构化数据通常存储在分布式文件系统中,如 Hadoop Distributed File System(HDFS),或者对象存储系统中。对于大型的非结构化数据文件,如高清视频、高分辨率图像等,还需要采用专门的存储技术和设备来保证存储的效率和可靠性。

非结构化数据数据量往往很大,存储和传输需要大量的资源。由于没有固定结构,不能像结构化数据那样方便地用传统数据库方法处理。而且来源广泛,数据质量会出现各种问题。不过非结构化数据在某些情况下可以转换为结构化数据,比如通过图像识别将图像中的物体信息提取出来,用结构化的方式存储,或者通过自然语言处理将文本中的关键信息提取出来等。

9.1.2 大数据的时代背景

1. 三次信息化浪潮

人类记录信息的方式在不断地变化着。记录信息的方式经历了三次信息化浪潮:

① 第一次信息化浪潮是计算机的普及；
② 第二次信息化浪潮是互联网的普及；
③ 第三次信息化浪潮是随着网络共享的数据不断积累，大数据技术的发展。

2. 大数据的发展历程

(1) 大数据萌芽阶段(1980—2008年)

1980年,美国著名未来学家阿尔文·托夫勒(Alvin Toffler)在《第三次浪潮》一书中提出大数据概念。

(2) 大数据发展阶段(2009—2011年)

这一阶段,整个社会已经开始认识到海量数据的处理问题,全球开始进行大数据的研究探索和实际运用。2010年,肯尼斯·库克尔发表了长达14页的大数据专题报告——《数据,无所不在的数据》,系统地分析了当前社会中的数据问题。

(3) 大数据爆发阶段(2012—2016年)

大数据应用规模不断扩大,全球开始针对大数据制定相应的战略和规划。

(4) 大数据成熟阶段(2017年至今)

与大数据相关的政策、法规、技术、教育、应用等发展因素开始走向成熟。

9.1.3 大数据的应用场景

大数据的应用非常广泛,以下是一些常见的大数据应用领域。

1. 金融行业

金融行业的交易数据特别复杂,可以利用数据挖掘来分析出一些交易数据背后的商业价值,也可以利用大数据技术提升金融产品的精算水平,提高利润和投资收益。

2. 零售电商行业

大数据在零售行业中的应用可以帮助了解客户的消费喜好和趋势,进行商品的精准营销,降低营销成本。

3. 交通行业

在交通行业方面,通过数据挖掘和数据分析,可以对交通流量、拥堵情况、道路状况等进行监测和分析,从而发现问题、优化路线,提高交通效率和管理水平。同时还可在出行服务、道路安全、车辆管理等各个方面提供有效帮助。

4. 医疗行业

通过对医疗数据进行整理和分析将会极大地辅助医生提出治疗方案。通过构建大数据平台来收集病例和治疗方案,以及病人的基本特征,建立针对疾病特点的数据库,帮助医生进行疾病诊断。

5. 制造业

通过大数据技术分析制造业大数据,指导企业进行生产和管理决策;企业可以利用制造业大数据进行供应链管理和优化,从而降低成本和提高效率;制造业大数据还可以用于产品质量控制和产品设计改进,提高产品质量和客户满意度。

6. 农业

在农业应用中,大数据提供的消费数据和趋势报告,为农业生产进行合理引导,依据需求进行生产;通过大数据的分析精确预测天气和环境因素,帮助农民做好自然灾害的预防工作,实现农业的精细化管理和科学决策。

7. 教育行业

通过大数据的分析来优化教育机制,作出更科学的决策;通过大数据可以根据每个学生的不同兴趣爱好和特长,制订相关的学习计划,推送相关领域的前沿技术、资讯、资源乃至未来职业发展方向。

9.1.4 大数据的分析理念

1. 全数据理念

在大数据时代,分析的对象不再是传统意义上的样本数据,而是尽可能地涵盖所有相关数据,即全数据。通过分析全数据,可以更全面、准确地了解事物的全貌和本质,发现小概率事件的影响,提供更完整的数据视角,避免因样本偏差而导致的错误结论。

2. 相关性理念

大数据分析更注重数据之间的相关性,而非传统的因果关系。在大数据环境下,由于数据量巨大且复杂,很难确定数据之间的因果关系。然而,通过分析数据之间的相关性,可以发现一些有价值的模式和趋势,为决策者提供参考。

3. 预测性理念

大数据分析的一个重要目标是进行预测。通过对历史数据的分析,建立预测模型,预测未来的趋势和事件。预测性分析可以帮助企业和组织提前做出决策,降低风险,提高效率。

4. 实时性理念

在大数据时代,数据的产生和更新速度非常快,因此实时性分析变得至关重要。实时分析可以让企业和组织及时了解当前的情况,做出快速反应。

5. 可视化理念

大数据分析的结果通常非常复杂,难以直接理解。因此,可视化成为大数据分析的重要理念之一。通过将数据以图表、地图等直观的形式展示出来,可以帮助用户更快速、准确地理解数据的含义和趋势。

6. 迭代性理念

大数据分析是一个不断迭代的过程。由于数据的不断变化和新的分析需求的出现,分析模型需要不断地进行调整和优化。通过不断的迭代分析,可以提高分析结果的准确性和实用性。

知识测评

一、单选题

1. 以下不属于大数据"5V"特点的是（　　）
   A. 可视化(visualization)　　　　　B. 大量(volume)
   C. 高速(velocity)　　　　　　　　D. 价值(value)

2. 大数据的真实性是指（　　）。
   A. 数据来源可靠　　B. 数据准确无误　　C. 数据没有被篡改　　D. 以上都是

3. 大数据的英文表述是（　　）。
   A. big data　　　　B. large data　　　C. giant data　　　D. huge data

4. 大数据时代的起源主要与（　　）领域相关。
   A. 金融　　　　　　B. 电信　　　　　　C. 互联网　　　　　D. 公共管理

5. 大数据的数据量通常以（　　）为单位计量。
   A. KB(千字节)　　　B. MB(兆字节)　　　C. GB(吉字节)　　　D. PB(拍字节)

6. 以下关于大数据的说法正确的是（　　）。
   A. 大数据就是大量的数据
   B. 大数据只包括结构化数据
   C. 大数据是可以用常规软件工具进行处理的数据集合
   D. 大数据的价值在于对其进行分析和挖掘

7. 以下不是大数据的结构类型的是（　　）。
   A. 结构化数据　　　B. 半结构化数据　　C. 非结构化数据　　D. 单一结构数据

8. 非结构化数据包括（　　）。
   A. 文本文件　　　　B. 图像文件　　　　C. 音频文件　　　　D. 以上都是

9. 大数据的一个核心特征是数据多样性，以下不属于数据多样性的表现的是（　　）。
   A. 数据来源多样　　　　　　　　　　B. 数据格式多样
   C. 数据存储方式多样　　　　　　　　D. 数据都是数值型

10. 以下领域不是大数据的典型应用领域的是（　　）。
    A. 医疗行业　　　　B. 考古　　　　　　C. 金融行业　　　　D. 农业

11. 大数据的价值密度低意味着（　　）。
    A. 数据中几乎没有有价值的信息
    B. 数据中有很多有价值的信息，但需要大量数据才能提取到少量有价值的信息
    C. 数据的价值取决于存储方式
    D. 数据的价值与数据量成反比

12. 大数据分析更注重数据之间的（　　）。
    A. 因果关系　　　　B. 相关性　　　　　C. 先后顺序　　　　D. 逻辑关系

13. 以下不是大数据的核心特征的是（　　）。
    A. 数据准确性高　　　　　　　　　　B. 数据量大

C. 数据多样性 D. 数据处理速度快
14. 在大数据的核心特征中,对数据存储的挑战最大的特征是(　　)。
A. 数据量大 B. 数据多样性 C. 高速性 D. 价值密度低
15. 在大数据的结构类型中,数据处理难度最大的类型是(　　)。
A. 结构化数据 B. 半结构化数据
C. 非结构化数据 D. 三者处理难度相同
16. 以下不是大数据分析的挑战的是(　　)。
A. 数据量大 B. 数据类型繁多
C. 数据价值密度高 D. 数据处理速度要求高
17. 在大数据的核心特征中,对数据分析的挑战最大的特征是(　　)。
A. 数据量大 B. 数据多样性 C. 高速性 D. 价值密度低
18. 以下数据属于结构化数据的是(　　)。
A. 文本文件 B. 图片
C. 关系型数据库中的表格数据 D. 音频
19. 大数据的多样性主要体现在(　　)。
A. 数据类型多样 B. 数据来源多样
C. 数据处理方式多样 D. 以上都是
20. 大数据的多样性使得(　　)变得更加复杂。
A. 数据存储 B. 数据处理 C. 数据分析 D. 以上都是

二、多选题

1. 大数据的特点包括(　　)。
A. 数据量大 B. 数据类型多样 C. 数据处理速度快 D. 价值密度低
2. 大数据在(　　)领域有广泛应用。
A. 金融 B. 医疗 C. 交通 D. 教育
3. 大数据的价值密度低意味着(　　)。
A. 数据中大部分信息是无用的 B. 需要从大量数据中提取有价值的信息
C. 数据处理成本高 D. 数据的价值难以确定
4. 大数据的核心特征包括(　　)。
A. 数据量大 B. 数据类型多样 C. 数据处理速度快 D. 价值密度低
5. 以下是大数据的应用案例的有(　　)。
A. 电商推荐系统 B. 信用评分和风险评估
C. 智能交通系统 D. 病患诊断和治疗建议
6. 大数据与传统数据的区别在于(　　)。
A. 储存方式 B. 数据类型 C. 处理速度 D. 价值密度
7. 大数据的结构类型包括(　　)。
A. 结构化数据 B. 半结构化数据
C. 非结构化数据 D. 单一结构数据

8. 数据类型多样体现在（　　）。
A. 包含不同格式的数据　　　　　　B. 涵盖多种数据来源
C. 涉及不同的数据类型，如文本、图像等　　D. 数据存储方式多样
9. 非结构化数据处理面临的困难有（　　）
A. 数据量巨大，存储和传输成本高
B. 缺乏统一的结构，难以用传统方法处理
C. 数据质量参差不齐，如文本的语法错误、图像的模糊等
D. 很难转换为结构化数据
10. 大数据分析的全量数据分析理念的优势包括（　　）
A. 避免抽样误差　　　　　　　　B. 发现小概率事件的影响
C. 降低数据处理成本　　　　　　D. 提供更完整的数据视角

三、判断题

1. 大数据就是大量的数据。（　　）
2. 大数据的价值主要在于数据量。（　　）
3. 大数据只能存储在分布式存储系统中。（　　）
4. 非结构化数据在大数据中没有价值。（　　）
5. 大数据与传统数据的区别仅仅在于数据量。（　　）
6. 大数据的价值密度随着数据量的增加而降低。（　　）
7. 结构化数据易于存储和分析。（　　）
8. 半结构化数据没有固定的结构。（　　）
9. 大数据的处理速度一定很快。（　　）
10. 数据类型多样意味着大数据中包含各种不同的数据格式。（　　）

四、填空题

1. 为了满足处理速度快的要求，需要采用_____、并行计算、内存计算等先进的技术手段。
2. 大数据的价值主要体现在对大量数据进行_____后得到的有价值信息。
3. _____数据没有固定的数据结构，如文本、图像、音频等。
4. _____数据具有明确的格式和结构，通常存储在关系型数据库中。
5. 非结构化数据的存储通常采用_____或对象存储。
6. 非结构化数据的价值在于其_____。
7. 由于数据产生和更新速度快，大数据分析的_____理念变得至关重要。
8. 结构化数据的存储方式主要是_____。
9. 大数据分析的_____理念强调尽可能分析所有相关数据，避免因样本偏差而得出错误结论。
10. 在大数据分析中，_____理念注重数据之间的关联关系而非传统的因果关系。

9.2 大数据处理的核心技术

学习目标

- 了解常见的数据采集场景和需求,明确不同数据源的特点。
- 理解分布式文件系统的架构和原理。
- 理解批处理和流处理的区别与应用场景。
- 了解数据挖掘的基本流程和方法。
- 理解数据可视化的原则和设计理念。

思政要素

- 强调对数据来源的真实性负责,不采集虚假数据,引导学生认识到数据安全的重要性,培养学生的责任感和诚信意识。
- 引导学生思考大数据处理技术在社会各个领域的应用,如何扩展利用大数据技术为社会发展做出贡献,培养学生的社会责任感。
- 强调数据分析要客观公正,不受个人偏见和利益的影响,培养学生的职业道德和客观公正的价值观。

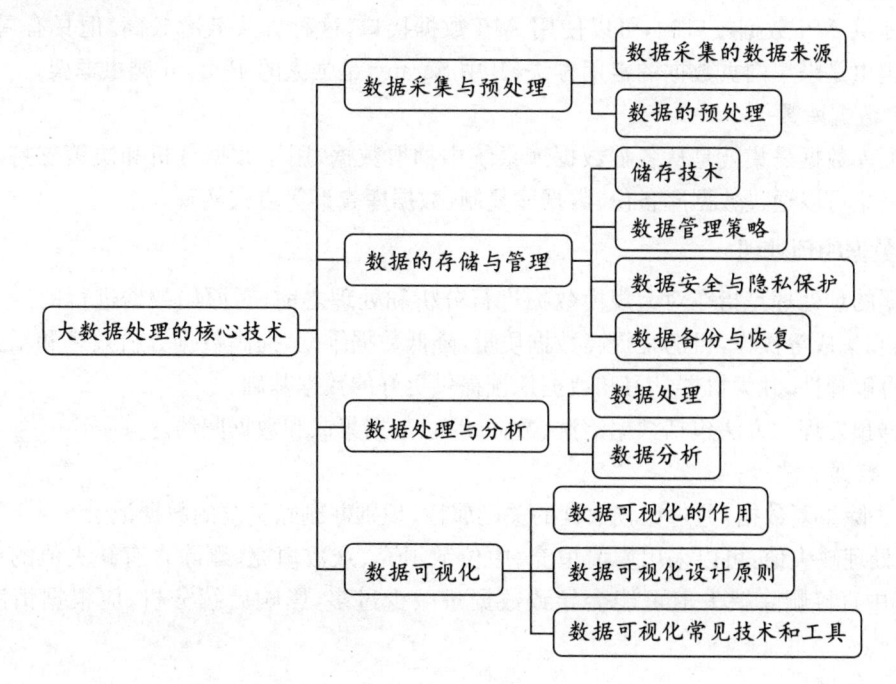

知识梳理

```
大数据处理的核心技术 ┬─ 数据采集与预处理 ┬─ 数据采集的数据来源
                   │                  └─ 数据的预处理
                   ├─ 数据的存储与管理 ┬─ 储存技术
                   │                  ├─ 数据管理策略
                   │                  ├─ 数据安全与隐私保护
                   │                  └─ 数据备份与恢复
                   ├─ 数据处理与分析 ┬─ 数据处理
                   │                └─ 数据分析
                   └─ 数据可视化 ┬─ 数据可视化的作用
                                ├─ 数据可视化设计原则
                                └─ 数据可视化常见技术和工具
```

知识要点

9.2.1 数据采集与预处理

1. 数据采集的数据来源

采集的数据类型较多,按数据的来源划分,可分为传感器数据、系统日志数据、网络数据、数据库数据等。

(1) 传感器数据

当代社会包括光电、热敏、气敏、力敏、磁敏、声敏、湿敏等不同类别的工业传感器在工业生产中大量应用,很多时候机器设备的数据需要极高的精度才能分析海量的工业数据。传感器数据采集就是收集这些传感器产生的数据,用于监测和控制物理系统。传感器通过特定的接口协议进行数据采集。

(2) 系统日志数据

互联网企业都有自己的业务系统。这些系统在运行过程中会产生大量的日志数据。系统日志采集就是收集这些日志信息,用于分析系统的运行状态、用户行为等。目前基于Hadoop平台开发的Chukwa、Cloudera的Flume和Facebook的Scribe均是使用系统日志采集法。

(3) 网络数据

网络数据采集主要是从互联网上抓取各种类型的数据,包括网页内容、社交媒体数据、在线交易数据等。最常用的数据采集方式是网络数据采集法,分两种:API数据采集法和网络爬虫数据采集法。对于开放数据或其他平台数据,采用网络数据采集法比较合适。网站平台有提供API数据接口的,可以使用API数据接口,这种方式效率较高,但具有局限性。而网络爬虫是采集网页数据的常用方法,其中Scrapy是强大的Python爬虫框架。

(4) 数据库数据

数据库数据采集就是从各种数据库系统中抽取数据,用于数据分析和决策支持。数据库数据采集可以通过数据库备份、数据库复制、数据库查询等方式实现。

2. 数据的预处理

数据的预处理是指在对大规模数据进行分析和处理之前,对原始数据进行的一系列清理、转换和集成等操作,目的是提高数据质量,降低数据维度,提高数据分析效率和增强数据分析的可解释性,并为机器学习和数据挖掘提供更好的数据基础。

数据预处理的方法包括数据清洗、数据转换、数据集成和数据归约。

(1) 数据清洗

① 去除重复数据:通过比较数据的关键属性,识别并删除重复的数据记录。

② 处理缺失值:可以采用均值填充、中位数填充、众数填充、删除含有缺失值的记录等方法,其中直接删除缺失值可能会导致数据量减少过多,影响后续分析,应根据情况合理选择。

③ 纠正错误数据:检查数据中的错误值,并进行修正或删除。

(2) 数据转换

① 数据类型转换:将数据从一种类型转换为另一种类型。

② 数据归一化:将数据的值映射到特定的范围,以便进行比较和分析,消除量纲差异,提高数据的可比性。当不同特征的数据尺度差异大时,需要进行归一化。

③ 数据离散化:将连续的数据值划分成若干个区间,以便进行分类和聚类分析。

(3) 数据集成

① 多数据源集成:将来自不同数据源的数据进行合并,解决数据的不一致性和冗余性。

② 数据格式统一:将不同格式的数据转换为统一的格式,以便进行后续的处理和分析。

(4) 数据归约

① 特征选择:从大量的特征中选择对分析任务最有价值的特征,减少数据的维度。

② 数据采样:从大规模的数据集中抽取一部分样本进行分析,以减少计算量和存储需求。

常用的数据预处理工具有 OpenRefine、Pandas 和 Spark SQL 等。

① OpenRefine:一个开源的数据清洗和转换工具。

② Pandas:一个用于数据处理和分析的 Python 库,提供了丰富的数据预处理功能。

③ Spark SQL:在 Spark 框架下进行数据处理和分析,可以进行数据清洗、转换和集成等操作

9.2.2 数据的储存与管理

大数据的存储与管理是大数据处理中的关键环节,主要涉及以下几个方面。

1. 储存技术

(1) 分布式文件系统

HDFS(hadoop distributed file system):是一种应用广泛的分布式文件系统,适用于存储大规模数据。它将数据分成多个块,存储在不同的节点上,提供高可靠性和高可扩展性。

特点:高容错性,数据冗余存储;适合批处理任务;支持大规模数据存储。

(2) 分布式数据库

HBase:基于 HDFS 的分布式非关系型数据库,适用于存储海量的结构化和半结构化数据。

Cassandra:高可扩展性的分布式数据库,具有良好的读写性能和容错能力。

特点:支持水平扩展;灵活的数据模型;高可用性。

(3) 数据仓库

Hive:建立在 Hadoop 之上的数据仓库工具,提供类似 SQL 的查询语言,方便对大规模数据进行分析。

特点:支持复杂查询;适合离线分析;数据存储结构化。

2. 数据管理策略

（1）数据分区

将数据按照特定的规则划分到不同的分区，提高查询和处理效率。例如，按照时间、地域或业务类型进行分区。

好处：减少数据扫描范围；提高并行处理能力。

（2）索引技术

为数据建立索引，加快查询速度。常见的索引类型有 B 树索引、哈希索引等。

例如，在数据库中为经常查询的字段建立索引，可以显著提高查询性能。

（3）数据压缩

对数据进行压缩，提高数据传输速度，减少存储空间占用和数据传输成本。

常用的压缩算法有 Gzip、Snappy 等。

3. 数据安全与隐私保护

大数据安全的主要目标是保护数据的保密性、完整性和可用性。采用的方案主要有：

（1）访问控制

对数据的访问进行严格的权限控制，确保只有授权用户能够访问数据。

（2）加密技术

可以采用对称加密和非对称加密算法对敏感数据进行加密存储，防止数据泄露。

（3）数据脱敏

对包含个人隐私信息的数据进行脱敏处理即模糊化处理，保护用户隐私。

4. 数据备份与恢复

（1）数据备份

采用全量备份和增量备份相结合的方式定期备份数据，以防止数据丢失。

（2）数据恢复

建立数据恢复机制，确保在数据丢失或损坏时能够快速恢复数据。

9.2.3 数据处理与分析

1. 数据处理

数据处理指的是对规模巨大、类型复杂的数据进行收集、存储、管理、分析和可视化等一系列操作，以提取有价值的信息，支持决策制定。数据处理包括以下几个方面。

（1）批处理

批处理适用于大规模静态数据的处理，例如，对电商平台交易数据进行消费报表生成。

常用工具：Hadoop MapReduce、Apache Spark。

（2）流处理

流处理用于低延迟实时处理源源不断产生的数据流，比如，实时监控网站的用户行为数据，以便及时作出反馈。

常见工具：Apache Storm、Spark Streaming。

(3) 内存计算

内存计算将数据加载到内存中进行计算,大大提高数据处理速度。例如,复杂的数据分析算法,内存计算可以显著缩短计算时间。

常见工具:Apache Spark。

2. 数据分析

数据分析是指对大规模、多样化的数据集合进行深入挖掘、探索和解读,以提取有价值的信息、发现潜在的模式、趋势和关系,从而为决策制定、业务优化、问题解决等提供依据的过程。常见的分析方法包括数据挖掘、机器学习、统计分析、可视化分析等。

(1) 数据挖掘

数据挖掘从大量数据中发现隐藏的模式、关联和趋势,例如,通过关联规则挖掘发现购买商品之间的关联性,方法包括聚类分析、分类分析、关联规则挖掘等。

常见工具:Weka、RapidMiner。

作用:发现有价值的信息,为决策提供支持。

(2) 机器学习

机器学习通过训练模型来对数据进行预测和分类,例如,利用机器学习算法预测产品销量。

常见算法:决策树、支持向量机、神经网络等。

常见框架:TensorFlow、Scikit-learn。

作用:能够自动学习数据中的规律,提高预测准确性。

(3) 统计分析

统计分析运用统计学方法对数据进行描述性分析、推断性分析等,以了解数据的基本特征和分布情况。例如,计算数据的均值、方差、相关性等。

常用工具:Excel、SPSS。

作用:可以帮助了解数据的基本特征和分布情况。

(4) 可视化分析

可视化分析将分析结果以直观、易懂的形式展示出来。例如,使用图表等展示数据分析结果。

常用工具:Tableau、PowerBI 等。

作用:可视化分析可以帮助用户更好地理解数据,发现数据中的问题和机会。

9.2.4 数据可视化

数据可视化是指将大型数据以图形、图像形式表示,并利用数据分析和开发工具发现其中未知信息的处理过程,以便于人们理解和交流数据中的信息。

1. 数据可视化的作用

(1) 观测跟踪数据

利用变化的数据生成实时变化的可视化图表,可以让人们一眼看出各种参数的动态变化过程,有效跟踪各种参数值,例如,百度地图提供实时路况服务。

(2) 分析数据

利用可视化技术,实时呈现当前分析结果,引导用户参与分析过程,根据用户反馈信息执行分析操作,完成用户与分析算法的全程交互。

(3) 辅助理解数据

帮助用户更快、更准确地理解数据背后的含义,如用不同的颜色区分不同对象、用动画显示变化过程、用图结构展示对象之间的复杂关系等。

(4) 增强数据吸引力

枯燥的数据被制作成具有强大视觉冲击力和说服力的图像,可以大大增强读者的阅读兴趣。例如可视化的图表新闻。

2. 数据可视化设计原则

(1) 以用户为中心

了解用户的需求和背景,设计符合用户认知和使用习惯的可视化界面。

(2) 突出重点

在可视化中突出关键信息,避免信息过载。可以通过颜色、大小、形状等方式强调重点数据。

(3) 简洁明了

在大数据可视化设计中,简洁明了的原则尤为关键。通过去除不必要的元素,强调关键数据,可以使观众迅速抓住重点。

(4) 故事性

通过可视化讲述一个故事,将数据与具体的业务场景或问题联系起来,提高数据的可读性和影响力。

3. 数据可视化常见技术和工具

(1) 可视化库和框架

如 Echarts、D3.js、Highcharts 等,这些工具提供了丰富的图表类型和交互功能,可以方便地进行大数据可视化开发。

(2) 大数据处理平台

如 Hadoop、Spark 等,这些平台可以对大规模数据进行高效处理和分析,为可视化提供数据支持。

(3) 商业智能工具

如 Tableau、PowerBI 等,这些工具具有强大的数据连接、分析和可视化功能,适合企业用户进行大数据可视化应用。

(4) 地理信息系统(geographic information system,GIS)

对于涉及地理位置的数据,GIS 可以将数据以地图的形式展示出来,提供更直观的可视化效果。

知识测评

一、单选题

1. 数据采集是指(　　)。
   A. 对数据进行分析和处理　　　　B. 从各种数据源收集数据
   C. 将数据存储到数据库中　　　　D. 对数据进行可视化展示

2. 以下不属于常见数据采集数据源的是(　　)。
   A. 传感器　　　B. 数据库　　　C. 人工录入　　　D. 操作系统内核

3. 传感器数据采集主要依靠(　　)。
   A. 网络连接　　　B. 接口协议　　　C. 数据库存储　　　D. 人工记录

4. 以下工具主要用于日志数据采集的是(　　)。
   A. Sqoop　　　B. Echarts　　　C. Flume　　　D. Tableau

5. 数据预处理中,去除重复数据属于(　　)步骤。
   A. 数据转换　　　B. 数据清洗　　　C. 数据集成　　　D. 数据规约

6. 以下不是常见的大数据存储技术的是(　　)。
   A. 关系型数据库　　　　　　　B. 分布式文件系统
   C. 非关系型数据库　　　　　　D. 本地文件存储

7. Hadoop Distributed File System(HDFS)的主要特点是(　　)。
   A. 高可靠性和低可扩展性　　　B. 低可靠性和高可扩展性
   C. 高可靠性和高可扩展性　　　D. 低可靠性和低可扩展性

8. 非关系型数据库适用于(　　)。
   A. 结构化数据存储　　　　　　B. 半结构化和非结构化数据存储
   C. 少量数据存储　　　　　　　D. 实时数据存储

9. 以下方法不适合处理数据中的缺失值的是(　　)。
   A. 用均值填充　　　　　　　　B. 用随机值填充
   C. 删除含有缺失值的记录　　　D. 不处理缺失值

10. 以下情况需要进行数据归一化的是(　　)。
    A. 数据类型不同　　　　　　　B. 数据量过大
    C. 不同特征的数据尺度差异大　D. 数据有缺失值

11. 数据预处理中,从大量特征中选择对分析任务最有价值的特征属于(　　)。
    A. 数据清洗　　　B. 数据转换　　　C. 数据集成　　　D. 数据归约

12. Spark SQL 可以用于(　　)。
    A. 数据采集　　　　　　　　　B. 数据预处理
    C. 数据分析　　　　　　　　　D. 数据可视化

13. 为数据建立索引的主要作用是(　　)。
    A. 加快查询速度　　　　　　　B. 增加数据存储量
    C. 使数据更难处理　　　　　　D. 提高数据的安全性

14. 数据恢复的关键是（　　）。
A. 有备份数据和恢复机制　　　　B. 有强大的存储设备
C. 有快速的数据传输速度　　　　D. 有复杂的数据管理系统
15. 大数据批处理适用于（　　）。
A. 实时数据处理　　　　　　　　B. 小规模数据处理
C. 大规模静态数据处理　　　　　D. 动态数据处理
16. 以下工具常用于大数据流处理的是（　　）。
A. Hadoop MapReduce　　　　　　B. Apache Spark
C. Apache Storm　　　　　　　　D. Sqoop
17. 数据挖掘的主要目的是（　　）。
A. 发现数据中的隐藏模式和趋势　B. 增加数据存储量
C. 使数据更美观　　　　　　　　D. 提高数据的安全性
18. 数据可视化的主要目的是（　　）。
A. 使数据更美观　　　　　　　　B. 方便数据存储
C. 更易于理解和交流数据中的信息　D. 提高数据的安全性
19. 以下不是常见的数据可视化类型的是（　　）。
A. 柱状图　　　B. 折线图　　　C. 饼图　　　D. 数据库表
20. 统计分析在大数据分析中的作用是（　　）。
A. 描述数据的基本特征和分布情况　B. 增加数据存储量
C. 使数据更美观　　　　　　　　D. 提高数据的安全性

二、多选题

1. 以下属于常见的大数据采集数据源的有（　　）。
A. 传感器数据　　　　　　　　　B. 数据库数据
C. 网络数据　　　　　　　　　　D. 日志文件数据
2. 大数据采集的方法有（　　）。
A. 数据库抽取　　　　　　　　　B. 网络爬虫
C. 传感器接口采集　　　　　　　D. 日志采集工具
3. 数据分区的好处有（　　）。
A. 提高查询效率　　　　　　　　B. 便于数据管理
C. 增加数据安全性　　　　　　　D. 降低存储成本
4. 数据备份的重要性在于（　　）。
A. 防止数据丢失　　　　　　　　B. 便于数据恢复
C. 满足法规要求　　　　　　　　D. 提高数据安全性
5. 数据清洗的主要内容包括（　　）。
A. 去除重复数据　　B. 处理缺失值　　C. 纠正数据错误　　D. 数据加密
6. 数据安全与隐私保护的措施有（　　）。
A. 访问控制　　　B. 数据加密　　　C. 数据脱敏　　　D. 定期备份

7. 大数据流处理的特点有（　　）。
A. 低延迟
B. 处理实时数据
C. 适用于大规模静态数据
D. 对数据进行批量处理
8. 数据可视化的目的包括（　　）。
A. 更直观地展示数据
B. 帮助发现数据中的模式和趋势
C. 便于数据交流和理解
D. 提高数据的美观度
9. 数据转换包括（　　）。
A. 数据类型转换
B. 数据归一化
C. 数据离散化
D. 数据加密
10. 大数据预处理的重要性体现在（　　）。
A. 提高数据质量
B. 为后续分析提供可靠数据
C. 减少数据存储成本
D. 提高数据分析效率

三、判断题

1. 大数据采集只能从数据库中获取数据。（　　）
2. 网络爬虫是一种非法的数据采集方法。（　　）
3. 处理缺失值时，可以直接删除含有缺失值的记录。（　　）
4. 数据归一化可以提高数据的可比性。（　　）
5. 数据备份是可有可无的。（　　）
6. 访问控制可以完全保证数据的安全性。（　　）
7. 大数据批处理比流处理更适合实时数据分析。（　　）
8. 大数据处理与分析一定能得出准确的结论。（　　）
9. 大数据预处理可以提高数据质量，降低后续处理的难度。（　　）
10. 数据可视化只是为了让数据看起来更美观。（　　）

四、填空题

1. 大数据采集的数据源主要包括传感器数据、_____、网络数据、日志文件等。
2. _____是一种用于采集网页数据的工具。
3. 数据归一化是一种重要的_____方法。
4. 常见的大数据存储技术有分布式文件系统、_____、非关系型数据库等。
5. 数据预处理包括数据清洗、数据转换、_____、数据归纳等步骤。
6. 数据预处理中的_____可去除噪声数据。
7. 大数据存储中的_____适合存储大规模数据。
8. 数据预处理中的数据集成需解决数据的_____问题。
9. 大数据分析的方法包括统计分析、_____、机器学习等。
10. 大数据安全的主要目标是保护数据的_____、完整性和可用性。

附录一 综合模拟试卷

综合模拟试卷(一)

(总分:150 分　考试时长:150 分钟)

一、单选题(每题 1 分,共 60 分)

1. 子网掩码的功能是(　　)。
   A. 掩盖网络服务器的编码　　　　B. 标识网络中的用户
   C. 标识网络中的服务　　　　　　D. 标识网络中的设备

2. 程序设计是(　　)。
   A. 编写程序代码的过程　　　　　B. 设计软件界面
   C. 进行软件测试　　　　　　　　D. 制定项目计划

3. IP 地址的分类有(　　)。
   A. A、B 两类　　　　　　　　　　B. A、B、C、D 四类
   C. A、B、C 三类　　　　　　　　D. A、B、C、D、E 五类

4. 算法与程序框图的关系是(　　)。
   A. 没有关系　　　　　　　　　　B. 程序框图是算法的图形化表示
   C. 程序框图是算法的代码实现　　D. 程序框图是算法的文档说明

5. Python 中的代码格式要求是(　　)。
   A. 必须使用大括号　　　　　　　B. 必须缩进
   C. 不能使用注释　　　　　　　　D. 必须使用分号结尾

6. 网络协议的定义是(　　)。
   A. 网络上签订的商业协议　　　　B. 网络中数据传输的规则
   C. 网络中设备的物理连接方式　　D. 网络中设备的电气连接方式

7. 用于将域名转换为 IP 地址的协议是(　　)。
   A. HTTP　　　B. FTP　　　C. TCP　　　D. DNS

8. 在 Python 中,以下是整数类型的数据的是(　　)。
   A. 3.14　　　B. "123"　　　C. 123　　　D. 真

9. Python 中的分支结构包括(　　)。
   A. if、elif、else　　　　　　　　B. switch、case
   C. if、unless　　　　　　　　　D. choose、option

10. 管理信息资源是(　　)。
    A. 数据库管理　　B. 网络管理　　C. 信息安全　　D. 以上都是

11. Python 的主要特点是(　　)。
A. 静态类型　　　　　　　　　　　B. 编译型
C. 性能极高　　　　　　　　　　　D. 动态类型和解释型
12. Python 中布尔类型的值有(　　)。
A. 一个　　　B. 两个　　　C. 三个　　　D. 四个
13. 程序设计语言分为(　　)。
A. 编译型和解释型　　　　　　　　B. 静态和动态
C. 高级和低级　　　　　　　　　　D. 过程式和函数式
14. Unicode 编码中,汉字"中"的编码占用的字节数量是(　　)。
A. 1　　　　B. 2　　　　C. 3　　　　D. 4
15. 多任务操作系统可以做(　　)。
A. 同时运行多个程序　　　　　　　B. 一次只能运行一个程序
C. 同时运行多个进程　　　　　　　D. 一次只能运行一个进程
16. 1MB 的存储空间可以存储(　　)个汉字(假设每个汉字占用 2 字节)。
A. 512　　　B. 1 K　　　C. 2 K　　　D. 512 K
17. 十进制数 25 转换为二进制是(　　)。
A. 11001　　B. 11010　　C. 11100　　D. 11111
18. 常用的 Python 开发环境有(　　)。
A. IDLE、PyCharm、Jupyter Notebook　　B. Eclipse、Visual Studio、Xcode
C. Notepad++、Sublime Text、Atom　　　D. 以上都是
19. 设置段落的行间距的操作是(　　)。
A. 在"开始"选项卡中选择"行和段落"对话框
B. 在"插入"选项卡中选择"符号"
C. 在"页面布局"选项卡中选择"段落"组
D. 在"引用"选项卡中选择"目录"
20. 计算机系统的输入设备包括(　　)。
A. 键盘、鼠标、打印机　　　　　　B. 键盘、鼠标、显示器
C. 键盘、显示器、打印机　　　　　D. 主板、CPU、内存
21. 信息技术对社会发展的影响是(　　)。
A. 减少就业机会　　　　　　　　　B. 增加环境污染
C. 提高生产效率　　　　　　　　　D. 降低生活质量
22. 在 WPS 文字中,插入文本框的操作是(　　)。
A. 在"插入"选项卡中选择"文本框"　　B. 在"开始"选项卡中选择"文本框"
C. 在"页面布局"选项卡中选择"文本框"　D. 在"引用"选项卡中选择"文本框"
23. 在 WPS 文字中,插入图片的操作是(　　)。
A. 在"页面布局"选项卡中选择"图片"　B. 在"开始"选项卡中选择"图片"
C. 在"插入"选项卡中选择"图片"　　　D. 在"引用"选项卡中选择"图片"

24. 在表格中插入一行的操作是(　　)。
   A. 在"插入"选项卡中选择"表格"组,然后选择插入行
   B. 直接在表格下方输入
   C. 在"页面布局"选项卡中选择"表格"组,然后选择插入行
   D. 在"引用"选项卡中选择"目录"

25. 在WPS文字中,插入艺术字的操作是(　　)。
   A. 在"插入"选项卡中选择"艺术字"　　B. 在"开始"选项卡中选择"艺术字"
   C. 在"页面布局"选项卡中选择"艺术字"　　D. 在"引用"选项卡中选择"艺术字"

26. 在WPS文字中,文本加粗的操作是(　　)。
   A. 选中文本,按"Ctrl"+"P"　　B. 选中文本,按"Ctrl"+"I"
   C. 选中文本,按"Ctrl"+"U"　　D. 选中文本,按"Ctrl"+"B"

27. 调整表格的列宽的操作是(　　)。
   A. 在"插入"选项卡中选择"表格"组,然后选择调整列宽
   B. 直接拖动列边界
   C. 在"页面布局"选项卡中选择"表格"组,然后选择调整列宽
   D. 在"引用"选项卡中选择"目录"

28. 在WPS文字中,改变文本的字号的操作是(　　)。
   A. 在"页面布局"选项卡中选择字号大小　　B. 在"插入"选项卡中选择字号大小
   C. 在"开始"选项卡中选择字号大小　　D. 在"引用"选项卡中选择字号大小

29. 在WPS电子表格中,进行升序排序的操作是(　　)。
   A. 在"插入"选项卡中选择"图表"　　B. 在"开始"选项卡中选择"升序排序"
   C. 在"页面布局"选项卡中选择"主题"　　D. 在"公式"选项卡中选择"名称管理器"

30. 在WPS电子表格中,分类汇总的数据需要先做(　　)。
   A. 筛选　　B. 排序
   C. 格式化　　D. 插入函数

31. 在WPS电子表格中,创建分类汇总的操作是(　　)。
   A. 在"数据"选项卡中选择"分类汇总"　　B. 在"插入"选项卡中选择"图表"
   C. 在"页面布局"选项卡中选择"主题"　　D. 在"公式"选项卡中选择"名称管理器"

32. 在WPS电子表格中,创建数据透视表的操作是(　　)。
   A. 在"公式"选项卡中选择"名称管理器"　　B. 在"开始"选项卡中选择"公式"
   C. 在"页面布局"选项卡中选择"主题"　　D. 在"插入"选项卡中选择"数据透视表"

33. 在WPS电子表格中,修改图表的数据源的操作是(　　)。
   A. 在"页面布局"选项卡中选择"主题"　　B. 在"开始"选项卡中选择"公式"
   C. 在图表上点击右键,选择"选择数据"　　D. 在"公式"选项卡中选择"名称管理器"

34. 在WPS演示文稿中,编辑幻灯片母版的操作是(　　)。
   A. 在"母版视图"中编辑　　B. 在"幻灯片视图"中编辑
   C. 在"普通视图"中编辑　　D. 在"阅读视图"中编辑

35. 在WPS电子表格中,创建图表的操作是( )。
A. 在"插入"选项卡中选择"图表" B. 在"开始"选项卡中选择"公式"
C. 在"页面布局"选项卡中选择"主题" D. 在"公式"选项卡中选择"名称管理器"

36. 在WPS电子表格中,进行数据筛选的操作是( )。
A. 在"开始"选项卡中选择"筛选" B. 在"插入"选项卡中选择"图表"
C. 在"页面布局"选项卡中选择"主题" D. 在"公式"选项卡中选择"名称管理器"

37. 信息安全体系的基础是( )。
A. OSI模型   B. PDCA模型   C. 供应链管理模型   D. 风险管理模型

38. 在WPS演示文稿中,使用幻灯片母版的操作是( )。
A. 点击"视图"选择"母版视图" B. 点击"开始"选择"新建幻灯片"
C. 点击"设计"选择"主题" D. 点击"动画"选择"幻灯片母版"

39. 防火墙技术主要用来防御( )。
A. 内部攻击   B. 外部攻击   C. 硬件故障   D. 数据泄露

40. 在WPS演示文稿中,插入图片的操作是( )。
A. 点击"开始"选择"图片" B. 点击"插入"选择"图片"
C. 点击"设计"选择"背景" D. 点击"动画"选择"图片"

41. 信息安全的核心目标是( )。
A. 保护数据完整性 B. 保护数据可用性
C. 保护数据保密性 D. 以上都是

42. 以下不属于信息安全的基本要素的是( )。
A. 保密性   B. 完整性   C. 可用性   D. 可扩展性

43. 人工智能的缩写是( )。
A. AI   B. ML   C. NLP   D. CV

44. 人工智能的主要目标是( )。
A. 模拟和扩展人类智能 B. 制造更强大的计算机
C. 提高机器的物理强度 D. 创造人类无法理解的系统

45. 常见的信息安全威胁有( )。
A. 恶意软件 B. 系统崩溃
C. 硬件故障 D. 数据泄露

46. 在加密技术中,非对称加密算法的典型代表是( )。
A. AES   B. RSA   C. DES   D. RC4

47. 数据可视化的主要目的是( )。
A. 增加数据的复杂性 B. 使数据更难以理解
C. 使数据更易于理解 D. 减少数据的可用性

48. VPN技术主要用于解决( )。
A. 提高网络速度 B. 增加网络复杂性
C. 安全地远程访问内部网络 D. 提高系统性能

49. 网络安全审计的主要目的是（　　）。
A. 增强网络安全　　　　　　　　　　B. 减少网络攻击
C. 记录和审查网络活动　　　　　　　D. 提高网络性能

50. 以下不是大数据预处理步骤中的数据转换的是（　　）。
A. 规范化　　　　B. 归一化　　　　C. 编码　　　　D. 数据压缩

51. 以下人工智能技术用于理解和生成人类语言的是（　　）。
A. 机器学习　　　　　　　　　　　　B. 计算机视觉
C. 自然语言处理　　　　　　　　　　D. 知识图谱

52. 在大数据预处理中，以下不是必要的步骤的是（　　）。
A. 数据清洗　　　　　　　　　　　　B. 数据转换
C. 数据压缩　　　　　　　　　　　　D. 数据加密

53. 在大数据的分析方法中，以下不是数据处理与分析的目的是（　　）。
A. 发现数据中的模式　　　　　　　　B. 预测未来趋势
C. 识别异常行为　　　　　　　　　　D. 隐藏数据信息

54. 以下人工智能应用可以帮助医生诊断疾病的是（　　）。
A. 智能制造　　　B. 智能医疗　　　C. 智慧农业　　　D. 智能物流

55. Keras 是基于（　　）编程语言的高级神经网络 API。
A. Python　　　　B. Java　　　　C. C++　　　　D. MATLAB

56. 大数据的分析理念中，以下不是其核心的是（　　）。
A. 相关性分析　　B. 因果关系分析　C. 预测性分析　　D. 描述性分析

57. 大数据时代背景中，以下不是推动大数据发展的因素是（　　）。
A. 互联网的普及　　　　　　　　　　B. 移动设备的广泛使用
C. 社交网络的兴起　　　　　　　　　D. 纸质媒体的增加

58. 大数据时代背景下，以下技术的发展不是由大数据推动的是（　　）。
A. 云计算　　　　B. 物联网　　　　C. 人工智能　　　D. 真空管技术

59. 在大数据处理的核心技术中，以下不是数据采集的目的的是（　　）。
A. 收集用户行为数据　　　　　　　　B. 收集传感器数据
C. 收集社交媒体数据　　　　　　　　D. 删除不必要的数据

60. 大数据存储与管理中，以下不是数据存储技术的目标的是（　　）。
A. 高效的数据访问　　　　　　　　　B. 数据的持久化
C. 数据的实时备份　　　　　　　　　D. 数据的丢失

二、多项选择题（每题 2 分，共 20 分）

1. 信息技术的发展趋势包括（　　）。
A. 纳米技术　　　B. 大数据　　　　C. 物联网　　　　D. 云计算

2. 创建图表时，需要考虑的因素有（　　）。
A. 常见图表的功能　　　　　　　　　B. 创建图表
C. 图表的数据来源　　　　　　　　　D. 图表的颜色搭配

3. 幻灯片的设计与美化包括( )。
A. 幻灯片母版的使用　　　　　　B. 编辑演示文稿对象
C. 使用艺术字　　　　　　　　　D. 数据透视表
4. 信息安全设备主要包括( )。
A. 防火墙　　　　　　　　　　　B. 入侵检测系统
C. 虚拟专用网络(VPN)　　　　　D. 数据透视表
5. 人工智能的开发工具和框架包括( )。
A. TensorFlow　　B. PyTorch　　C. Keras　　　　D. 数据透视表
6. 图文混排中可以使用的元素有( )。
A. 使用文本框　　　　　　　　　B. 使用图形和图片
C. 使用艺术字　　　　　　　　　D. 插入视频
7. 大数据的应用场景包括( )。
A. 智能制造　　　B. 智能医疗　　C. 智慧农业　　　D. 插入视频
8. 以下设备是网络中常用的设备的有( )。
A. 网络设备概述　B. 服务器　　　C. 交换机　　　　D. 路由器
9. 程序流程控制主要包括的结构有( )。
A. 程序的基本结构　　　　　　　B. 分支结构
C. 循环结构　　　　　　　　　　D. 数据透视表
10. 在Python中,以下是合法的数据类型的有( )。
A. 整数(int)　　　　　　　　　　B. 浮点数(float)
C. 字符串(str)　　　　　　　　　D. 复数(complex)

三、判断题(每题1分,共20分)

1. 第四代互联网协议(IPv4)可以提供几乎无限的地址空间。( )
2. Python的print()函数可以用来输出信息到控制台。( )
3. 操作系统的主要职责是管理计算机的硬件资源。( )
4. Python中的列表(list)是可变的,而元组(tuple)是不可变的。( )
5. 在WPS文字中,只能对整个文档应用统一的字体和大小。( )
6. 加密技术可以防止数据在存储时被未授权访问。( )
7. 子网掩码用于区分IP地址中的网络部分和主机部分。( )
8. 信息技术只涉及软件,不涉及硬件。( )
9. 使用数据透视表可以对数据进行快速的分组、汇总和分析。( )
10. 人工智能可以模拟人类的学习过程。( )
11. 在WPS文字中,表格中的单元格可以包含多行文本。( )
12. 在WPS电子表格中,图表一旦创建就不能修改。( )
13. 文档的样式可以提高文档的专业性,使文档看起来更加统一和规范。( )
14. 数据可视化对于大数据分析是可选的,不是必须要的。( )
15. 使用文本框可以在文档中创建图文混排效果。( )

16. Python不支持函数式编程范式。（　　）
17. 段落格式化只能改变段落的对齐方式。（　　）
18. 防火墙可以防止计算机病毒的传播。（　　）
19. 大数据技术可以处理结构化数据和非结构化数据。（　　）
20. 信息安全法律法规只适用于特定行业。（　　）

四、填空题(每题 2 分,共 20 分)

1. 在计算机系统中,_____是负责管理和协调计算机硬件、软件资源的系统软件。
2. 在网络体系结构中,TCP/IP 模型的最高层是_____。
3. 大数据技术可以应用于各种领域,包括金融、医疗、教育和_____。
4. 信息安全的目标是确保信息的_____、可用性和完整性。
5. 在 WPS 电子表格中,_____函数可以用于计算给定数值的算术平均值。
6. 数据筛选功能允许用户根据特定的条件对数据进行_____,以显示相关的记录。
7. 在 WPS 文字文档中,_____功能允许用户在文档中插入和编辑图形、图片以及艺术字,以增强文档的视觉效果。
8. 在 WPS 演示文稿中,_____是用于控制幻灯片放映顺序和方式的设置。
9. 信息技术的核心是_____,它涉及信息的收集、处理、存储和传递。
10. 在 Python 中,使用_____语句可以定义一个函数,它允许您封装一段代码,使其可以重复使用。

五、综合题(每小题 10 分,共 30 分)

1. IPv6 的地址格式是怎样的？请解释 IPv6 相对于 IPv4 的主要优势。

2. 假设 PC1 的 IP 地址为 192.168.10.35,子网掩码为 255.255.255.224,请计算 PC1 所在子网的网络地址、广播地址以及可用的主机范围。

3. 写一个 Python 程序,计算 1 到 100 之间所有偶数的和。

综合模拟试卷(二)

(总分:150分　考试时长:150分钟)

一、单选题(共60题,每题1分)

1. 以下不属于信息技术应用的是(　　)。
   A. 电子商务　　　　B. 纳米技术　　　　C. 远程教育　　　　D. 智能交通
2. 在WPS文字中,要将文档中某一段落的行距设置为20磅,应选择"段落"对话框中的(　　)选项卡。
   A. 缩进和间距　　　B. 换行和分页　　　C. 中文版式　　　　D. 字符间距
3. 在WPS电子表格中,函数SUM(A1:A10)的功能是(　　)。
   A. 计算A1到A10单元格的平均值　　　B. 计算A1到A10单元格的和
   C. 计算A1和A10单元格的和　　　　　D. 计算A1到A10单元格的个数
4. 在WPS演示文稿中,要从当前幻灯片开始放映,应按(　　)键。
   A. "F5"　　　　　　B. "Shift"+"F5"　　C. "Ctrl"+"F5"　　D. "Alt"+"F5"
5. 以下属于IP地址的是(　　)。
   A. www.baidu.com　　　　　　　　　B. 202.108.22.5
   C. 192.168.1　　　　　　　　　　　 D. ftp://192.168.1.1
6. 在Python中,以下代码的输出结果是(　　)。
   ```
       x = 5
       y = 3
   print(x//y)
   ```
   A. 1　　　　　　　　　　　　　　　B. 1.67
   C. 2　　　　　　　　　　　　　　　D. 1.6666666666666667
7. 以下关于信息安全的说法,错误的是(　　)。
   A. 定期更新密码可以提高账户安全性
   B. 公共Wi-Fi网络是安全的,可以随意使用
   C. 安装杀毒软件可以有效防范病毒攻击
   D. 不随意点击来路不明的链接可以降低风险
8. 以下属于人工智能应用的是(　　)。
   A. 在线翻译　　　　B. 指纹识别　　　　C. 语音助手　　　　D. 以上都是
9. 以下关于大数据的说法,错误的是(　　)。
   A. 大数据具有体量大、速度快、类型多等特点
   B. 大数据的价值密度高
   C. 大数据分析可以为决策提供支持
   D. 大数据需要新的处理模式才能具有更强的决策力、洞察发现力和流程优化能力

10. 在 WPS 文字中,要设置页面的上下边距为 2.5 厘米,应选择(　　)菜单。
 A. 文件　　　　　B. 编辑　　　　　C. 视图　　　　　D. 页面布局
11. 在 WPS 电子表格中,要对数据进行排序,应使用(　　)选项卡中的"排序和筛选"命令。
 A. 开始　　　　　B. 数据　　　　　C. 插入　　　　　D. 页面布局
12. 在 WPS 演示文稿中,要为幻灯片中的对象添加动画效果,应选择(　　)选项卡。
 A. 开始　　　　　B. 插入　　　　　C. 动画　　　　　D. 切换
13. 以下网络传输介质中,传输速度最快的是(　　)。
 A. 双绞线　　　　B. 光纤　　　　　C. 同轴电缆　　　D. 无线电波
14. 在 Python 中,以下代码的输出结果是(　　)。
    a = [1, 2, 3, 4, 5]
    print(a[1:4])
 A. [1, 2, 3]   B. [2, 3, 4]
 C. [2, 3, 4, 5]   D. [1, 2, 3, 4]
15. 以下关于信息安全加密技术的说法,正确的是(　　)。
 A. 对称加密比非对称加密更安全   B. 非对称加密比对称加密更高效
 C. 对称加密和非对称加密各有优缺点   D. 信息加密后就无法被破解
16. 以下属于自然语言处理应用的是(　　)。
 A. 机器翻译　　　B. 文本分类　　　C. 情感分析　　　D. 以上都是
17. 以下关于大数据存储的说法,错误的是(　　)。
 A. Hadoop 是一种常用的大数据存储技术
 B. 大数据通常存储在关系型数据库中
 C. 分布式存储可以提高大数据存储的可靠性
 D. 数据仓库常用于大数据的存储和分析
18. 在 WPS 文字处理中,要查找文档中的特定内容,应使用(　　)功能。
 A. 查找　　　　　B. 替换　　　　　C. 定位　　　　　D. 选择
19. 在 WPS 电子表格中,要使用函数计算一组数据的标准差,应使用(　　)函数。
 A. AVERAGE　　　 B. STDEV　　　　 C. MAX　　　　　 D. MIN
20. 在 Python 中,以下代码的输出结果是(　　)。
    s = "Hello, World!"
    print(len(s))
 A. 11　　　　　　 B. 12　　　　　　 C. 13　　　　　　 D. 14
21. 以下网络协议中,用于电子邮件发送的是(　　)。
 A. HTTP　　　　　B. FTP　　　　　 C. SMTP　　　　　D. POP3
22. 以下关于人工智能发展阶段的说法,错误的是(　　)。
 A. 符号主义阶段   B. 连接主义阶段
 C. 行为主义阶段   D. 单一主义阶段

23. 以下关于大数据分析方法的说法,错误的是( )。
A. 描述性分析用于总结数据的特征
B. 预测性分析用于预测未来的趋势
C. 诊断性分析用于找出问题的原因
D. 大数据分析方法只有这三种

24. 在WPS文字中,要设置文档的页眉和页脚,应选择( )选项卡。
A. 开始　　　　　　　　　　B. 插入
C. 页面布局　　　　　　　　D. 引用

25. 在WPS电子表格中,要使用图表展示数据,应选择( )选项卡。
A. 开始　　　　　　　　　　B. 插入
C. 数据　　　　　　　　　　D. 视图

26. 在Python中,以下代码的输出结果是( )。
```
x = 10
if x > 5:
    print("大于5")
else:
    print("小于等于5")
```
A. 大于5　　　B. 小于等于5　　　C. 无输出　　　D. 语法错误

27. 以下关于网络防火墙的说法,错误的是( )。
A. 可以防止外部网络攻击　　　　　B. 可以限制内部网络访问
C. 可以完全保证网络安全　　　　　D. 需要定期更新规则

28. 以下属于机器学习算法的是( )。
A. 决策树　　　B. 聚类　　　C. 回归　　　D. 以上都是

29. 以下关于大数据可视化的说法,错误的是( )。
A. 可以帮助用户更好地理解数据
B. 只适用于大型数据集
C. 有多种可视化工具可供选择
D. 需根据数据特点选择合适的可视化方式

30. 在WPS电子表格中,要对文档进行分栏,应选择( )选项卡。
A. 开始　　　B. 页面布局　　　C. 插入　　　D. 视图

31. 在WPS Excel中,要使用数据透视表分析数据,应选择( )选项卡。
A. 开始　　　B. 插入　　　C. 数据　　　D. 公式

32. 在Python中,以下代码的输出结果是( )。
```
a = 5
b = 3
print(a**b)
```
A. 125　　　B. 15　　　C. 8　　　D. 2

33. 以下关于网络拓扑结构的说法,错误的是( )。
   A. 不同的拓扑结构适用于不同的场景
   B. 总线形拓扑结构中,某一节点故障会影响整个网络
   C. 环形拓扑结构中,数据传输是单向的
   D. 星形拓扑结构中,中心节点的性能对网络影响不大

34. 以下属于深度学习框架的是( )。
   A. TensorFlow   B. PyTorch   C. Caffe   D. 以上都是

35. 以下关于大数据隐私保护的说法,错误的是( )。
   A. 数据匿名化可以保护隐私
   B. 加密技术可以用于隐私保护
   C. 大数据隐私保护不重要
   D. 应制定相关法律法规来规范大数据的使用

36. 在 WPS Word 中,要设置段落首行缩进2个字符,应选择( )选项卡。
   A. 开始   B. 页面布局   C. 插入   D. 视图

37. 在 WPS 电子表格中,要使用条件格式突出显示数据,应选择( )选项卡。
   A. 开始   B. 数据   C. 插入   D. 视图

38. 在 Python 中,以下代码的输出结果是( )。
```
s = "Python"
for c in s:
    print(c,end=" ")
```
   A. Python   B. P y t h o n   C. 无输出   D. 语法错误

39. 以下关于网络带宽的说法,正确的是( )。
   A. 带宽越大,网速越快
   B. 带宽和网速没有关系
   C. 带宽只影响下载速度,不影响上传速度
   D. 带宽是固定不变的

40. 以下属于强化学习应用的是( )。
   A. 自动驾驶   B. 游戏策略
   C. 机器人控制   D. 以上都是

41. 以下关于大数据伦理问题的说法,错误的是( )。
   A. 数据采集应遵循合法合规原则   B. 数据使用应尊重用户隐私
   C. 大数据伦理问题不重要   D. 应建立大数据伦理规范

42. 在 WPS 文字中,要插入图片,应选择( )选项卡。
   A. 开始   B. 插入
   C. 页面布局   D. 引用

43. 在 WPS 电子表格中,要合并单元格,应选择( )选项卡。
   A. 开始   B. 数据   C. 插入   D. 视图

44. 在 Python 中,以下代码的输出结果是( )。
   a = [1, 2, 3]
   b = [4, 5, 6]
   print(a + b)
A. [1, 2, 3, 4, 5, 6]   B. [5, 7, 9]
C. 无输出   D. 语法错误

45. 以下关于网络安全策略的说法,错误的是( )。
A. 应定期评估和更新   B. 可以完全防止网络攻击
C. 包括访问控制、加密等措施   D. 应根据企业需求制定

46. 以下属于计算机视觉应用的是( )。
A. 人脸识别   B. 图像分类   C. 目标检测   D. 以上都是

47. 以下关于大数据治理的说法,错误的是( )。
A. 旨在提高数据质量和可用性
B. 包括数据管理、数据标准制定等
C. 大数据治理不重要
D. 有助于企业做出更明智的决策

48. 在 WPS 文字中,要设置文档的字体和字号,应选择( )选项卡。
A. 开始   B. 插入   C. 页面布局   D. 视图

49. 在 WPS 电子表格中,要使用函数计算一组数据的中位数,应使用( )函数。
A. MEDIAN   B. MODE   C. AVERAGE   D. SUM

50. 在 Python 中,以下代码的输出结果是( )。
   x = True
   y = False
   print(x and y)
A. True   B. False   C. 无输出   D. 语法错误

51. 以下关于网络协议的说法,正确的是( )。
A. TCP 和 UDP 是两种常见的网络协议
B. TCP 是无连接的协议
C. UDP 比 TCP 更可靠
D. 网络协议只有 TCP 和 UDP

52. 以下属于物联网应用的是( )。
A. 智能家电   B. 智能交通   C. 环境监测   D. 以上都是

53. 在 WPS 文字中,要撤销上一步操作,可以使用快捷键( )。
A. "Ctrl"+"Z"   B. "Ctrl+"Y"
C. "Ctrl+"A"   D. "Ctrl+"C"

54. 在 WPS 电子表格中,要使用函数计算一组数据的方差,应使用( )函数。
A. VARIANCE   B. STDEV   C. AVERAGE   D. SUM

55. 在Python中,以下代码的输出结果是(   )。
    a = [1, 2, 3]
    a.append(4)
    print(a)
A. [1, 2, 3]   B. [1, 2, 3, 4]   C. [4, 1, 2, 3]   D. 语法错误

56. 以下关于网络存储技术的说法,错误的是(   )。
A. NAS是网络附加存储
B. SAN是存储区域网络
C. NAS比SAN成本高
D. 网络存储技术可以提高数据存储的灵活性

57. 以下属于区块链应用的是(   )。
A. 数字货币   B. 供应链管理
C. 智能合约   D. 以上都是

58. 在WPS文字处理中,要设置文档的行间距,应选择(   )选项卡。
A. 开始   B. 页面布局   C. 插入   D. 视图

59. 在WPS电子表格中,要使用函数计算一组数据的最大值,应使用(   )函数。
A. MAX   B. MIN   C. SUM   D. AVERAGE

60. 在Python中,以下代码的输出结果是(   )。
    x = 5
    y = 3
    print(x % y)
A. 1
B. 2
C. 1.67
D. 1.6666666666666667

二、多选题(共10题,每题2分)

1. 以下属于电子表格软件的有(   )。
   A. Excel   B. WPS电子表格   C. SQLITE   D. Google Sheets

2. 在网络中,以下属于传输介质的有(   )。
   A. 双绞线   B. 光纤   C. 同轴电缆   D. 蓝牙

3. 以下属于信息安全威胁的有(   )。
   A. 病毒   B. 黑客攻击   C. 网络钓鱼   D. 数据泄露

4. 大数据的处理流程包括(   )。
   A. 数据采集   B. 数据清洗   C. 数据分析   D. 数据归档

5. 以下关于网络协议的说法,正确的有(   )。
   A. TCP协议是面向连接的   B. UDP协议是无连接的
   C. HTTP协议基于TCP协议   D. FTP协议用于文件传输

6. 在Python中,以下可以用于循环的语句有(   )。
   A. for   B. while   C. do-while   D. if-else

7. 人工智能的研究领域包括(　　)。
A. 机器学习　　　　　　　　　　B. 计算机视觉
C. 自然语言处理　　　　　　　　D. 专家系统
8. 在WPS演示文稿中,可以设置的动画效果有(　　)。
A. 进入　　　　B. 强调　　　　C. 退出　　　　D. 闪烁
9. 以下属于网络安全防护措施的有(　　)。
A. 安装防火墙　　　　　　　　　B. 定期更新系统
C. 设置复杂密码　　　　　　　　D. 避免使用公共网络
10. 以下属于云计算服务模式的有(　　)。
A. IaaS(基础设施即服务)　　　　B. PaaS(平台即服务)
C. SaaS(软件即服务)　　　　　　D. DaaS(数据即服务)

三、判断题(共20题,每题1分)

1. 在WPS电子表格中,筛选功能可以按照多个条件进行筛选。(　　)
2. 在WPS文字中,页码只能从第一页开始设置。(　　)
3. 计算机病毒是一种人为编制的具有破坏性的程序。(　　)
4. Python中的变量名可以以数字开头。(　　)
5. 大数据就是数据量很大的数据。(　　)
6. 在WPS电子表格中,函数COUNT用于计算单元格区域中数值的个数。(　　)
7. 在WPS文字中,格式刷可以复制段落格式和文字格式。(　　)
8. 网络中的防火墙可以完全阻止黑客的攻击。(　　)
9. Python是一种解释型编程语言。(　　)
10. 信息只有经过加工处理才有价值。(　　)
11. 在WPS PowerPoint中,幻灯片的切换效果可以设置为随机。(　　)
12. 人工智能可以完全替代人类的工作。(　　)
13. 大数据分析的结果一定是准确无误的。(　　)
14. 在WPS电子表格中,图表可以根据数据的变化自动更新。(　　)
15. 网络中的域名和IP地址是一一对应的。(　　)
16. Python中的列表可以存储不同类型的数据。(　　)
17. 信息安全只包括技术层面的问题,不涉及管理和法律层面。(　　)
18. 云计算是一种基于互联网的计算方式。(　　)
19. 在WPS文字处理中,撤销操作只能撤销最近一次的操作。(　　)
20. 物联网就是把所有物品都连接到互联网。(　　)

四、填空题(共10题,每题2分)

1. 计算机硬件系统由运算器、控制器、_____、输入设备和输出设备五大部分组成。
2. 在WPS电子表格中,要计算平均值可以使用_____函数。
3. 在WPS文字中,要使文字加粗,可以使用快捷键_____。
4. 网络的拓扑结构有总线形、星形、_____、环形等拓扑结构。

299

5. 在 Python 中,用于输出的函数是_____。
6. 信息安全的基本目标是实现信息的_____、完整性和可用性。
7. 在 Python 中,用于定义函数的关键字是_____。
8. _____是一个开源的大数据处理框架,常用于分布式存储和并行计算。
9. 网络协议的三要素是语法、_____和时序。
10. _____是人工智能的核心领域之一,它使计算机通过数据学习和改进。

五、综合题(共 3 题,每题 10 分)

1. 某公司有一个网段 192.168.1.0/24,现在需要划分 4 个子网,每个子网能容纳 50 台主机。请给出子网掩码、每个子网的网络地址和可用的 IP 地址范围。

2. 解释 OSI 七层模型和 TCP/IP 四层模型的异同,并分别列举每层的主要功能。

3. Python 程序设计模块
请在以下代码程序的基础上完成代码填空:
def bubble_sort(arr):
　　n = _____(1)_____
　　for i in range(n):
　　　　for j in range(0, _____(2)_____):
　　　　　　if _____(3)_____ :
　　　　　　　　_____(4)_____ = _____(5)_____
　　return arr
＃ 测试
print(bubble_sort([64,34,25,12,22,11,90]))

(1) _____ ;(2) _____ ;(3) _____ ;
(4) _____ ;(5) _____

附录二 参考答案

1.1 信息技术的概念与发展历程

一、单选题

1	2	3	4	5	6	7	8	9	10
A	A	C	C	B	A	D	A	C	D
11	12	13	14	15	16	17	18	19	20
D	C	C	D	C	D	A	D	A	D

二、多选题

1	2	3	4	5	6	7	8	9	10
ABCD	ABCD	ABC	ABCD	ABCD	ABCD	ABCD	ABC	ABCDE	ABCD

三、判断题

1	2	3	4	5	6	7	8	9	10
√	×	×	√	×	×	×	×	×	×

四、填空题

1. 信息 2. 计算机技术 3. 采用的电子元器件不同 4. 以信息活动为基础 5. 在线政务 6. ENIAC 7. CAI 8. 印刷术的发明 9. 大规模及超大规模集成电路 10. CAD

1.2 认识信息系统

一、单选题

1	2	3	4	5	6	7	8	9	10
A	B	A	C	C	A	A	B	A	C
11	12	13	14	15	16	17	18	19	20
A	B	C	D	A	A	D	D	B	A

二、多选题

1	2	3	4	5	6	7	8	9	10
ABCDE	ABC	AB	ABC	ABC	ABC	ABC	ABCDE	ABCDE	ABC

三、判断题

1	2	3	4	5	6	7	8	9	10
×	×	×	×	×	×	×	×	×	√

四、填空题

1. 运算器　控制器　2. 系统软件　应用软件　3. 字节　4. 66　5. 128　6. 主板　7. 内存储器　8. MIPS　9. 控制器　10. CPU 时钟频率

1.3　了解操作系统

一、单选题

1	2	3	4	5	6	7	8	9	10
C	A	C	A	C	C	A	B	B	C
11	12	13	14	15	16	17	18	19	20
A	A	D	B	C	A	D	A	C	D

二、多选题

1	2	3	4	5	6	7	8	9	10
ABCD	ABCD	ABC	ABCD	ABCD	A	ABD	ABCD	ABCD	ABCD

三、判断题

1	2	3	4	5	6	7	8	9	10
×	×	×	√	×	×	×	×	×	×

四、填空题

1. 人机界面　2. 255　3. 目录树　4. Ctrl　5. 关闭　6. 可以　7. 地址栏　8. OCR　9. 还原　10. 复制

2.1　WPS 文字文档的基本操作

一、单选题

1	2	3	4	5	6	7	8	9	10
B	C	C	B	A	C	A	A	A	A

续表

11	12	13	14	15	16	17	18	19	20
A	A	A	A	A	A	C	C	C	C

二、多选题

1	2	3	4	5	6	7	8	9	10
ABD	ABCD	ABC	ABCD	ABCD	ABCD	AB	AB	ABC	ABCD

三、判断题

1	2	3	4	5	6	7	8	9	10
√	√	×	×	×	√	√	√	√	×

四、填空题

1. 页面布局　2. 插入　3. 页面布局　4. 页面布局　5. 页面布局　6. Delete（或 Backspace，但需注意具体选中情况和光标位置）　7. 插入　8. 插入　9. 图片工具（或右键菜单中的"环绕文字"选项）　10. 引用（或插入，具体取决于 WPS 版本和界面设计）

2.2　文档的格式设置

一、单选题

1	2	3	4	5	6	7	8	9	10
B	B	C	B	B	B	B	C	C	A
11	12	13	14	15	16	17	18	19	20
C	B	B	A	B	B	B	D	B	A

二、多选题

1	2	3	4	5	6	7	8	9	10
ACD	ABD	ABC	ABCD	AD	ABCD	ABD	ABD	ABC	AB

三、判断题

1	2	3	4	5	6	7	8	9	10
×	√	×	×	×	×	×	×	×	×

四、填空题

1. 开始　2. 两端对齐　3. 字体颜色　4. 左/右缩进　5. 缩进和间距　6. 页面布局　7. 开始　8. 样式　9. 查找和替换　10. 模板

2.3 文档的表格制作

一、单选题

1	2	3	4	5	6	7	8	9	10
D	D	D	D	D	D	D	D	D	D
11	12	13	14	15	16	17	18	19	20
A	D	D	A	B	B	D	A	D	D

二、多选题

1	2	3	4	5	6	7	8	9	10
ABCD	ABD	ABCD	AD	ABC	ABC	ABC	BC	ABCD	ABC

三、判断题

1	2	3	4	5	6	7	8	9	10
×	×	×	×	×	×	×	×	×	×

四、填空题

1. 插入　2. 行数3;列数4　3. 拆分单元格　4. 调整点　5. 表格工具(布局)/对齐方式　6. 表格样式/边框　7. 拆分表格　8. 表格样式/底纹　9. 表格工具/文字方向　10. 鼠标左键

2.4 图文混排

一、单选题

1	2	3	4	5	6	7	8	9	10
C	B	B	A	D	B	B	B	A	A
11	12	13	14	15	16	17	18	19	20
A	A	A	A	B	A	D	A	A	A

二、多选题

1	2	3	4	5	6	7	8	9	10
ABC	ABC	ABCD	ABC	BD	AB	ABD	AC	ABC	ABCD

三、判断题

1	2	3	4	5	6	7	8	9	10
√	×	×	×	×	√	×	×	×	×

四、填空题

1. 文字环绕　2. 浮动状态　3. 组合　4. 段落行距；段距　5. 透明度；位置　6. 穿越型(或上下型、嵌入型等,根据WPS版本可能有所不同)　7. 图片；表格(或其他对象,如形状、图表等)　8. 形状格式(或绘图工具格式,根据WPS版本可能有所不同)　9. 链接到文件　10. Ctrl(或Shift,但Ctrl更常用于逐个选择多个对象进行统一调整)

3.1　WPS电子表格的基本操作

一、单选题

1	2	3	4	5	6	7	8	9	10
B	B	A	C	C	D	B	B	A	D
11	12	13	14	15	16	17	18	19	20
A	A	C	A	B	B	A	B	B	C

二、多选题

1	2	3	4	5	6	7	8	9	10
AC	ABC	ABC	ABCD	AD	AC	ABD	ABC	AC	ABC

三、判断题

1	2	3	4	5	6	7	8	9	10
×	√	√	√	√	√	×	√	√	√

四、填空题

1. et　2. A1:D4　3. 活动单元格　4. Ctrl+Z　5. 列标　行标　6. 填充　7. 工作表标签　8. 填充柄　9. 合并单元格　10. 1

3.2　公式与函数

一、单选题

1	2	3	4	5	6	7	8	9	10
A	A	B	A	C	A	A	A	B	C
11	12	13	14	15	16	17	18	19	20
B	C	A	A	A	C	A	A	C	B

二、多选题

1	2	3	4	5	6	7	8	9	10
BC	ABC	AC	ABC	ABCD	AB	ABCD	AC	ABD	BD

三、判断题

1	2	3	4	5	6	7	8	9	10
√	√	×	×	×	√	√	×	×	×

四、填空题

1. 最大　2. ＝SUM(A2:D2)　3. Shift　4. ＝　5. SUM　6. MAX　7. AVERAGE　8. IF　9. 50　10. 合格

3.3　图表

一、单选题

1	2	3	4	5	6	7	8	9	10
B	B	C	B	B	B	C	C	C	B
11	12	13	14	15	16	17	18	19	20
A	C	B	C	C	C	A	C	C	A

二、多选题

1	2	3	4	5	6	7	8	9	10
AC	AB	ABCD	ABCD	ABC	AD	ABC	ABC	ABC	ABCD

三、判断题

1	2	3	4	5	6	7	8	9	10
√	√	×	√	×	√	√	×	√	√

四、填空题

1. 图例　2. 数据标签　3. 插入　4. 线段或折线　5. 移动图表　6. 原始数据　7. 具体数值　8. 图表工具　9. 饼图　10. 删除

3.4　数据的管理分析

一、单选题

1	2	3	4	5	6	7	8	9	10
A	B	B	B	C	B	C	A	B	D
11	12	13	14	15	16	17	18	19	20
A	C	B	B	C	B	A	A	B	A

二、多选题

1	2	3	4	5	6	7	8	9	10
ABCD	ABC	ABC	ABC	AC	AB	ABCD	ABCD	ABCD	ABCD

三、判断题

1	2	3	4	5	6	7	8	9	10
×	√	×	×	√	√	√	√	√	√

四、填空题

1. 数据　2. 求和　3. 条件　4. 排序　5. 分类汇总　6. 筛选　7. 数据透视表　8. 排序　9. 数据透视表　10. 值

4.1　WPS 演示文稿的基本操作

一、单选题

1	2	3	4	5	6	7	8	9	10
B	C	B	B	B	A	B	A	C	B
11	12	13	14	15	16	17	18	19	20
A	C	B	A	A	A	C	B	B	B

二、多选题

1	2	3	4	5	6	7	8	9	10
ACD	ABCD	ABD	ABCD	ABC	ABCD	ABCD	ABD	AB	ABCD

三、判断题

1	2	3	4	5	6	7	8	9	10
√	×	×	×	×	×	×	×	×	×

四、填空题

1. 自动以默认名或用户指定名保存　2. Ctrl+M　3. dps　4. 阅读视图　5. 大纲/幻灯片窗格　6. 编辑区　7. Ctrl+N　8. 状态栏　9. 阅读　10. 移动幻灯片

4.2　幻灯片的设计与美化

一、单选题

1	2	3	4	5	6	7	8	9	10
B	B	A	B	A	A	C	D	A	A

续表

11	12	13	14	15	16	17	18	19	20
C	A	D	D	D	B	B	A	A	C

二、多选题

1	2	3	4	5	6	7	8	9	10
ABCD	ABCD	ABC	ABCD	ABCD	ABC	ABCD	AC	ABCD	ABC

三、判断题

1	2	3	4	5	6	7	8	9	10
√	×	×	×	×	×	×	×	×	×

四、填空题

1. 幻灯片母板 2. 插入 3. 隐藏 4. 版式 5. 母版或主题字体 6. 主题颜色 7. 配色方案 8. 背景 9. 绘图工具

4.3 幻灯片的放映

一、单选题

1	2	3	4	5	6	7	8	9	10
B	B	A	A	A	C	D	A	C	C
11	12	13	14	15	16	17	18	19	20
D	A	C	A	D	C	C	C	B	A

二、多选题

1	2	3	4	5	6	7	8	9	10
ABD	ABC	ABD	ABD	ABCD	ABCD	ABC	ABCD	ABCD	ABCD

三、判断题

1	2	3	4	5	6	7	8	9	10
×	×	√	×	×	×	×	×	×	×

四、填空题

1. 单击时 2. 动作路径 3. 重复次数 4. 水平 5. 切换方式 6. 插入 7. 超链接 8. 下划线 9. 自定义放映 10. 动画窗格

5.1 网络基础

一、单选题

1	2	3	4	5	6	7	8	9	10
B	A	A	C	D	A	A	D	B	D
11	12	13	14	15	16	17	18	19	20
C	C	B	C	D	C	B	B	C	B

二、多选题

1	2	3	4	5	6	7	8	9	10
ABD	ACD	ABCD	ABE	ACD	ACD	ABCDE	AD	BCE	CDE

三、判断题

1	2	3	4	5	6	7	8	9	10
×	×	×	√	×	√	√	√	×	×

四、填空题

1. 通信子网　2. 数据　3. 无线网络　4. 局域网　5. 异步传输　6. 分组交换　7. 数据　8. 2700　9. 调制　10. 比特/秒

5.2 网络体系结构

一、单选题

1	2	3	4	5	6	7	8	9	10
A	B	C	A	B	B	C	D	D	B
11	12	13	14	15	16	17	18	19	20
D	D	D	D	A	A	A	A	C	D

二、多选题

1	2	3	4	5	6	7	8	9	10
ABCE	BCDE	BCE	ABE	ACDE	BCE	CDE	BCD	BD	ABCD

三、判断题

1	2	3	4	5	6	7	8	9	10
√	√	√	×	×	√	×	√	×	√

四、填空题

1. 2　2. 数据链路　3. TCP/IP　4. 30　5. 语法　6. DHCP　7. 网络地址　8. 子网掩码　9. 传输层　10. 21

五、综合题

1. 各部门的网络地址及各部门的主机地址范围如下：

部门	网络地址	主机地址范围
A	200.180.18.0	200.180.18.1～200.180.18.62
B	200.180.18.64	200.180.18.65～200.180.18.126
C	200.180.18.128	200.180.18.129～200.180.18.190
D	200.180.18.192	200.180.18.193～200.180.18.254

2. (1)子网位数：3　(2)子网地址：192.168.50.160　(3)主机地址：20
(4)广播地址：192.168.50.191　(5)每个子网容纳的主机数：30

3. (1)二进制形式是：01100100.10000000.01111011.00010101；
十六进制数：64.80.78.15。
(2)A 类地址。
(3)最大网络数：126；每个网络中的最大主机数 $2^{24}-2=16777214$（台）。

5.3　网络设备与配置

一、单选题

1	2	3	4	5	6	7	8	9	10
D	C	A	A	A	C	A	B	A	A
11	12	13	14	15	16	17	18	19	20
D	D	C	D	A	D	D	D	D	B

二、多选题

1	2	3	4	5	6	7	8	9	10
ACD	BE	BCE	BCD	ABD	ACDE	ABD	ACDE	ABCDE	ACDE

三、判断题

1	2	3	4	5	6	7	8	9	10
×	√	×	×	√	√	√	√	×	×

四、填空题

1. Console　2. 核心层交换机　3. 全局配置　4. 弱　5. MAC　6. 集线器　7. 路由选择　8. 广播风暴　9. 动态路由表　10. UNIX

五、综合题

1. (1)enable (2)configure terminal (3)ip address 192.168.100.1 255.255.255.0 (4)no shutdown (5)exit

2. (1)进入特权模式 (2)进入全局配置模式 (3)设置路由器主机名 (4)设置接口 gigabitethernet0/0 的 IP 地址和子网掩码 (5)设置静态路由

3. (1)enable (2)ip address 200.1.2.1 255.255.255.0 (3)no shutdown (4)exit (5)ip route 0.0.0.0 0.0.0.0 200.1.2.2

5.4 网络管理与维护

一、单选题

1	2	3	4	5	6	7	8	9	10
D	A	A	A	B	D	C	B	D	D
11	12	13	14	15	16	17	18	19	20
A	C	A	D	D	B	A	C	A	C

二、多选题

1	2	3	4	5	6	7	8	9	10
ABCDE	ACD	AE	ABCDE	ACDE	AB	ABCE	ABCDE	AE	ABCD

三、判断题

1	2	3	4	5	6	7	8	9	10
×	×	√	×	√	√	×	×	√	×

四、填空题

1. ping -n 6 -l 10 www.abc.om 2. ipconfig /release 3. cn 4. 迭代查询
5. HTTP 6. Z 7. 域名 8. 层次 9. ICMP 10. netstat

五、综合题

1. (1)MAC 地址:00-0C-29-F4-6D-15;
(2)IP 地址:172.16.1.5;
(3)子网掩码:255.255.255.0;
(4)所在网络的网关:172.16.1.100;
(5)DNS 服务器地址:10.10.10.9 220.100.0.120。

2. (1)ping (2)①延时 ②丢包率 ③最小延时 ④最大延时 ⑤平均延时

3. (1)首先查看当前计算机的 DNS 缓存里有没有 www.abc.edu.cn 这条记录。
(2)如果没有,再查看当前计算机的"hosts"文件。
(3)如果 hosts 文件中没有,就接着查找当前 DNS 服务器里有没有 www.abc.edu.cn

这条记录。

(4) 如果还是没有,看当前的 DNS 服务器有没有配置 DNS 转发器,如果配置了 DNS 转发器就查找它的上一级 DNS 服务器,如果没有配置 DNS 转发器,就直接查找 DNS"根"服务器。查找到 DNS"根"服务器后,"根"服务器将 DNS 请求转到". com"域中,". com"域再将请求转到"edu"域中,然后在"edu"域查找"abc"域,如果没有找到,返回未找到结果,如果找到,在"abc"域中查找 www 的 A 记录,这样一个 DNS 解析过程就完成了。

5.5　网络协作

一、单选题

1	2	3	4	5	6	7	8	9	10
B	B	B	C	C	B	B	C	B	A
11	12	13	14	15	16	17	18	19	20
B	B	A	C	B	C	A	C	C	A

二、多选题

1	2	3	4	5	6	7	8	9	10
ABCDE	ABC	ABCDE	ABCD	ABCD	ABCDE	ABC	ABCDE	ABCDE	ABCDE

三、判断题

1	2	3	4	5	6	7	8	9	10
×	×	×	×	×	×	×	×	×	×

四、填空题

1. 互联网技术　2. 智能工具　3. WPS　4. 编码压缩　5. 版本管理　6. 团队协作　7. 团队　8. 效率　9. 屏幕共享　10. 版本历史

6.1　程序设计概述

一、单选题

1	2	3	4	5	6	7	8	9	10
A	D	C	B	C	C	A	C	A	C
11	12	13	14	15	16	17	18	19	20
A	C	B	D	D	A	C	D	C	B

二、多选题

1	2	3	4	5	6	7	8	9	10
ABC	ACD	ABC	AB	ABCD	AB	ABCD	ABCD	ABCD	ABCD

三、判断题

1	2	3	4	5	6	7	8	9	10
×	√	√	×	√	√	×	×	√	√

四、填空题

1. 指令/语句 2. 对象 3. 机器 4. 注释 5. 作用域 6. 解释型 7. 机器 8. 助记符 9. 输入 10. 判断框

五、综合题

1. 编译型语言如 C 语言，解释型语言如 Python 语言。

C 语言执行过程：首先，编译器将 C 语言源代码(例如 .c 文件)编译成目标机器码(例如 .obj 文件)，这个过程会检查语法错误等。然后，通过链接器将目标文件和相关的库文件链接成可执行文件。最后，计算机直接运行这个可执行文件。

Python 语言执行过程：Python 解释器逐行读取 Python 源代码(.py 文件)。在读取每一行代码时，解释器将代码翻译为机器语言并立即执行。如果在执行过程中遇到错误，会立即停止并报错。

2. (1)程序框图：略。

(2)自然语言描述：首先，输入一个数。然后，判断这个数除以 2 的余数是否为 0。如果余数为 0，那么这个数是偶数，输出"是偶数"；如果余数不为 0，那么这个数不是偶数，输出"不是偶数"。最后，算法结束。

6.2 Python 语言概述

一、单选题

1	2	3	4	5	6	7	8	9	10
C	B	C	A	B	B	B	B	B	A
11	12	13	14	15	16	17	18	19	20
B	A	C	A	D	A	B	A	B	B

二、多选题

1	2	3	4	5	6	7	8	9	10
ACD	ACD	ABD	ABC	ABCD	ABCD	ACD	AC	ACD	ABCD

三、判断题

1	2	3	4	5	6	7	8	9	10
√	√	×	×	√	√	√	×	√	×

四、填空题

1. 解释　2. 数据类型　3. 多态　4. 机器　5. 汇编　6. 高级　7. 函数　8. #　9. *　10. %

五、综合题

1. Python 语言具有以下几个显著特点：

(1) 语法简洁易懂：Python 的语法相对简单，代码看起来清晰明了。

(2) 丰富的库：拥有大量的内置库和第三方库，能够快速实现各种功能。

(3) 可读性高：代码的结构和格式规范，易于理解和维护。

(4) 跨平台性：可以在不同的操作系统上运行，无须修改代码。

(5) 动态类型：在编程时不需要事先声明变量的类型，增加了编程的灵活性。

在实际编程中，Python 的优势表现为：在数据科学领域，利用丰富的库和简洁的语法，能够高效地进行数据分析和机器学习任务；在 Web 开发中，例如使用 Django 或 Flask 框架，可以快速搭建网站；在自动化脚本编写方面，能够轻松处理文件操作、系统管理等任务，提高工作效率。

6.3　Python 语言基本语法

一、单选题

1	2	3	4	5	6	7	8	9	10
C	B	B	C	B	A	B	C	B	B
11	12	13	14	15	16	17	18	19	20
A	B	A	B	B	D	C	B	D	B

二、多选题

1	2	3	4	5	6	7	8	9	10
ABC	ABC	ABCD	ABD	ABCD	ABCD	ABC	ABD	ABCD	ABC

三、判断题

1	2	3	4	5	6	7	8	9	10
×	×	×	×	×	√	√	×	×	×

四、填空题

1. 不相等　2. \n　3. in　4. 数字　5. int()　6. True、False　7. 索引　8. len()　9. 重复　10. float()

五、综合题

1. b＝t 2. int x％10 3. a[1]

6.4 程序流程控制

一、单选题

1	2	3	4	5	6	7	8	9	10
B	B	B	B	D	D	B	C	D	A
11	12	13	14	15	16	17	18	19	20
C	D	C	B	C	D	B	C	C	B

二、多选题

1	2	3	4	5	6	7	8	9	10
ABC	ABCD	ABC	ABCD	AD	ABCD	ABCD	AB	ABD	ABD

三、判断题

1	2	3	4	5	6	7	8	9	10
×	√	√	×	√	×	√	√	√	×

四、填空题

1. float 2. False 3. ＝＝ 4. ！＝ 5. 2 6. and、or、not 7. True 8. else 9. while 10. 1

五、综合题

1. num％2＝＝0 else 2. i s 3. 0 3

6.5 常用模块

一、单选题

1	2	3	4	5	6	7	8	9	10
B	D	C	B	B	B	C	D	A	B
11	12	13	14	15	16	17	18	19	20
A	B	C	B	A	A	A	C	A	A

二、多选题

1	2	3	4	5	6	7	8	9	10
ABCD	ABC	ABCD	ACD	ABC	AB	ABCD	ACD	ABC	ABD

三、判断题

1	2	3	4	5	6	7	8	9	10
×	√	×	×	√	×	×	×	√	×

四、填空题

1. import　2. math.fabs　3. range()　4. ,(英文逗号)　5. 浮点数　6. [ ]　7. 向前移动　8. turtle.right(90)　9. 确定　10. turtle.circle

五、综合题

1. sqrt　c　2. import　left　3. 100

7.1 信息安全意识

一、单选题

1	2	3	4	5	6	7	8	9	10
D	B	C	B	D	B	B	D	B	C
11	12	13	14	15	16	17	18	19	20
A	B	B	B	D	B	A	C	C	D

二、多选题

1	2	3	4	5	6	7	8	9	10
ABCDE	ABC	ABCD	ABC	ABC	AB	ABCD	ABCD	AB	ABCDEF

三、判断题

1	2	3	4	5	6	7	8	9	10
×	√	×	√	√	×	×	√	×	√

四、填空题

1. 被授权　2. 完整性　3. 病毒和蠕虫　4. 电子邮件附件　5. 有组织黑客团队,窃取高价值信息　6. 钓鱼　7. 安全策略　8. 反击　9. 保密性、完整性、可用性、可控性、真实性　10. 硬件、软件、相关数据

7.2 信息安全防护技术

一、单选题

1	2	3	4	5	6	7	8	9	10
B	C	A	B	B	B	C	A	D	B

续表

11	12	13	14	15	16	17	18	19
A	D	C	C	B	A	B	B	A

二、多选题

1	2	3	4	5	6	7	8	9	10
ABC	AC	ABCD	ABD	ABCD	ABC	ABC	ABCD	ABCD	AD

三、判断题

1	2	3	4	5	6	7	8	9	10
×	×	×	√	√	√	×	×	√	×

四、填空题

1. 可逆性　2. 包过滤　3. 异常　4. 自主访问控制（DAC）　5. 数据加密、数据完整性、数据源认证　6. 系统级　7. 磁盘引导区　8. 基于生物特征的　9. 漏洞　10. 访问控制

7.3　信息安全设备

一、单选题

1	2	3	4	5	6	7	8	9	10
B	C	B	C	B	D	D	C	B	A
11	12	13	14	15	16	17	18	19	20
C	B	B	A	C	B	D	C	B	D

二、多选题

1	2	3	4	5	6	7	8	9	10
ABCD	ABC	ABC	ABCD	ABC	ABCD	AB	ABC	ABCD	ABC

三、判断题

1	2	3	4	5	6	7	8	9	10
×	√	√	×	×	√	×	√	√	×

四、填空题

1. 访问控制策略　2. 连接状态　3. 隔断　4. 安全策略　5. 响应器　6. 虚拟性　7. 隧道　8. 信息展示　9. 云计算　10. 对称

7.4 信息安全法律法规

一、单选题

1	2	3	4	5	6	7	8	9	10
C	C	B	C	D	B	B	A	D	B
11	12	13	14	15	16	17	18	19	20
D	B	A	C	C	C	B	B	C	B

二、多选题

1	2	3	4	5	6	7	8	9	10
ABCD	ABC	ABCD	ABCD	ABC	ABCD	ABC	ACD	ABC	ACD

三、判断题

1	2	3	4	5	6	7	8	9	10
√	√	√	√	√	×	√	×	×	×

四、填空题

1. 2017　2. 2021　3. 管理　4. 信息安全　5. 合法性　6.《个人信息保护法》　7.《数据安全法》　8.《密码法》　9.《网络安全法》　10. 安全、稳定、健康

8.1 人工智能的含义

一、单选题

1	2	3	4	5	6	7	8	9	10
B	C	D	D	A	B	C	A	B	A
11	12	13	14	15	16	17	18		
A	A	B	B	C	D	A	C		

二、多选题

1	2	3	4	5	6	7	8	9	10
ABC	ABD	ABC	AB	AC	ABD	AB	ABCD	ABC	ACD

三、判断题

1	2	3	4	5	6	7	8	9	10
√	×	×	×	√	×	×	×	×	√

四、填空题

1. 人工智能　2. 数据处理　3. 自适应　4. 个人隐私　5. 自主　6. 1950　7. 唯一　8. 人工智能　9. 图灵测试　10. 纯文本

8.2　人工智能的发展历程

一、单选题

1	2	3	4	5	6	7	8	9	10
D	A	B	B	D	C	B	C	C	A
11	12	13	14	15	16	17	18	19	20
C	B	D	B	B	C	D	A	B	A

二、多选题

1	2	3	4	5	6	7	8	9	10
ABC	ABC	ABD	ABC	ABCD	ABCD	ABCD	ABCD	ABCD	ABC

三、判断题

1	2	3	4	5	6	7	8	9	10
√	×	√	×	√	×	√	√	√	√

四、填空题

1. 符号主义　2. 约翰·麦卡锡　3. IBM　4. 1997　5. 李世石　6. DeepMind（隶属于谷歌）　7. 蛋白质　8. 化学　9. 物理学　10. 图灵

8.3　人工智能的典型应用

一、单选题

1	2	3	4	5	6	7	8	9	10
B	B	B	A	C	D	D	A	B	D
11	12	13	14	15	16	17	18	19	20
A	C	A	B	B	D	A	A	A	A

二、多选题

1	2	3	4	5	6	7	8	9	10
ABCD	ABCD	ABCD	ABC	ABD	ABCD	ABCD	ABCD	ABCD	AB

三、判断题

1	2	3	4	5	6	7	8	9	10
√	×	×	×	×	×	×	×	×	×

四、填空题

1. 机器学习 2. 智能制造 3. 电子商务 4. 人工智能 5. 智慧农业 6. 教育 7. 非玩家角色（NPC） 8. 肿瘤 9. 信用 10. 智能电网

8.4 人工智能关键技术

一、单选题

1	2	3	4	5	6	7	8	9	10
B	B	D	C	C	A	B	B	B	C
11	12	13	14	15	16	17	18	19	20
A	A	B	B	A	C	B	A	D	D

二、多选题

1	2	3	4	5	6	7	8	9	10
ABCD	ABCD	ABC	ABCD	ABCD	ABCD	ABCD	ABCD	ABCD	ABCD

三、判断题

1	2	3	4	5	6	7	8	9	10
×	√	√	×	√	√	√	√	×	√

四、填空题

1. 无监督 2. 强化 3. 机器学习 4. 计算机视觉 5. 计算机视觉 6. 人机 7. 自然语言处理 8. 情感分析 9. 实体之间的关系 10. 自顶向下

8.5 人工智能的开发工具和框架

一、单选题

1	2	3	4	5	6	7	8	9	10
B	B	C	C	D	A	A	A	B	B
11	12	13	14	15	16	17	18	19	20
A	B	D	B	C	A	A	C	D	C

二、多选题

1	2	3	4	5	6	7	8	9	10
ABCD	ABC	ABCD	ABCD	AB	ABCD	ABCD	ABD	ABCD	ABCD

三、判断题

1	2	3	4	5	6	7	8	9	10
√	√	√	√	√	×	×	√	√	√

四、填空题

1. Google　2. 动态　3. TensorFlow　4. tensor(张量)　5. 神经网络　6. 直观　7. CNTK　8. 分布式训练　9. 多后端　10. GPU

9.1　大数据概述

一、单选题

1	2	3	4	5	6	7	8	9	10
A	D	A	C	D	D	D	D	D	B
11	12	13	14	15	16	17	18	19	20
B	B	A	A	C	C	B	C	D	D

二、多选题

1	2	3	4	5	6	7	8	9	10
ABCD	ABCD	AB	ABCD	ABCD	BCD	ABC	ABCD	ABC	ABD

三、判断题

1	2	3	4	5	6	7	8	9	10
×	×	×	×	×	√	√	×	×	√

四、填空题

1. 分布式计算　2. 分析挖掘　3. 非结构化　4. 结构化　5. 分布式文件系统　6. 丰富的信息内容　7. 实时性　8. 关系型数据库　9. 全数据　10. 相关性

9.2　大数据处理的核心技术

一、单选题

1	2	3	4	5	6	7	8	9	10
B	D	B	C	B	D	C	B	D	C

续表

11	12	13	14	15	16	17	18	19	20
D	B	A	A	C	C	A	C	D	A

二、多选题

1	2	3	4	5	6	7	8	9	10
ABCD	ABCD	AB	ABD	ABC	ABC	AB	ABC	ABC	ABCD

三、判断题

1	2	3	4	5	6	7	8	9	10
×	×	×	√	×	×	×	×	√	×

四、填空题

1. 数据库数据　2. 网络爬虫　3. 数据转换　4. 关系型数据库　5. 数据集成　6. 数据清洗　7. 分布式文件系统　8. 不一致性　9. 数据挖掘　10. 保密性

综合模拟试卷（一）

一、单选题（每题 1 分，共 60 分）

1	2	3	4	5	6	7	8	9	10
D	A	B	B	B	B	D	C	A	D
11	12	13	14	15	16	17	18	19	20
D	B	A	B	A	D	A	A	A	A
21	22	23	24	25	26	27	28	29	30
C	A	C	A	A	D	B	C	B	B
31	32	33	34	35	36	37	38	39	40
A	D	C	A	A	A	B	A	B	B
41	42	43	44	45	46	47	48	49	50
D	D	A	A	A	B	C	C	C	D
51	52	53	54	55	56	57	58	59	60
C	D	D	B	A	B	D	D	D	D

二、多选题（每题 2 分，共 20 分）

1	2	3	4	5	6	7	8	9	10
BCD	ABD	ABC	ABC	ABC	ABC	ACD	ABC	BCD	ABC	ABCD

三、判断题（每题 1 分，共 20 分）

1	2	3	4	5	6	7	8	9	10
×	√	√	√	×	√	√	×	√	√
11	12	13	14	15	16	17	18	19	20
√	×	√	√	√	×	×	×	√	×

四、填空题(每题 2 分,共 20 分)

1. 操作系统　2. 应用层　3. 政府　4. 机密性　5. AVERAGE　6. 过滤　7. 图文混排　8. 幻灯片放映方式　9. 计算机技术　10. def

五、综合题(每小题 10 分,共 30 分)

1. (1)IPv6 地址长度为 128 位,通常用冒号分隔的十六进制数表示。

(2)IPv6 的主要优势：

①更大的地址空间；

②自动配置(无状态地址自动配置)；

③更好的安全性和内置的 IPsec 支持；

④简化的报文头,提升路由效率。

2. 要计算 PC1 所在子网的网络地址、广播地址以及可用的主机范围,我们可以使用以下步骤：

(1)确定子网掩码的二进制表示：

olo 子网掩码 255.255.255.224 的二进制表示是 11111111.11111111.11111111.11100000。

(2)计算网络地址：

网络地址是通过将 IP 地址与子网掩码进行按位与操作得到的。

PC1 的 IP 地址 192.168.10.35 的二进制表示是 11000000.10101000.00001010.00100011。

进行按位与操作：

11000000.10101000.00001010.00100011

AND 11111111.11111111.11111111.11100000

————————————————————————————————————

11000000.10101000.00001010.00100000

转换回十进制,网络地址是 192.168.10.32。

(3)计算广播地址：

广播地址是通过将网络地址的主机部分设置为全部为 1 得到的。

网络地址 192.168.10.32 的二进制表示是 11000000.10101000.00001010.00100000。

将主机部分(最后 5 位)设置为 1,我们得到：11000000.10101000.00001010.00101111

转换回十进制,广播地址是 192.168.10.63。

(4)计算可用的主机范围：

可用的主机地址范围是从网络地址的下一个地址开始,到广播地址的前一个地址结束。

因此,可用的主机范围是从 192.168.10.33 到 192.168.10.62。

综上所述：

①网络地址是 192.168.10.32。

②广播地址是 192.168.10.63。

③可用的主机范围是从 192.168.10.33 到 192.168.10.62。

3. sum_even = 0

```
for i in range(1, 101):
    if i % 2 == 0:
        sum_even += i
print("Sum of even numbers from 1 to 100:", sum_even)
```

综合模拟试卷(二)

一、单选题(共60题,每题1分)

1	2	3	4	5	6	7	8	9	10
B	A	B	B	B	A	B	D	B	D
11	12	13	14	15	16	17	18	19	20
B	C	B	B	C	D	B	A	B	B
21	22	23	24	25	26	27	28	29	30
C	D	D	B	B	A	C	D	B	B
31	32	33	34	35	36	37	38	39	40
C	A	D	D	C	A	A	A	A	D
41	42	43	44	45	46	47	48	49	50
C	B	A	A	B	D	C	A	A	B
51	52	53	54	55	56	57	58	59	60
A	D	A	A	B	C	D	A	A	B

二、多选题(共10题,每题2分)

1	2	3	4	5	6	7	8	9	10
ABD	ABC	ABCD	ABC	ABCD	AB	ABCD	ABC	ABCD	ABC

三、判断题(共20题,每题1分)

1	2	3	4	5	6	7	8	9	10
√	×	√	×	×	√	√	×	√	√
11	12	13	14	15	16	17	18	19	20
×	×	×	√	×	√	×	√	×	×

四、填空题(共10题,每题2分)

1. 存储器 2. AVERAGE 3. Ctrl+B 4. 树形 5. print() 6. 保密性 7. def
8. Hadoop 9. 语义 10. 机器学习

五、综合题(共3题,每题10分)

1. (每个小点2分)

   (1)子网掩码:255.255.255.192;

(2)子网1:网络地址192.168.1.0,可用IP地址范围192.168.1.1－192.168.1.62;

(3)子网2:网络地址192.168.1.64,可用IP地址范围192.168.1.65－192.168.1.126;

(4)子网3:网络地址192.168.1.128,可用IP地址范围192.168.1.129－192.168.1.190;

(5)子网4:网络地址192.168.1.192,可用IP地址范围192.168.1.193－192.168.1.254。

2.(第1大点1.3分,第2大点5.6分,第3大点3.2分)

(1)OSI七层模型和TCP/IP四层模型的异同点如下:

①相同点:都是网络通信的参考模型,旨在规范网络通信的流程和功能划分。

②不同点:OSI七层模型更详细和理论化,TCP/IP四层模型更简洁实用,被广泛应用于实际网络中。

(2)OSI七层模型的主要功能如下:

①物理层:负责在物理介质上传输比特流。

②数据链路层:将比特组合成帧,进行差错检测和纠正,以及提供介质访问控制。

③网络层:负责路由选择和数据包转发。

④传输层:提供端到端的可靠或不可靠的数据传输服务。

⑤会话层:建立、管理和终止会话。

⑥表示层:处理数据的表示、加密、压缩等。

⑦应用层:为用户提供应用服务,如电子邮件、文件传输等。

(3)TCP/IP四层模型的主要功能如下:

①网络接口层:对应OSI的物理层和数据链路层,负责数据的实际传输和接收。

②网际层:对应OSI的网络层,主要功能是路由选择和IP数据包的转发。

③传输层:对应OSI的传输层,提供端到端的可靠或不可靠的数据传输。

④应用层:对应OSI的会话层、表示层和应用层,包含各种应用协议和服务。

3.(每个空格2分)

(1)len(arr)　(2)n-i－1　(3)arr[j]＞arr[j+1]

(4)arr[j],arr[j+1]　(5)arr[j+1],arr[j]